METAL HALIDE PEROVSKITES
FOR PHOTOCATALYTIC OXIDATION REACTIONS

金属卤化物钙钛矿光催化氧化反应

朱海波 著

化学工业出版社
·北京·

内容简介

本书是一部介绍金属卤化物钙钛矿材料及其光催化氧化反应相关理论及应用实践的专著。全书聚焦钙钛矿材料的结构优势与催化潜力，涵盖铅卤钙钛矿（$CsPbBr_3$）、无铅钙钛矿（$Cs_2AgBiBr_6$、$Cs_3Bi_2Br_9$）等多种材料体系，详细介绍其结构设计、制备表征及复合材料构建策略，深入解析异质结协同作用机制与多样化的光催化氧化反应体系。内容共分 4 章，分别概述钙钛矿材料特性与研究进展，探讨 $CsPbBr_3$ 及其复合材料在烯烃氧化、醇类转化等反应中的应用，研究无铅钙钛矿在硫/硒氰化、氧化偶联等反应中的性能，同时注重实验条件优化、底物兼容性验证与反应机理推测，为该领域研究提供扎实的理论与实验支撑。

本书适合光催化、材料化学、有机合成等领域的科研人员、高校研究生参考使用，也可为从事绿色化学、环境治理及能源转化相关工作的工业界人士提供实践指导，助力推动钙钛矿材料的学术研究与工业转化。

图书在版编目（CIP）数据

金属卤化物钙钛矿光催化氧化反应 / 朱海波著. 北京 : 化学工业出版社，2025. 12. -- ISBN 978-7-122-49628-7

Ⅰ. O644.11

中国国家版本馆CIP数据核字第2025AQ7490号

责任编辑：傅聪智　　文字编辑：王丽娜
责任校对：张茜越　　装帧设计：王晓宇

出版发行：化学工业出版社
（北京市东城区青年湖南街 13 号　邮政编码 100011）
印　　装：北京建宏印刷有限公司
710mm×1000mm　1/16　印张 13¾　字数 233 千字
2025 年 12 月北京第 1 版第 1 次印刷

购书咨询：010-64518888　　售后服务：010-64518899
网　　址：http://www.cip.com.cn
凡购买本书，如有缺损质量问题，本社销售中心负责调换。

定　　价：98.00元

前言
Preface

光催化氧化反应作为一种高效、绿色的化学转化途径，在环境污染治理、能源转化及有机合成等领域展现出广阔的应用前景。然而，传统光催化材料（如 TiO_2、ZnO 等）受限于其宽带隙和低载流子迁移率，难以充分利用太阳光，尤其在可见光区的催化效率较低。近年来，金属卤化物钙钛矿材料因其优异的光电特性（如可调谐带隙、高光吸收系数、长载流子扩散长度等）成为光催化领域的研究热点。这类材料不仅具备高效的光捕获能力，还能通过组分和结构调控优化其催化活性，为开发新型高效光催化剂提供了新思路。

本书以金属卤化物钙钛矿光催化氧化反应为核心，系统介绍了该类材料的结构设计、制备方法及其在光催化氧化反应中的应用。全书共分为 4 章：第 1 章概述了金属卤化物钙钛矿的晶体结构、电子能带特性及光物理性质，并总结了其在光催化领域的研究进展。钙钛矿材料独特的结构可调性（如 ABX_3 型、双钙钛矿型等）使其能够通过离子替换或掺杂调控能带结构，从而匹配不同氧化反应的需求。第 2 章聚焦铅基钙钛矿 $CsPbBr_3$ 及其复合材料的光催化氧化性能，通过表面修饰、异质结设计等方法提升 $CsPbBr_3$ 的稳定性，并详细分析了其在烯烃氧化、C—H 氧化、芳香醇氧化等反应中的活性机制，为平衡材料性能与环境友好性提供参考。第 3 章研究了无铅钙钛矿 $Cs_2AgBiBr_6$ 及其复合材料的合成策略，并研究了它们催化的 C-3 位硫 / 硒氰化反应、4-羟基香豆素与醇或胺反应以及硫醇氧化偶联反应。第 4 章探讨了无铅钙钛矿 $Cs_3Bi_2Br_9$ 及其复合材料的构建，通过异质结设计、金属掺杂等策略，所构建的复合材料可显著增强光生电荷分离效率并拓宽光响应范围，同时在醛或醇的氧化偶联、硫醚氧化等反应中表现出显著的催化活性。希望本书能推动这一领域的深入研究，助力绿色化学与可持续发展目标的实现。

本书在编写过程中得到了东华理工大学乐长高教授、谢宗波教授和樊强文副教授的帮助，张宏磊、钟挺、郑叶叶、钟杨菠、廖招红等研究生为本书提供了大量的实验数据。本书的出版得到了江西省一流学科（化学）和国家级一流专业建设点（应用化学）给予的经费支持，在此表示真挚的感谢。

限于作者水平，书中难免存在疏漏之处，恳请读者批评指正。

朱海波
2025 年 6 月

缩略语表

Abbreviation

缩写	英文名称	中文名称
AC	ascorbic acid	抗坏血酸
BHT	butylated hydroxytoluene	2,6-二叔丁基-4-甲基苯酚
BQ	benzoquinone	苯醌
CPB	$CsPbBr_3$	三溴化铅铯
CN	g-C_3N_4	石墨相氮化碳
DCM	dichloromethane	二氯甲烷
DCE	1,2-dichloroethane	1,2-二氯乙烷
DMC	dimethyl carbonate	碳酸二甲酯
DIPEA	*N*,*N*-diisopropylethylamine	*N*,*N*-二异丙基乙胺
DABCO	1,4-diazabicyclo[2.2.2]octane	1,4-二氮杂二环 [2.2.2] 辛烷
DMPO	5,5-dimethyl-1-pyrroline-*N*-oxide	5,5-二甲基-1-吡咯啉-*N*-氧化物
EDS	energy dispersive spectrometer	能量色散光谱仪
EtOAc	ethyl acetate	乙酸乙酯
EPR	electron paramagnetic resonance	电子顺磁共振
HRTEM	high-resolution transmission electron	高分辨透射电子显微镜
IHPs	inorganic halide perovskites	无机卤化物钙钛矿材料
IPA	isopropanol	异丙醇
MHPs	metal halide perovskites	金属卤化物钙钛矿
OCN	oxygen-doped graphitic carbon nitride	氧掺杂石墨相氮化碳
OIHPs	organic-inorganic hybrid perovskites	有机-无机杂化钙钛矿

PL	photoluminescence	光致发光
rt	room temperature	室温
SEM	scanning electron microscope	扫描电子显微镜
TEM	transmission electron microscope	透射电子显微镜
THF	tetrahydrofuran	四氢呋喃
TEMPO	2,2,6,6-tetramethylpiperidinooxy	2,2,6,6-四甲基哌啶氧化物
TEA	triethylamine	三乙胺
TEMP	2,2,6,6-tetramethylpiperidine	2,2,6,6-四甲基吡啶
UV-vis DRS	UV-visible diffuse reflectance spectra	紫外-可见漫反射光谱
XRD	X-ray diffraction	X 射线衍射

目录
CONTENTS

第1章 绪论

1.1 金属卤化物钙钛矿材料

大规模使用化石燃料引发的能源短缺与环境污染问题，已成为当今社会亟待解决的两大危机。化石燃料的不可再生性决定了其终将枯竭的本质，而其燃烧过程产生的大量有害气体（包括 CO_2、氮氧化物和硫氧化物）更严重破坏了生态平衡与环境安全。因此，开发可再生绿色能源以替代有限化石燃料，已成为学术界与工业界共同关注的研究热点。

太阳能因其可持续性、无限性、可再生性及易获取性，成为最具吸引力的传统能源替代方案。大量研究证实，太阳能可用于光解水制氢（H_2）[1,2]、二氧化碳（CO_2）还原[3-5]，其反应产物［如一氧化碳 (CO) 或甲烷 (CH_4)］均为清洁能源。此外，CO_2 与有机物反应还能合成羧酸等高附加值化学品[6]。这些发现表明合理利用太阳能将显著缓解能源危机，并改善因温室气体引发的气候问题。据估算，人类年能源消耗量约 1.4×10^4 GW，仅占地球表面接收太阳能总量的千分之一[7]，这凸显出太阳能开发的巨大潜力。

绿色可持续化学理念正在推动现代合成化学的重大变革。开发新型化学转化策略以提升反应效率、选择性和安全性，已成为当前研究的重要方向。光催化化学反应因能够利用太阳能并实现碳中和目标，在新能源开发、高值化学品合成及功能材料制备等多个领域获得广泛关注。事实上，光化学反应早在 20 世纪便已开展研究[8]。当时多数研究聚焦于利用紫外光（200～400 nm）引发反应，因为大多数有机分子对可见光（＞ 400 nm）透明。然而，高能紫外光通常会导致副反应发生，从而造成反应选择性低。此外，紫外光对生物体的潜在危害以及获取紫外光所需的特殊仪器，都严重限制了其实际应用。相较而言，可见光能量较低，为提高反应选择性提供了可能。学术界公认太阳光谱组成为：紫外光 5%、可见光 46%、红外光 49%。利用太阳光中的可见光驱动有机转化反应，正受到越来越多研究者的重视。

为实现可见光驱动的有机合成反应，研究者已开发出包括金属配合物、有机染料及半导体材料在内的多种光催化剂。其中，半导体材料辅助的多相光催化体系近年来备受关注，诸如金属氧化物[9]、石墨烯及其类似物[10,11]、硫化物[12,13]、金属有机框架（MOFs）材料[14]以及共轭多孔聚合物[15,16]等材料均被广泛研究。然而，为响应绿色可持续发展需求，开发具有成本效益、易于获取、高效且可重复使用的光催化剂，仍是当前研究的重点方向。

金属卤化物钙钛矿（metal halide perovskites，MHPs）是一类典型的半导体材料，通常由二价金属离子（如 Pb^{2+} 或 Sn^{2+}）、大半径单价阳离子（如 Cs^{+} 或有机阳离子）及卤素阴离子（如 I^{-} 或 Br^{-}）组成。凭借其独特的光电特性——包括大光吸收系数、高光电转换效率及优异的电荷传输性能，MHPs 已广泛应用于太阳能电池、柔性电子器件、光电探测器、激光器和发光二极管（LEDs）等领域。近年来，MHPs 材料在各种太阳能驱动应用中展现出前沿材料特性[17-19]，在有机合成领域也展现出独特的应用价值[20,21]。这类材料具有优异的光吸收能力、可调控的能带结构和优异的载流子传输性能，是理想的光催化剂。在碳碳键构筑反应中，利用钙钛矿催化剂可实现高效的交叉偶联和环加成反应，选择性可达 95% 以上。在氧化还原反应方面，钙钛矿催化剂能够高选择性地将醇类氧化为醛酮化合物，转化率超过 99%。更引人注目的是，通过与手性助催化剂结合，钙钛矿材料在不对称合成中取得了突破性进展，对映选择性 ee 值可达 90% 以上。目前的研究热点集中在开发无铅钙钛矿材料、提高催化剂稳定性以及设计多功能复合催化体系等方面。尽管在工业化应用方面仍面临稳定性不足等挑战，但这类材料为发展绿色、高效的有机合成新方法提供了重要机遇，在药物中间体合成、精细化学品制备等领域具有广阔应用前景。

1.1.1　金属卤化物钙钛矿的晶体结构

与钙钛矿（$CaTiO_3$）结构类似，由 Perovski 发现的经典钙钛矿材料——金属卤化物钙钛矿（MHPs）呈现出典型的 ABX_3 型三维立方晶体结构（图 1-1）[22]。在该结构中：B 位阳离子与六个 X 阴离子配位形成 $[BX_6]^{4-}$ 八面体结构，A 位阳离子被八个 $[BX_6]^{4-}$ 八面体包围。具体组成特点：A 位点，可被单价阳离子占据，包括甲脒离子（FA^{+}）、甲铵离子（MA^{+}）、铯离子（Cs^{+}）、铷离子（Rb^{+}）；B 位点，通常为二价金属离子，如铅离子（Pb^{2+}）、锡离子（Sn^{2+}）、锗离子（Ge^{2+}），及三价金属铋离子（Bi^{3+}）等；X 位点，由卤素离子占据，如氯离子（Cl^{-}）、溴离子（Br^{-}）、碘离子（I^{-}）。根据 A 位组成差异，MHPs 可分为有机-无机杂化 MHPs 和全无机 MHPs。

1.1.2　金属卤化物钙钛矿的稳定性

通常而言，全无机 MHPs 的热稳定性优于有机-无机杂化 MHPs，这主要源于无机离子具有更高的蒸发 / 分解温度。例如，溴化铯（CsBr）的分解温度

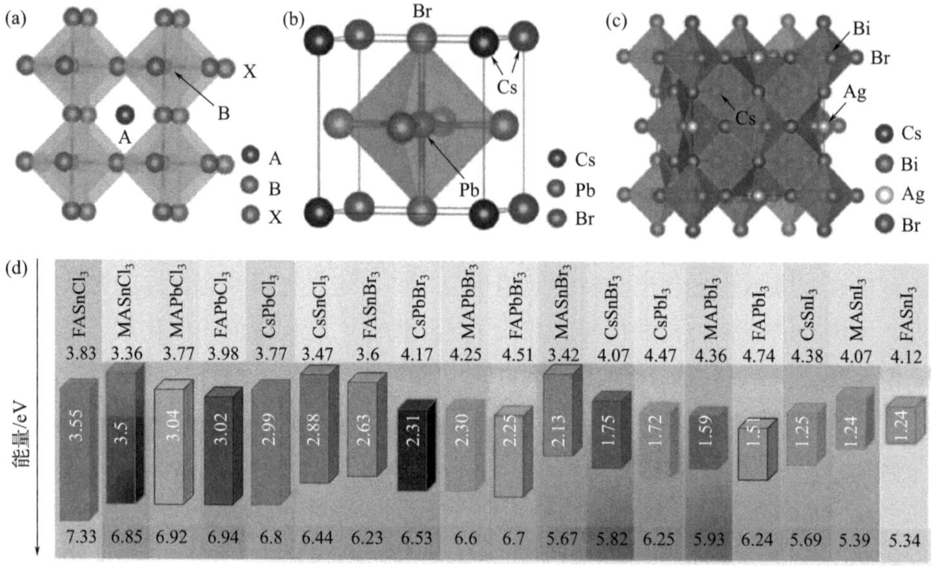

图 1-1 （a）典型钙钛矿晶体结构的多面体示意图；（b）$CsPbBr_3$ 的晶胞结构；（c）$Cs_2AgBiBr_6$ 的晶胞结构；（d）典型钙钛矿半导体的能带结构图[22-24]

高达 600℃，而溴化甲铵（MABr）的蒸发温度仅为 150℃。此外，MHPs 的稳定性与其晶相密切相关，这一特性可通过 Goldschmidt 容差因子（τ）参数进行评估。

$$\tau = \frac{r_A + r_B}{\sqrt{2}\left(r_B + r_X\right)} \tag{1-1}$$

式中，r_A、r_B 和 r_X 分别代表位于 A 位、B 位和 X 位离子的离子半径。对于稳定的 MHPs 结构，τ 值应处于 0.8～1.1 范围内。其中，三维立方相 MHPs 的 τ 值范围为 0.9～1.1，对称性较低的四方相和正交相的 τ 值范围为 0.8～0.9。值得注意的是，MHPs 的晶相会随温度变化：立方相会随着温度降低向低对称性晶相转变。

此外，MHPs 独特的组分赋予其显著的结构可调性。学术界公认 MHPs 的光学性能由其带隙和光吸收系数决定。以 $MAPbX_3$ 为例，价带（VB）由 Pb 原子的反键轨道和 X 原子的 p 轨道共同决定，导带（CB）则由 Pb 原子的 p 轨道决定。因此，通过调控 X 位原子的种类或比例可有效调节 MHPs 的价带位置。典型例证：$MAPbCl_3$、$MAPbBr_3$ 和 $MAPbI_3$ 的带隙分别为 3.0 eV、2.3 eV 和 1.6 eV，当阴离子从 Cl^- 变为 I^- 时，带隙逐渐减小［式（1-1）］，光吸收范围随之拓宽［图 1-1（d）］。类似地，在 B 位掺杂离子半径小于 Pb^{2+} 的金属离子也能：①改变 MHPs 带隙；②通过晶格收缩效应提升结构稳定性[23,24]。

1.1.3 钙钛矿光催化基本原理

MHPs 因其卓越的光电特性、可调控的能带结构以及易于制备等特点，非常适合作为光催化剂。与光伏应用不同（在光伏应用中 MHPs 材料的光生载流子向电极迁移以实现光电能量转换），光催化反应中 MHPs 载流子的分离与传输过程至关重要，因为这些载流子与反应介质（如底物、溶剂和氧气）的电子转移过程对化学转化具有决定性影响。

目前，研究人员已采用多种策略（包括表面修饰、异质结构建和金属掺杂等）来抑制 MHPs 中光生载流子的复合，并提高其分离和传输效率。此外，这些方法还能增强 MHPs 的结构稳定性并增加反应活性位点，从而有利于提升 MHPs 的光催化效率。

1.2 金属卤化物钙钛矿光催化有机反应

1.2.1 有机-无机杂化钙钛矿光催化有机反应

有机-无机杂化钙钛矿（OIHPs）存在结构稳定性较差的问题，这严重限制了其在有机合成中的应用。因此，目前关于利用钙钛矿材料催化有机反应的研究报道较少，且主要集中在芳香醇和芳香烃的光催化氧化反应方面。

1.2.1.1 醇的氧化反应

醇的选择性氧化在羰基化合物合成中具有重要意义，羰基化合物（尤其是醛和酮）通常是精细化学品合成中的关键中间体。近年来，基于金属卤化物钙钛矿的光催化氧化醇类反应生成相应醛和酮的研究备受关注。

Chen 团队[25]制备了以碘化甲铵（MAI）为端基的碘化铅甲铵钙钛矿（$MAPbI_3$），并在室温可见光照射下用其催化三碳糖［特别是 1,3-二羟基丙酮（DHA）］与丁醇反应合成乳酸丁酯。结果表明，所制备的 $MAPbI_3$ 材料的乳酸丁酯产率为 77 $mg\cdot L^{-1}$，生成速率达 7719 $\mu g\cdot g^{-1}\cdot h^{-1}$。机理研究表明，碘氧化后暴露的Pb（Ⅱ）活性位点是催化该反应转化的关键：$MAPbI_3$中的光生空穴将DHA转化为丙酮醛，而MAI封端的$MAPbI_3$表面的Pb（Ⅱ）位点则促进丙酮醛与丁醇反应生成最终产物乳酸丁酯［图1-2（a）］。这一关于调控$MAPbI_3$表面的精细研究，为设计更高效的MHPs光催化合成材料提供了新思路。

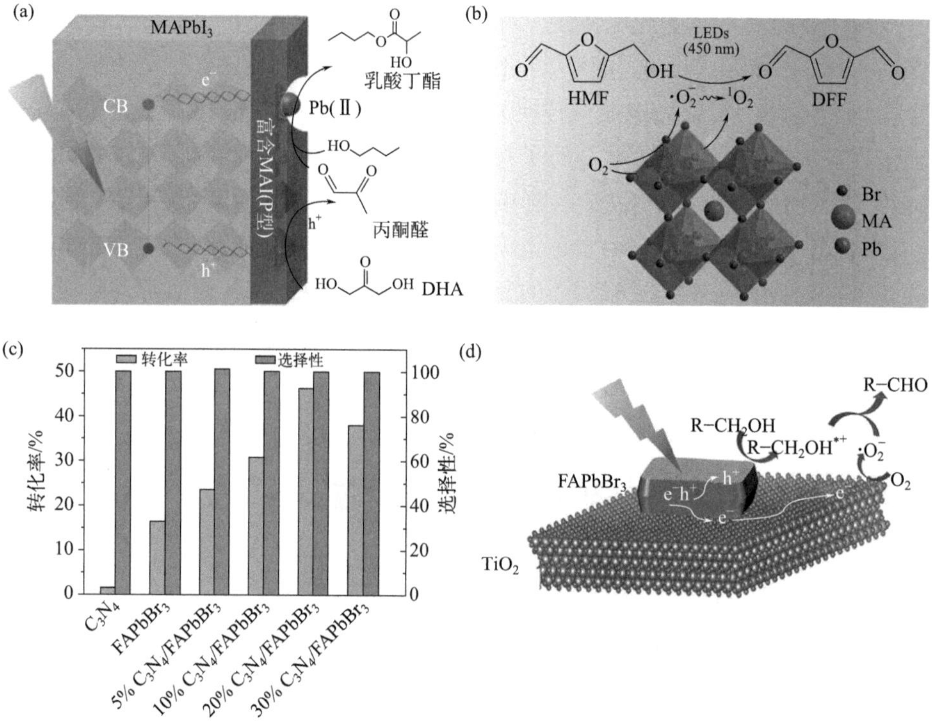

图1-2 （a）在MAI封端的$MAPbI_3$催化剂上将DHA和丁醇转化为乳酸丁酯；（b）$MAPbBr_3$钙钛矿上光催化HMF氧化为DFF的反应机理推测；（c）不同催化剂上苯甲醇的光催化氧化反应；（d）$FAPbBr_3/TiO_2$复合材料上苯甲醇氧化为苯甲醛的反应机理推测[25-28]

Lv团队[26]研究了采用溴化铅甲铵钙钛矿（$MAPbBr_3$）粉末作为光催化剂，催化5-羟甲基糠醛（HMF）的氧化反应。在O_2存在下，HMF的光催化转化率达100%，2,5-二甲酰基呋喃（DFF）的选择性超过90%，呋喃类碳产率超过96%。机理研究表明，光生电子（e^-）、空穴（h^+）与活性氧物种（$^1O_2$和$\cdot O_2^-$）共同决定了高效选择性氧化过程［图1-2（b）］。此外，该光催化体系同样适用于苯甲醇的氧化，转化率接近100%，苯甲醛选择性优异。

为提高有机-无机杂化钙钛矿（OIHPs）的电荷分离效率并增强其光催化氧化性能，研究者构建了多种OIHPs与半导体（如TiO_2、$g\text{-}C_3N_4$、MOFs等）

的复合材料。基于溴化铅甲脒钙钛矿（$FAPbBr_3$）与 TiO_2 的能带匹配特性，Roeffaers 团队 [27] 采用室温反溶剂沉淀法制备了 $FAPbBr_3/TiO_2$ 复合材料，用于 O_2 氛围下系列苯甲醇的光催化氧化。与纯 $FAPbBr_3$ 和 TiO_2 相比，15%（质量分数）$FAPbBr_3/TiO_2$ 复合材料使苯甲醇转化率提高了 4 倍，达 63%，选择性超过 99% [图 1-2（c）]。作者认为，这是由于 $FAPbBr_3$ 中的光生电子高效注入 TiO_2 中，使其内部富集大量光生空穴，可氧化苯甲醇底物生成碳正离子，碳正离子与 O_2 经单电子还原形成·O_2^-，同时生成相应醛类 [图 1-2（d）]。Luo 团队 [28] 也报道了类似结果，他们将构建的 $FAPbBr_3$/g-C_3N_4 杂化材料用于催化苯甲醇氧化，转化率达 69.5%，选择性为 99%。

1.2.1.2 甲苯的氧化反应

甲苯的直接氧化是化工行业中合成高附加值含氧化学品的重要转化过程。2018 年，Roeffaers 团队 [29] 开发了一种基于溴化铅甲脒钙钛矿（$FAPbBr_3$）的三元复合光催化剂 $NiO_x/FAPbBr_3/TiO_2$，用于 C(sp^3)—H 键的选择性氧化。他们首先评估了该催化剂在 O_2 存在下对甲苯甲基的选择性氧化性能，结果表明，5% $NiO_x/FAPbBr_3/TiO_2$ 的氧化速率达到 3800 μmol·h^{-1}·g^{-1}，分别是纯 $FAPbBr_3$ 和 $FAPbBr_3/TiO_2$ 杂化材料的 12 倍和 1.5 倍。此外，该催化剂在取代甲苯选择性氧化为相应醛类的反应中也表现出高活性。机理研究表明，这种三元光催化剂的高效性源于其优异的光生电荷分离能力。同时，光生电子、空穴及 O_2^- 活性氧物种在 C(sp^3)—H 键的选择性氧化过程中起关键作用（图 1-3）。该团队后续研究 [30] 还以溴化铅铯钙钛矿（$CsPbBr_3$）替代 $FAPbBr_3$，构建了 $NiO_x/CsPbBr_3/TiO_2$ 复合材料，成功用于苯甲醇（又称苄醇）光催化氧化生成苯甲醛的反应。

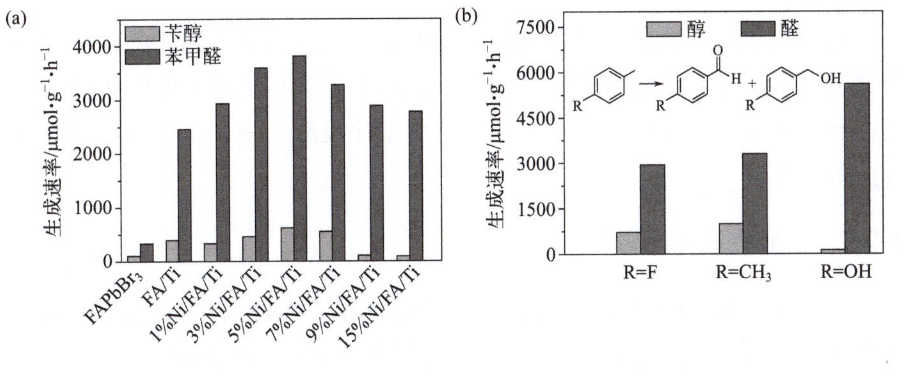

图 1-3

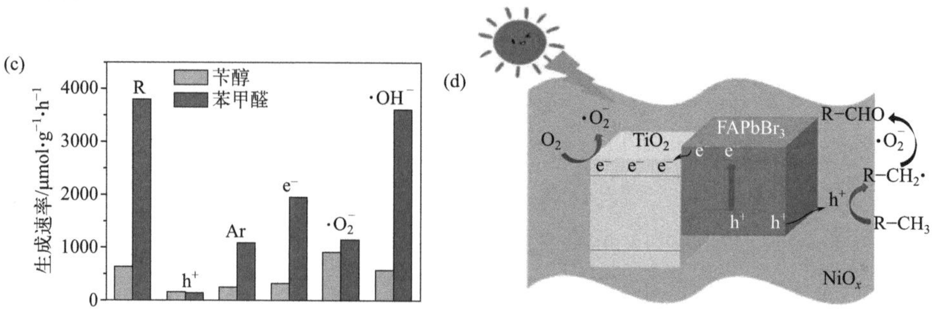

图 1-3 (a) 不同光催化剂上甲苯的光催化氧化反应 (Ni/FA/Ti 代表 $NiO_x/FAPbBr_3/TiO_2$); (b) 5% $NiO_x/FAPbBr_3/TiO_2$ 催化剂上取代甲苯的光催化氧化反应; (c) 不同自由基捕获剂存在下甲苯氧化的对照实验; (d) $NiO_x/FAPbBr_3/TiO_2$ 催化剂上甲苯氧化为苯甲醛的反应机理推测 [29,30]

1.2.1.3 聚合反应

2023 年，Lv 团队 [31] 通过将碘化铅甲铵钙钛矿（$MAPbI_3$）封装在锆基卟啉金属有机框架（PCN-222）中，构建了一种 S 型异质结光催化剂 $MAPbI_3$@PCN-222。该催化剂表现出优异的近红外（NIR）吸收性能、适宜的氧化还原电位以及高效的电子转移过程。在 980 nm 光照射下，该光催化剂在醛基 α-氨基烷基自由基引发的光诱导电子 / 能量转移-可逆加成断裂链转移（PET-RAFT）聚合反应中展现出强大的催化效率，能够制备出分子量超高且分布狭窄的规整聚合物。

1.2.2 全无机铅基钙钛矿光催化有机反应

与有机-无机杂化钙钛矿（OIHPs）相比，全无机卤化物钙钛矿材料（IHPs）凭借其更优异的结构稳定性，在光催化有机反应中展现出更广阔的应用前景，包括各类氧化反应、环化反应、α-烷基化反应、氨甲基化反应以及聚合反应等。

1.2.2.1 醇的氧化反应

2018 年，Tüysüz 团队 [32] 通过湿法浸渍制备了 $CsPbBr_3/TiO_2$ 复合材料，并将其作为多相光催化剂用于苯甲醇的选择性氧化反应。与 $CsPbBr_3$ 和二氧化钛 P25（P25）的物理混合物相比，该复合材料在环己烷溶剂中于可见光（$\lambda >$

420 nm）照射下，苯甲醇的转化率从 28% 提升至 50%，且对苯甲醛的选择性超过 99% [图 1-4（a）]。基于电子顺磁共振（EPR）光谱结果，作者推断苯甲醛的形成源于$\cdot O_2^-$与阳离子醇盐自由基的反应——前者由 O_2 的单电子还原产生，后者则来自激发态 $CsPbBr_3$ 价带（VB）对苯甲醇的氧化 [图 1-4（b）]。

通过类似的反应机制，Debroye 团队[33] 采用原位溶剂热法制备的 $CsPbX_3/W_{18}O_{49}$ 复合材料作为光催化剂，在正己烷溶剂中将苯甲醇转化率进一步提高至 72%，苯甲醛选择性仍保持在 99% 以上。该光催化体系还可拓展至其他脂肪族和芳香族醇类，且均能保持 99% 以上的高选择性 [图 1-4（c）]。

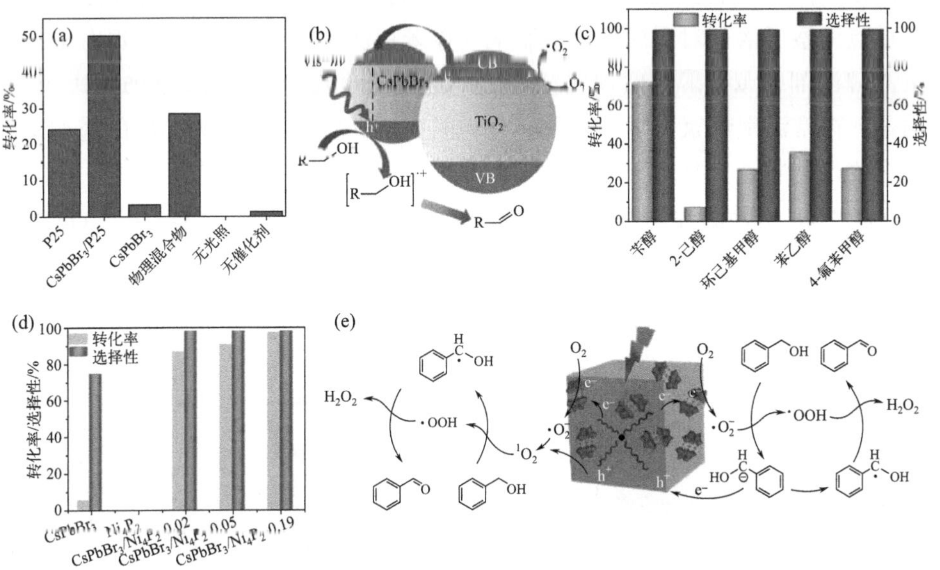

图 1-4 （a）不同催化剂上苯甲醇的转化反应；（b）$CsPbBr_3$/P25 光催化氧化苯甲醇生成苯甲醛的反应机理；（c）$CsPbX_3/W_{18}O_{49}$ 复合材料上不同底物的转化反应；（d）$CsPbBr_3$ 和 $CsPbBr_3/Ni_4P_{2-x}$ 复合材料的光催化活性对比；（e）$CsPbBr_3/Ni_4P_2$ 复合材料光催化氧化苯甲醇的反应机理[32-34]

2023 年，Dong 团队[34] 通过静电自组装策略，将 $CsPbBr_3$ 的可见光响应能力与多金属氧酸盐 $[Ni_4(H_2O)_2(PW_9O_{34})_2]_{10}$（简写为 Ni_4P_2）的多电子转移特性相结合，成功构建了 $CsPbBr_3/Ni_4P_2$ 复合材料。在优化条件下，$CsPbBr_3/Ni_4P_2$-0.19 复合催化剂在 O_2 氛围中于可见光（$\lambda > 400$ nm）下照射 6 h 后，可将乙腈溶剂中的苯甲醇转化为苯甲醛，转化率和选择性均接近 100% [图 1-4（d）]。该光催化剂可循环使用至少三次且活性基本保持不变。机理研究表明，大气中的 O_2、光生电子（e^-）、空穴（h^+）、$\cdot O_2^-$和 $^1O_2$ 活性物种共同参与了苯甲醇的选择性光氧化过程［图 1-4（e）］。

几乎同一时期，Luo 团队[35]通过湿法浸渍策略，利用导电聚苯胺（PANI）包覆 $CsPbBr_3$ 钙钛矿纳米晶（PNCs），构建了 $CsPbBr_3$@PANI 纳米复合材料。由于 PNCs 向 PANI 的快速电子转移（约 2.2 ps）以及 PANI 对 CO_2 的亲和作用，该复合材料在苯甲醇氧化为苯甲醛（与 CO_2 还原反应耦合）的过程中表现出显著提升的光催化性能和稳定性，转化速率分别达到 27.5 $\mu mol \cdot h^{-1} \cdot g^{-1}$ 和 26.1 $\mu mol \cdot h^{-1} \cdot g^{-1}$［图 1-5（a）］。

与以往构建 $CsPbBr_3$ 基复合材料的研究不同，笔者团队[36]直接以纯相 $CsPbBr_3$ 作为多相光催化剂，实现了芳香醇向相应醛类化合物的高效转化。研究重点考察了溶剂对反应效率的影响（以苯甲醇为模型底物），发现在 1,2-二氯乙烷溶剂中苯甲醇可实现完全转化，且对苯甲醛的选择性＞ 99%。更重要的是，在常温空气氛围下，多种醇类均能在 4 h 内完全转化为相应的醛 / 酮类化合物，产物选择性均＞ 99%。机理研究表明，苯甲醇的光氧化过程同时涉及 $\cdot O_2^-$ 和 $^1O_2$ 两种活性物种，但根据密度泛函理论（DFT）计算结果，$^1O_2$ 诱导的反应路径更具优势［图 1-5（b）］。

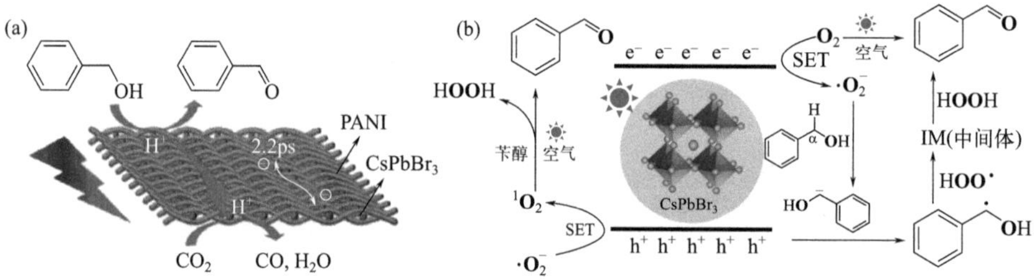

图 1-5 （a）$CsPbBr_3$@PANI 纳米复合材料上 CO_2 还原与苯甲醇氧化的示意图；（b）$CsPbBr_3$ 催化剂上醇类氧化反应的可能机理[35,36]

SET—单电子转移

与上述有氧氧化体系不同，Yang 团队[37]通过成熟的室温反溶剂沉淀法构建了三组分 $CsPbBr_3$/GO-Pt 复合材料。在该体系中，$CsPbBr_3$ 作为可见光捕获剂，氧化石墨烯（GO）用于减小 $CsPbBr_3$ 粒径，而 Pt 原子则作为电子库提升光生电子-空穴对的分离效率。该复合材料在芳香醇脱氢氧化反应中展现出优异的光催化活性：氢气析出速率达 1060 $\mu mol \cdot h^{-1} \cdot g^{-1}$，苯甲醛生成速率为 1050 $\mu mol \cdot h^{-1} \cdot g^{-1}$，且苯甲醛选择性始终＞ 99%。值得注意的是，该催化体系还可拓展应用于多种芳香醇的无氧脱氢反应（图 1-6）。

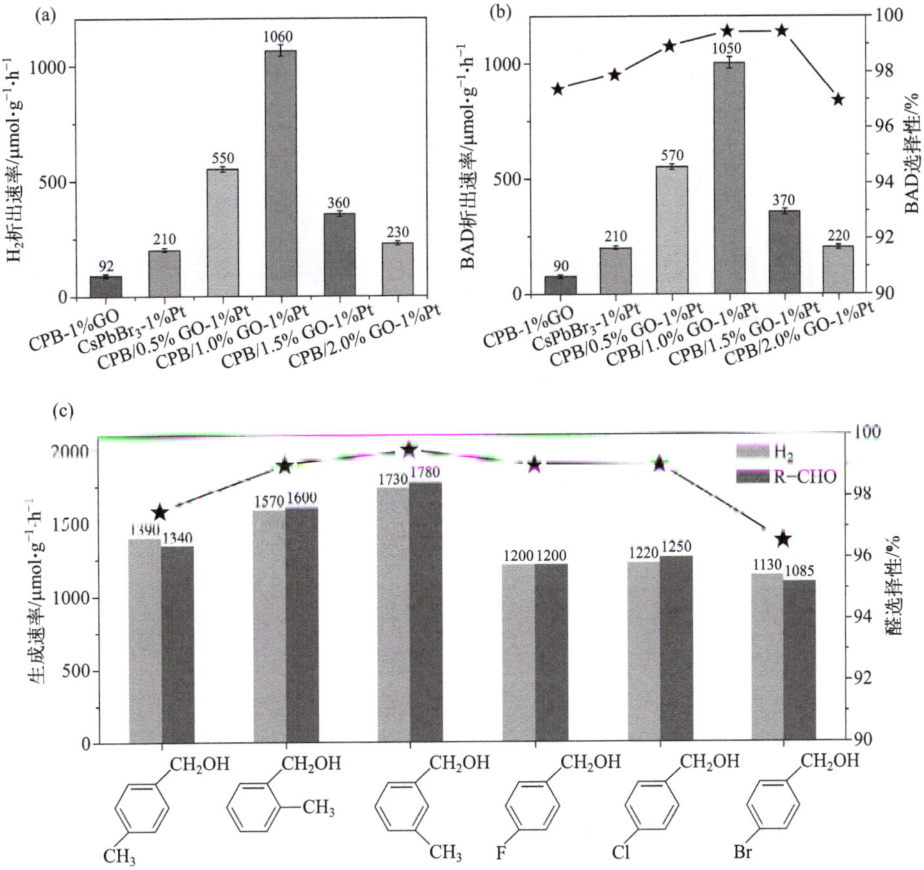

图 1-6 （a）光催化产氢活性；（b）$CsPbBr_3$-1%Pt 和不同 GO 质量比的 $CsPbBr_3$/x% GO-1%Pt 催化剂的苯甲醛产率及选择性；（c）$CsPbBr_3$/1.0%GO-1%Pt 催化剂对不同芳香醇的光催化产氢和醛类生成活性 [37]

BAD—苯甲醛；CPB—三溴化铅铯

1.2.2.2 甲苯的氧化反应

2020 年，Li 团队 [38] 通过配体辅助再沉淀法制备了一系列不同 $CsPbBr_3$ 负载量的 $CsPbBr_3/TiO_2$ 异质结多相光催化剂。在可见光（$\lambda > 420$ nm）照射、75℃条件下，6% $CsPbBr_3/TiO_2$ 光催化剂将甲苯转化为苯甲醛的最高速率可达 2356 μmol·h⁻¹·g⁻¹，分别是裸露 $CsPbBr_3$ 纳米晶的 4 倍以上和纯 TiO_2 的 3 倍。光催化机理研究表明，$CsPbBr_3$ 中的光生空穴和·O_2^-参与了反应，其中空穴可能起关键作用［图 1-7（a）～（c）］。随后，该团队 [39] 基于 $CsPbBr_3/TiO_2$ 异质结的阴离子交换构建了 $CsPbBr_xCl_{3-x}/TiO_2$ 异质结型催化剂，但 $CsPbBr_xCl_{3-x}/TiO_2$ 复合材料光催化氧化甲苯为苯甲醛的转化速率较低，为 1874 μmol·h⁻¹·g⁻¹［图 1-7（d）］。

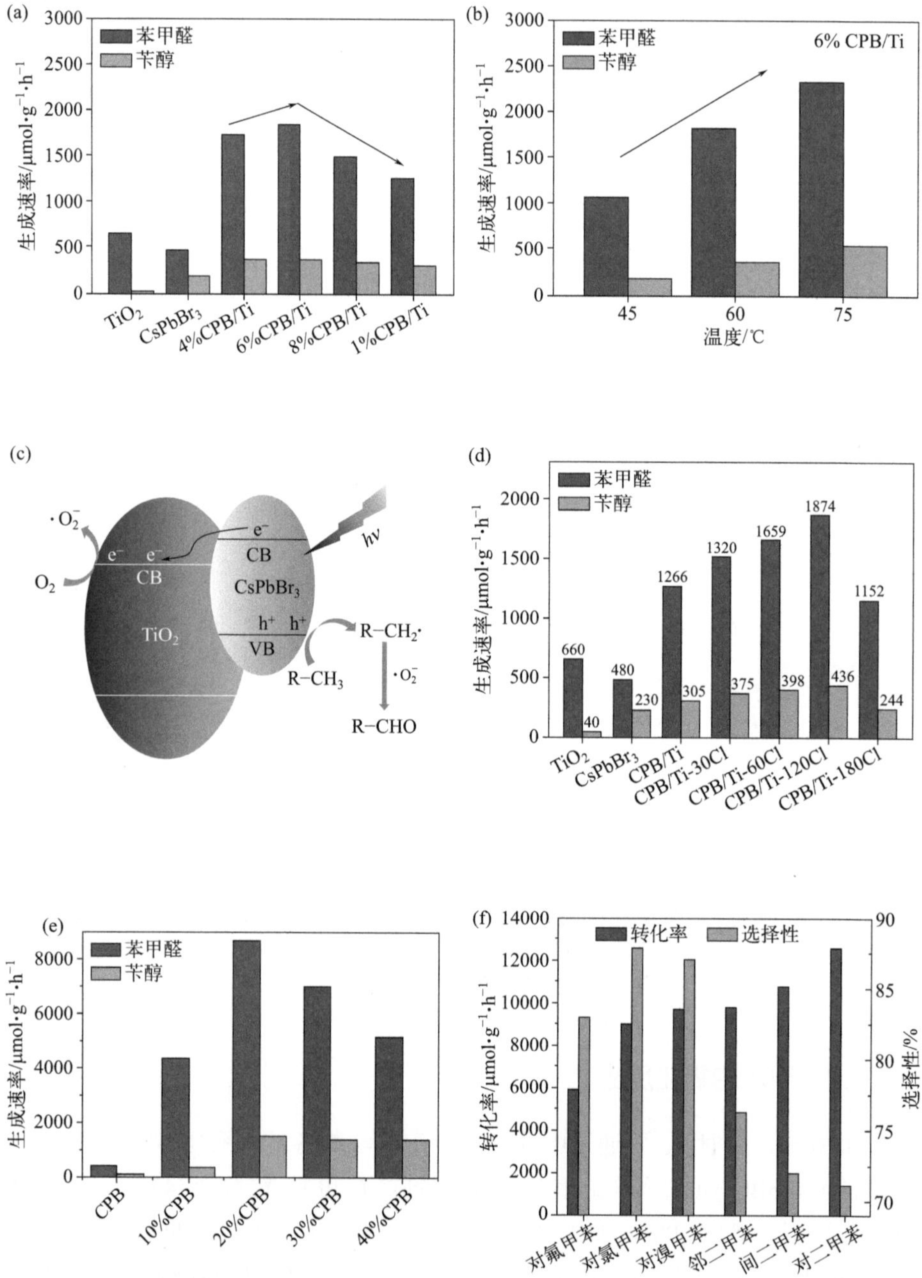

图 1-7 （a）不同催化剂在 60℃下光催化氧化甲苯的效率对比；（b）6%CPB/TiO_2 催化剂在不同温度下的光催化效率；（c）可能的反应机理示意图；（d）不同光催化剂对甲苯氧化的光催化效率比较；（e）不同催化剂上甲苯的光催化氧化反应；（f）20%CPB/TiO_2 催化剂对取代甲苯氧化的光催化性能[38-40]

CPB—$CsPbBr_3$；CPB/Ti—$CsPbBr_3/TiO_2$

通过类似反应机制，Qian 团队[40]于 2023 年采用反溶剂沉淀法制备了 20%$CsPbBr_3/TiO_2$ 复合材料，其催化甲苯氧化的总转化速率达到 10200 μmol·h^{-1}·g^{-1}，苯甲醛选择性为 85%。该复合材料的光催化活性是纯 $CsPbBr_3$ 的约 20 倍，也是目前报道的甲苯光催化氧化反应中性能最优异的催化剂之一。此外，一系列取代甲苯都能在 20% $CsPbBr_3/TiO_2$ 复合材料上被高效氧化，且该光催化剂在循环使用 4 次后仍能保持甲苯转化活性［图 1-7（e）、（f）］。

1.2.2.3 烯烃的氧化反应

可见光催化下苯乙烯类化合物的 C═C 键氧化断裂是制备醛、酮等羰基化合物的有效策略。2020 年，Li 团队[41]以 $ZrCl_4$ 为前驱体，通过配体辅助沉淀法和表面功能化策略，成功制备了锆功能化氯掺杂的 $CsPbBr_3/Cs_4PbBr_6$ 混合纳米片。所得 $ZrCl_4$ 修饰的混合纳米片在氧气存在、室温条件下，可作为可见光催化剂催化苯乙烯氧化，苯甲醛生成速率达 1098 μmol·h^{-1}·g^{-1}，是原始 $CsPbBr_3/Cs_4PbBr_6$ 混合物的 2.9 倍。作者将此增强效应归因于 $ZrCl_4$ 的引入改善了光催化剂激子和载流子的生成与传输。

近期，笔者团队[42]以 $CsPbBr_3$ 纳米晶作为可见光催化剂，开发了一种简便易行的光催化体系，可实现苯乙烯类化合物向相应羰基化合物的高效转化。该体系成功将包括端烯和内烯在内的 38 种烯烃转化为醛 / 酮类化合物。通过实验和 DFT 计算揭示了反应机理：$\cdot O_2^-$和光生空穴在该转化过程中起关键作用。反应由$\cdot O_2^-$加成到 C═C 键的末端碳原子引发，而决速步骤是$\cdot O_2^-$与苯乙烯形成的中间体释放一分子甲醛的过程。

1.2.2.4 氧化偶联反应

2018 年，Wu 团队[43]首次采用热注射法制备了 $CsPbBr_3$ 纳米晶，并将其作为多相光催化剂应用于化学反应。在优化条件下，该 $CsPbBr_3$ 纳米晶能高效催化硫醇的氧化偶联反应［图 1-8（a）］，以及叔胺与亚磷酸酯的氧化交叉脱氢偶联反应［图 1-8（b）］，以良好至优异的产率获得系列二硫化物和膦酰化产物。该光催化剂对多种底物表现出良好兼容性，并可循环使用至少 5 次而活性无明显下降。机理研究表明，$\cdot O_2^-$是底物脱氢过程的关键活性物种。

2020 年，Chen 团队[44]通过改良热注射法，以两性离子配体 3-(*N,N*-二甲基十八烷基铵) 丙磺酸盐（DMOA-PS）修饰 $CsPbBr_3$ 钙钛矿。所制备的 $CsPbBr_3$ 钙钛矿能高效催化 *α*-芳基酮腈的立体选择性 C—C 氧化偶联反应，对苯环上含不同取代基及多种官能团的底物均表现出良好耐受性，以 50%～99%

的产率获得立体选择性二聚产物［图 1-8（c）］。进一步机理研究揭示，该转化涉及自由基介导的反应路径，且空间位阻效应是所观察到的立体选择性的主要成因。

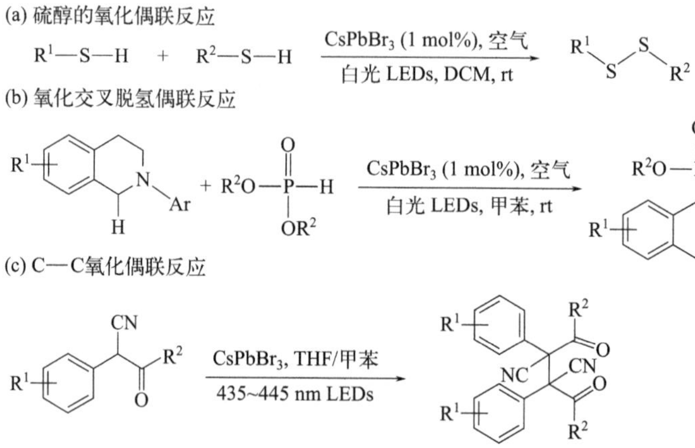

图 1-8　$CsPbBr_3$ 光催化的氧化偶联反应 [43,44]

DCM—二氯甲烷；THF—四氢呋喃

1.2.2.5　环化反应

2019 年，Yan 团队 [45] 以 $CsPbBr_3$ 为光催化剂、碱为添加剂，在蓝光 LEDs 照射及空气氛围下，实现了 α-卤代酮与肼盐 / 胺类化合物的环化反应，以 63%～90% 的产率获得包括吡唑和吡咯在内的多种氮杂环化合物。研究发现，相较于量子点，大尺寸 $CsPbBr_3$ 纳米晶因具有更高的结构稳定性而能获得更优的反应产率。该转化反应始于 α-卤代酮与激发态光催化剂之间的单电子转移诱导的脱卤过程，随后经历自由基偶联 / 加成、分子内环化及脱水等多步反应，最终生成目标产物（图 1-9）。

2020 年，Yu 团队 [46] 在碳酸二甲酯（DMC）溶剂中，以 $CsPbBr_3$ 作为可循环多相催化剂，于白光照射下实现了 *N*-芳基甘氨酸与苯并吡嗪酮的环化反应，以中等至优异的产率制备了多种稠合杂环化合物。该反应由 *N*-芳基甘氨酸向激发态 $CsPbBr_3$ 光催化剂空穴的单电子转移过程触发，释放 CO_2 和质子后形成苯胺甲基自由基，随后通过自由基加成、重排和分子内环化等步骤得到终产物［图 1-10（a）］。此后，基于相似反应机制，该团队又报道了以 $CsPbBr_3$ 催化的 *N*-磺酰基酮亚胺与 *N*-芳基甘氨酸的光催化环化反应，成功合成了十余种咪唑烷稠合磺酰胺酯类化合物［图 1-10（b）］。

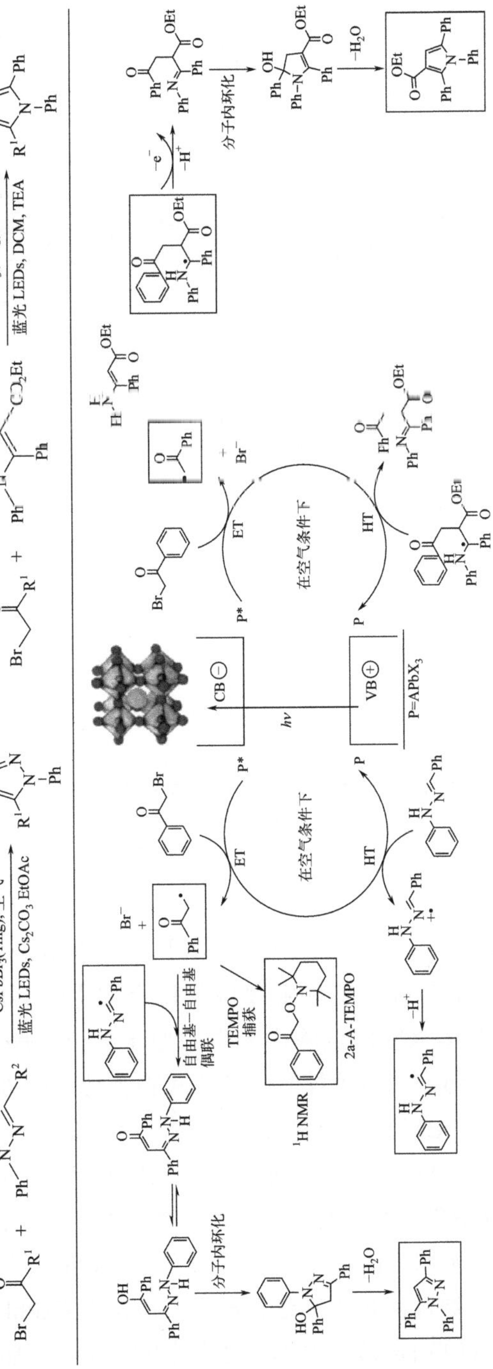

图 1-9　$CsPbBr_3$ 催化的 α-卤代酮与肼盐 / 胺的环化反应[45]

TEA—三乙胺；ET—电子转移；HT—空穴转移；TEMPO—2,2,6,6-四甲基哌啶-*N*-氧自由基

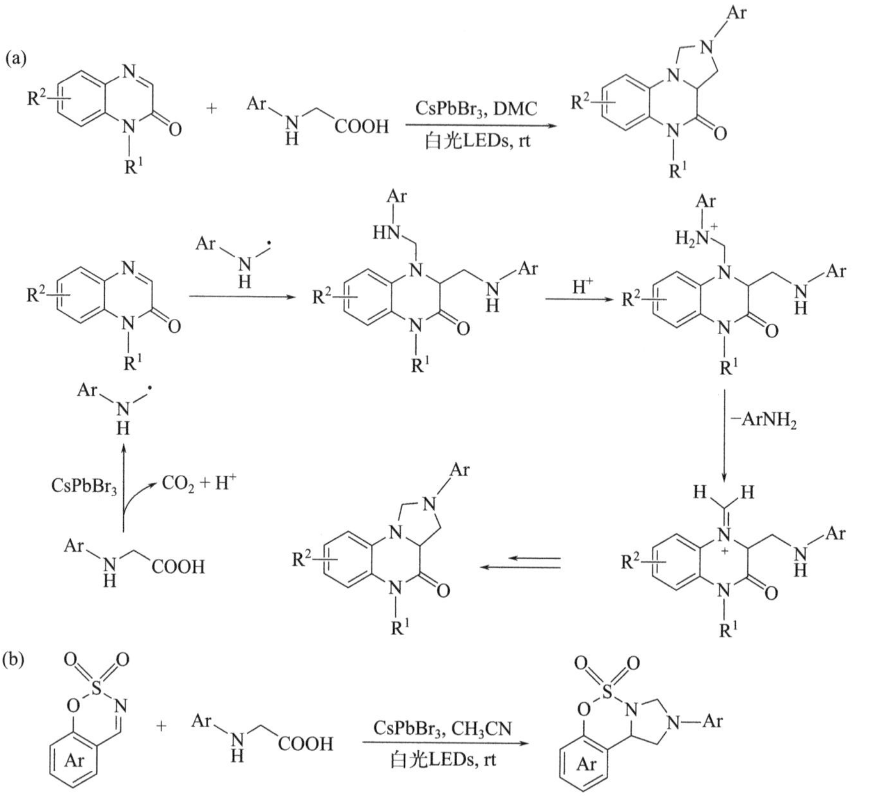

图 1-10　$CsPbBr_3$ 光催化苯并吡嗪酮（a）和 *N*-磺酰基酮亚胺（b）与 *N*-芳基甘氨酸的环化反应[46]

2021 年，Yan 团队[47]报道了在甲苯溶剂中通过 CuBr 盐与 $CsPbBr_3$ 纳米晶的阳离子交换制备 Cu: $CsPbBr_3$ 纳米晶，并用于二胺底物的分子内 N-N 杂环化反应，成功合成了多种哒嗪和吡唑烷类化合物［图 1-11（a）］。对铜活性位点的深入研究显示，Cu 位点除作为中心原子配位二胺底物外，还作为 $CsPbBr_3$ 光生空穴的受体，通过连续氧化结合底物驱动反应进行。随后，基于 $CsPbBr_3$ 与二溴甲烷（DBM）的卤素交换策略，该团队[48]以可循环 $CsPbBr_3$ 为光催化剂，DBM 为共催化剂兼溶剂，在蓝光 LEDs 照射 4 h 条件下，实现了溴自由基（Br·）诱导的乙烯基环丙烷与烯烃的［3+2］环加成反应，高效合成乙烯基环戊烷衍生物［图 1-11（b）］。通过分析 $CsPbBr_3$ 与 DBM 的氧化还原电势，作者提出 Br·通过两步连续过程产生：激发态 $CsPbBr_3$ 的导带电子转移至 DBM 生成 Br^-，随后 Br^-被 $CsPbBr_3$ 的价带空穴氧化为 Br·。研究还发现，Br·的持续生成对该反应至关重要。

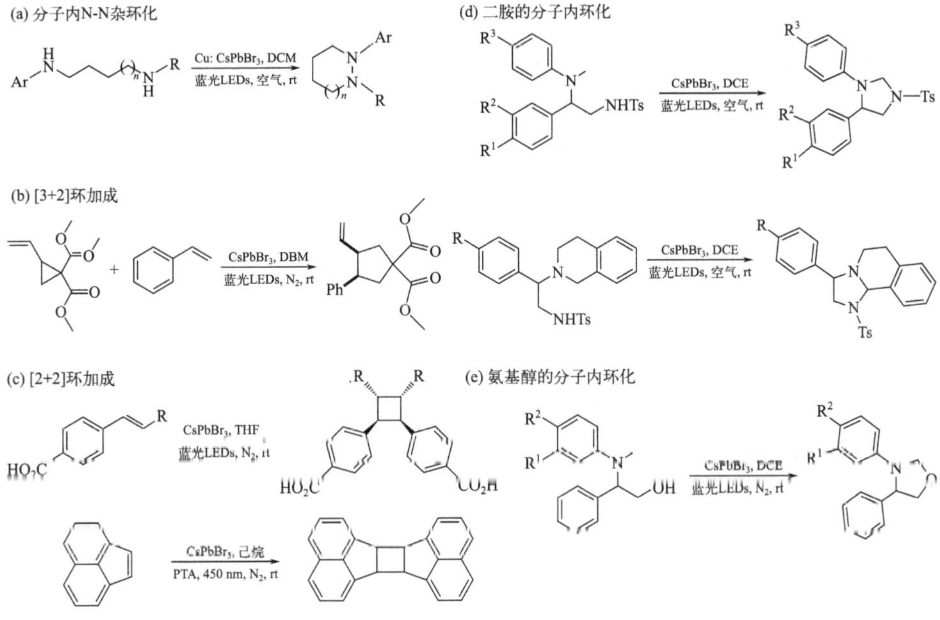

图 1-11　$CsPbBr_3$ 光催化剂催化的环化反应[47-51]

DBM—二溴甲烷；PTA—9-菲甲酸；DCE—1,2-二氯乙烷

此外，Yan 团队[49]首次报道了以块状 $CsPbBr_3$ 为光催化剂，通过三重态能量转移介导的羧基取代芳香烯烃分子间［2+2］环加成反应，获得了一系列高 *syn* 选择性的［2+2］环化产物［图 1-11（c）］。DFT 计算表明，$CsPbBr_3$ 与羧基的高结合焓是实现高化学选择性的关键因素。同年，吴课题组[50]同样通过三重态能量转移过程，观察到反式-4-芪甲酸在 $CsPbBr_3$ 表面的光催化异构化现象——该底物可通过羧基与催化剂锚定。研究者还开发了能量转移延迟策略，以 9-菲甲酸（PTA）为传导配体，解除了底物分子必须含有锚定官能团的限制，成功实现了苊烯的分子间［2+2］环加成［图 1-11（c）］。

2022 年，Tamang 团队[51]采用热注射法，以无毒溴源二溴异氰尿酸制备了空气稳定的胶体 $CsPbBr_3$ 量子点（QDs）。该量子点在室温、空气条件下，经蓝光 LEDs 照射可催化二胺和氨基醇的分子内环化，以最高 82% 的产率获得包括咪唑烷、稠合咪唑烷和噁唑烷在内的多种对映纯生物活性杂环化合物［图 1-11（d）、（e）］。结合多种分析技术和 DFT 计算，作者提出该转化同时涉及光生空穴和 $\cdot O_2^-$ 的反应机制。

2023 年，Mal 团队[52]以二溴异氰尿酸（DBIA）为溴源，通过热注射法合成了正交晶系 $CsPbBr_3$ 钙钛矿光催化剂。基于该催化剂，研究者在氩气氛围、蓝光（450～470 nm）照射下，成功实现了由 CBr_4 的 C—Br 键活化产生 Br· 介导的*N*-甲基烷酰胺环化反应。有趣的是，根据 Br·加成*N*-甲基烷酰胺所形成自由基中间体的稳定性差异，反应可选择性地进行 6-环内螺环化或 5-环外螺环化，分别生成喹啉酮和氮杂螺环产物［图 1-12（a)］。同年，Mohamadpour 团队[53]在 $CsPbBr_3$ 可循环光催化剂作用下，于氧气氛围、蓝光照射的温和条件下，实现了 *β*-酮酯、芳醛与尿素 / 硫脲的多组分环化反应，合成了多种 3,4-二氢嘧啶-2(1*H*)-酮 / 硫酮类化合物［图 1-12（b)］。

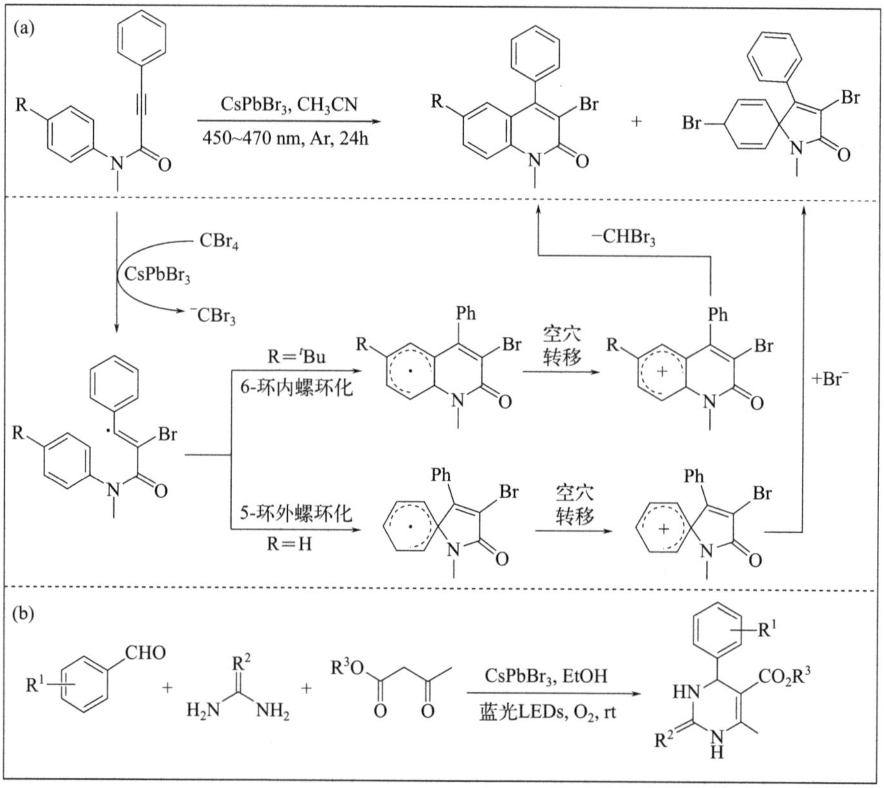

图 1-12 （a）$CsPbBr_3$ 催化的 *N*-甲基烷酰胺环化反应；（b）$CsPbBr_3$ 催化的多组分环化反应[52,53]

1.2.2.6 不对称催化反应

手性与生命起源密切相关，在日常生活中也占据重要地位。在众多手性合成路径中，不对称催化是最成功的手性放大途径之一，其通过使用微量手性催化剂即可以高产率获得非化学计量比的对映异构体[54,55]。光氧化还原反应给不对称催化领域带来了新机遇，可高效绿色合成具有高立体选择性的分子[56]。

值得注意的是，光氧化还原催化剂与手性有机催化剂共同构建的双催化体系，特别适用于不对称催化中的光氧化还原反应[57-59]。其中，手性有机催化剂作为助催化剂，可有效调控光催化过程中各类反应中间体的立体选择性[60-63]。

在光驱动不对称催化反应中，光催化剂主要集中于贵金属及丰产金属配合物。然而这些光催化剂尚未实现大规模商业化应用，主要受限于原料成本高、合成路线复杂及终产物中催化剂难去除等问题。近年来，因其经济性、优异的电荷分离效率和多功能光学特性，钙钛矿材料作为多相光催化剂在有机合成中展现出非凡效果。但当前钙钛矿在有机合成中的应用主要集中于：通过碳碳键偶联、碳氢键活化、环氧化物开环以及芳氨基甲基自由基引发的串联成环等途径合成非手性产物。光催化与有机催化的有效耦合，为钙钛矿材料参与不对称催化提供了难得的发展机遇。

2024 年，Cheng 团队[64]采用初湿浸渍法将 $CsPbBr_3$（简写为 CPB）纳米颗粒嵌入有序介孔二氧化硅骨架 KIT-6 中，构建了稳定的多相光催化剂 CPB@KIT-6。该催化剂通过与两类手性有机催化剂协同作用，成功应用于不对称催化体系。在该催化系统中，CPB 纳米颗粒提供催化活性位点，而有机催化剂构建立体选择性中心，在碳碳键形成和碳氢键交叉脱氢偶联反应中分别实现了 75.3%～91.3% 和 74.9%～94.0% 的优异对映选择性（ee 值）（图 1-13）。特别在碳碳键形成反应中，含 20%（质量分数）CPB 的 20CPB@KIT-6 光催化剂展现出至少 36700 的转化数（TON）。其催化效率在氮气氛围下是贵金属钌催化剂的 215 倍，在空气氛围下达 458 倍。

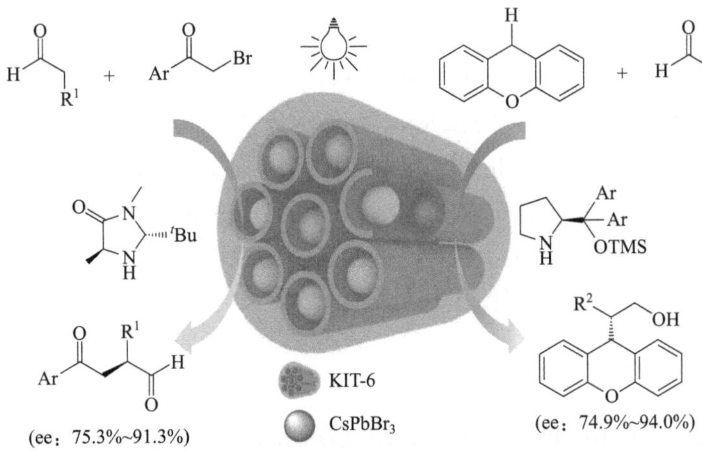

图 1-13　介孔二氧化硅负载卤化铅钙钛矿量子点与有机催化剂协同作用的多相光催化不对称合成[64]

1.2.3 无铅钙钛矿光催化有机合成

由于铅元素具有毒性，无铅钙钛矿材料作为一种新兴的光催化剂，在绿色有机合成领域展现出重要应用潜力。这类材料通过用 Sn^{2+}、Bi^{3+}、Sb^{3+} 等环境友好型金属离子替代传统钙钛矿中的铅元素，在保持优异光活性的同时解决了重金属污染问题。研究表明，MA_2SnBr_6、$Cs_3Sb_2Br_9$、$Cs_3Bi_2Br_9$ 等典型无铅钙钛矿在可见光驱动下可高效催化 C-C 偶联、选择性氧化等重要有机转化反应，其量子效率较传统催化剂提升 2～3 个数量级。当前研究重点聚焦于材料稳定性提升、活性位点精准调控以及连续流动反应工艺开发等方向。虽然在实际应用中仍面临载流子复合率高、循环稳定性不足等挑战，但无铅钙钛矿为发展环境友好型光催化有机合成新方法提供了创新思路，在制药和精细化工领域具有广阔的发展前景。

1.2.3.1 醇的氧化反应

2022 年，Tang 团队 [65] 采用配体辅助再沉淀法制备了高结晶度 $Cs_3Sb_2Br_9$ 微晶，并将其作为非均相可见光催化剂用于苯甲醇氧化反应。在空气氛围优化条件下，该 $Cs_3Sb_2Br_9$ 微晶对苯甲醛的选择性达 94%，苯甲醇转化率高达 96%。通过电子顺磁共振谱（EPR）和对照实验证实，光生空穴与$\cdot O_2^-$是该光催化氧化过程的主要活性物种。

2023 年，Wang 团队 [66] 首次通过光还原法制备了无铅钙钛矿 Cs_2SnBr_6 与还原氧化石墨烯（rGO）的稳定复合材料 Cs_2SnBr_6/rGO，并将其作为非均相可见光催化剂用于 5-羟甲基糠醛（HMF）选择性氧化生成高附加值产物 2,5-二甲酰呋喃（DFF）的反应。当 rGO 负载量为 1.6%（质量分数）时（Cs_2SnBr_6/1.6%rGO），经 6 h 光照即可实现＞ 99.5% 的 HMF 转化率与 88% 的 DFF 选择性。经过三轮 HMF 氧化循环测试后，Cs_2SnBr_6/rGO 的光催化性能仅略有下降。此外，作者提出了两种不同的光驱动氧化反应机理，涉及光生载流子、$\cdot O_2^-$和 $^1O_2$ 等活性物种（图 1-14）。

1.2.3.2 甲苯的氧化反应

2019 年，Tüysüz 团队 [67] 采用初湿浸渍法制备了有序介孔 SBA-15 二氧化硅负载的 $Cs_3Bi_2Br_9$ 卤化物钙钛矿复合材料，该复合材料在可见光照射下可作为光催化剂活化芳烃和脂肪烃的 $C(sp^3)—H$ 键。当负载量为 10%（质量分数）

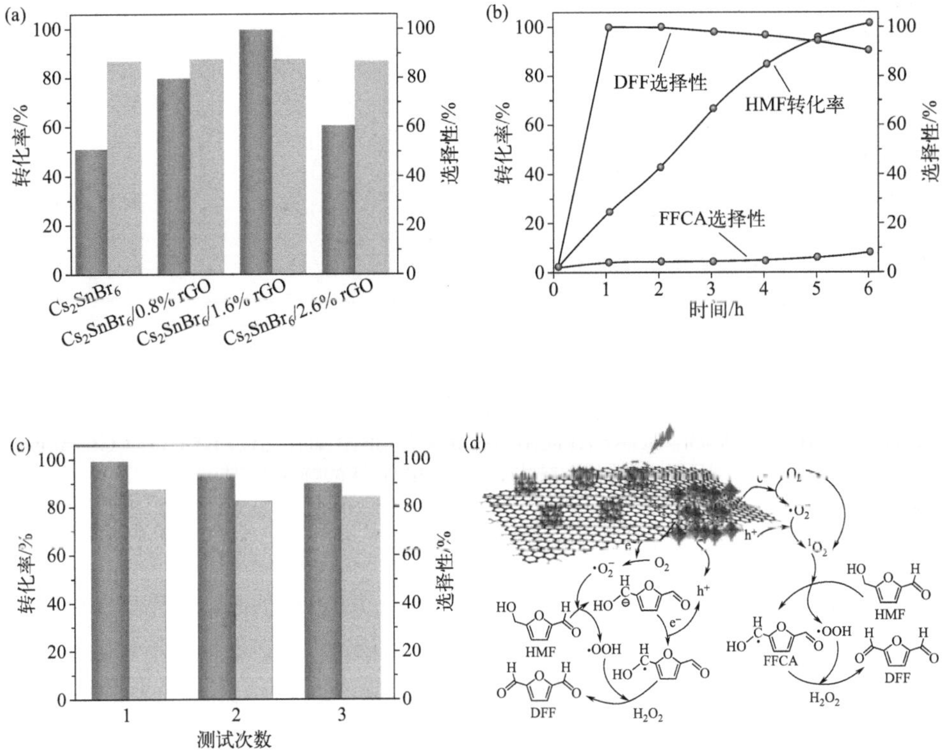

图 1-14 （a）不同催化剂上 HMF 光催化选择性氧化性能对比；（b）HMF 光氧化效率随时间变化曲线；（c）Cs_2SnBr_6/rGO 催化剂的循环测试结果；（d）基于 Cs_2SnBr_6/rGO 催化体系的 HMF 氧化反应机理 [66]

DFF—呋喃二甲醛；HMF—羟甲基糠醛；FFCA—5-甲酰基呋喃-2-羧酸

时，$Cs_3Bi_2Br_9$/SBA-15 光催化剂对甲苯氧化反应表现出最高活性，转化速率达 12600 $\mu mol \cdot g^{-1} \cdot h^{-1}$，对苯甲醛的选择性为 90%，其性能远超块体 $Cs_3Bi_2Br_9$（140 $\mu mol \cdot g^{-1} \cdot h^{-1}$）。此外，该光催化体系还可应用于 C_5～C_{16} 脂肪烃和芳烃的氧化反应，相应含氧化合物的转化速率最高可达 32900 $\mu mol \cdot g^{-1} \cdot h^{-1}$，且选择性优异（＞ 99%）［图 1-15（a）］。通过实验和 DFT 计算，作者证实甲苯通过分散作用和电荷转移吸附在光催化剂表面，在可见光照射下，$Cs_3Bi_2Br_9$/SBA-15 中的光生电子和空穴与 $\cdot O_2^-$ 共同促进甲苯的氧化。随后，该团队[68] 在以稀硫酸溶液和乙酰乙酸乙酯作为导向剂的条件下，开发了一种简便快速的合成方法，制备出了具有清洁表面和可控厚度的 $Cs_3Bi_2Br_9$ 片状微晶。该片状微晶作为光催化剂时，$Cs_3Bi_2Br_9$ 能将甲苯转化为苯甲醛，最高转化率为 2.5%，选择性为 89%［图 1-15（b）］。

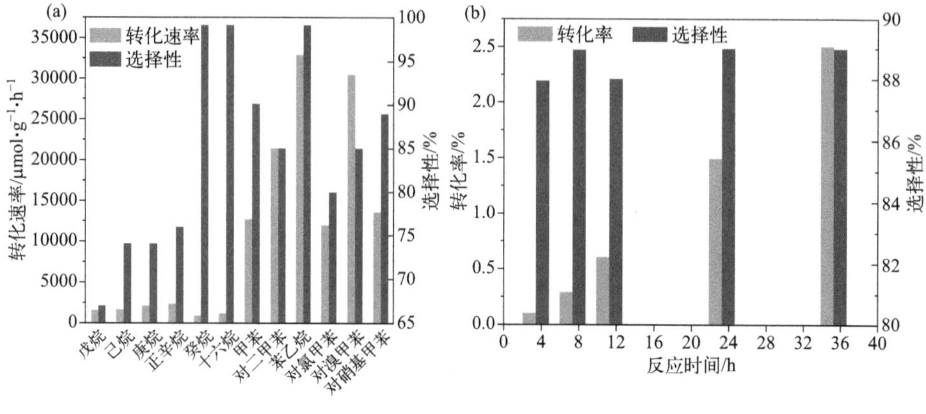

图 1-15 （a）$Cs_3Bi_2Br_9$/SBA-15 催化剂对烷烃的光催化氧化活性对比；（b）$Cs_3Bi_2Br_9$ 光催化剂催化甲苯光氧化反应的时间依赖性 [67,68]

2022 年，Lou 团队 [69] 通过 N—Bi 化学键将 $Cs_3Bi_2Br_9$@BiOBr 锚定在富 NH_x 单分散 SiO_2 表面，构建了三元复合材料 $Cs_3Bi_2Br_9$@BiOBr/A-SiO_2。该复合材料不仅显著提升了蓝光发射性能和对水和环境的结构稳定性，在催化甲苯氧化为苯甲醛的反应中也表现出优异的光催化效率，转化速率达 4317 $\mu mol \cdot h^{-1} \cdot g^{-1}$，选择性约为 87%，性能是原始 $Cs_3Bi_2Br_9$@BiOBr 的 6.9 倍［图 1-16（a）］。Chen 团队 [70] 通过静电自组装构建了 g-C_3N_4 纳米片与 $Cs_3Bi_2Br_9$ 的 2D/2D 异质结构，将其作为可见光催化剂，可将苯甲醛生成速率提升至 4530 $\mu mol \cdot h^{-1} \cdot g^{-1}$，分别是单一 g-$C_3N_4$ 和 $Cs_3Bi_2Br_9$ 的 41.8 倍和 2.3 倍。作者将这种增强效应归因于光生载流子的高效转移以及 $Cs_3Bi_2Br_9$ 产生的碳中心自由基［图 1-16（b）］。2023 年，Wang 团队 [71] 采用反溶剂法制备了 $Cs_3Bi_2Br_9$ 与 TiO_2 的复合材料，在模拟太阳光照射下用于催化甲苯氧化反应。当 TiO_2 负载量为 60%（质量分数）时，

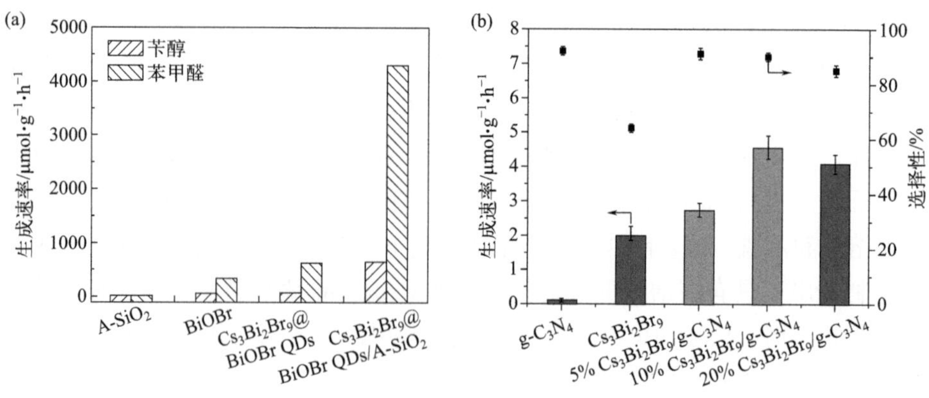

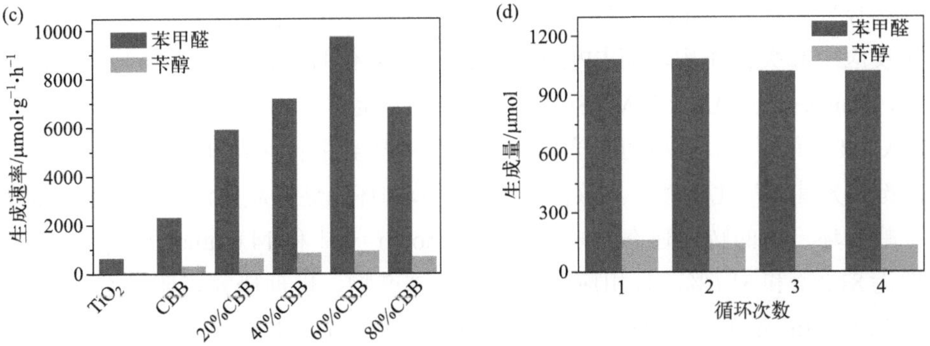

图 1-16 （a）~（c）不同催化剂上甲苯的光催化选择性氧化反应；（d）$Cs_3Bi_2Br_9$/ TiO_2 催化剂的循环性能测试[69-71]

CBB—$Cs_3Bi_2Br_9$

$Cs_3Bi_2Br_9$/ TiO_2 催化的苯甲醛生成速率高达 9626.5 $\mu mol\cdot h^{-1}\cdot g^{-1}$，选择性约 91%，分别是纯相催化剂的 14.9 倍和 4.2 倍，该性能在已报道的催化剂中表现突出。此外，经过四次循环实验后光催化剂性能仍保持稳定，表明 $Cs_3Bi_2Br_9$/ TiO_2 具有优异的结构稳定性［图 1-16（c）、（d）］。

2021 年，Chen 团队[72] 通过反溶剂法将 $Cs_3Sb_2Br_9$ 纳米晶体原位沉积在超薄 g-C_3N_4 纳米片表面，构建了基于 $Cs_3Sb_2Br_9$ 的 0D/2D 异质结。该 $Cs_3Sb_2Br_9$/ g-C_3N_4 复合材料在 O_2 氛围及可见光照射下可作为光催化剂催化甲苯氧化。与纯 g-C_3N_4 和纯 $Cs_3Sb_2Br_9$ 相比，杂化材料的催化性能显著提升，甲苯转化为苯甲醛和苯甲醇的总转化速率达到 8346.8 $\mu mol\cdot h^{-1}\cdot g^{-1}$，其中苯甲醛的转化速率为 6774.2 $\mu mol\cdot h^{-1}\cdot g^{-1}$［图 1-17（a）］。使用相同反应体系，Caruso 团队[73] 开发了锑取代双钙钛矿 $Cs_2AgBiBr_6$（CABB）与 g-C_3N_4 的复合材料 $Cs_2Ag(Sb_xBi_{1-x})Br_6$/g-C_3N_4（CASBB/CN）并将其用于甲苯的光催化氧化。当负载量为 20 wt%、Sb 取代量为 12.5 mol% 时，CASBB/CN 杂化材料表现出最高的甲苯转化活性，苯甲醛生成速率达 1088.0 $\mu mol\cdot g^{-1}\cdot h^{-1}$，选择性为 96%，分别是纯相 CASBB 和 g-C_3N_4 的 2.4 倍和 72.5 倍［图 1-17（b）］。

2023 年，Chen 团队[74] 采用三种脂肪族二胺：乙二胺（EDA）、1,3-丙二胺（PDA）和 1,4-丁二胺（BDA）作为 A 位阳离子，成功构建了三种新型二维无铅有机-无机杂化双钙钛矿，分别命名为 EABB、PABB 和 BABB。基于这些钙钛矿材料，作者评估了其在可见光照射下以氧气为氧化剂催化甲苯氧化的活性。结果表明，PABB 表现出最高的光催化性能，光照 4 h 后甲苯转化率达 62%，选择性为 92%。当反应时间从 4 h 延长至 10 h，产物仅为苯甲酸且选择性高达99%［图1-17（c）和（d）］。对照实验表明，空穴和$\cdot O_2^-$在该氧化反应中起关键作用，而EPR检测未发现$^1O_2$信号，证实其未参与反应。同年，Kailasam团队[75]以$MASnBr_3$为前驱体制备了具有空气和水分稳定性的MA_2SnBr_6量子点，作为可见光催化剂用于常温条件下甲苯和环己烷中C(sp^3)—H键的光催化活化。然而，该催化剂对甲苯和环己烷的氧化活性较低，生成苯甲醛和环己酮的转化速率分别为429.3 $\mu mol \cdot h^{-1} \cdot g^{-1}$和14.6 $\mu mol \cdot h^{-1} \cdot g^{-1}$，选择性为81.3%和51.6%，且相应醇类是唯一副产物。机理研究表明，空穴和$^1O_2$是MA_2SnBr_6量子点光催化氧化甲苯和环己烷的主要活性物种。

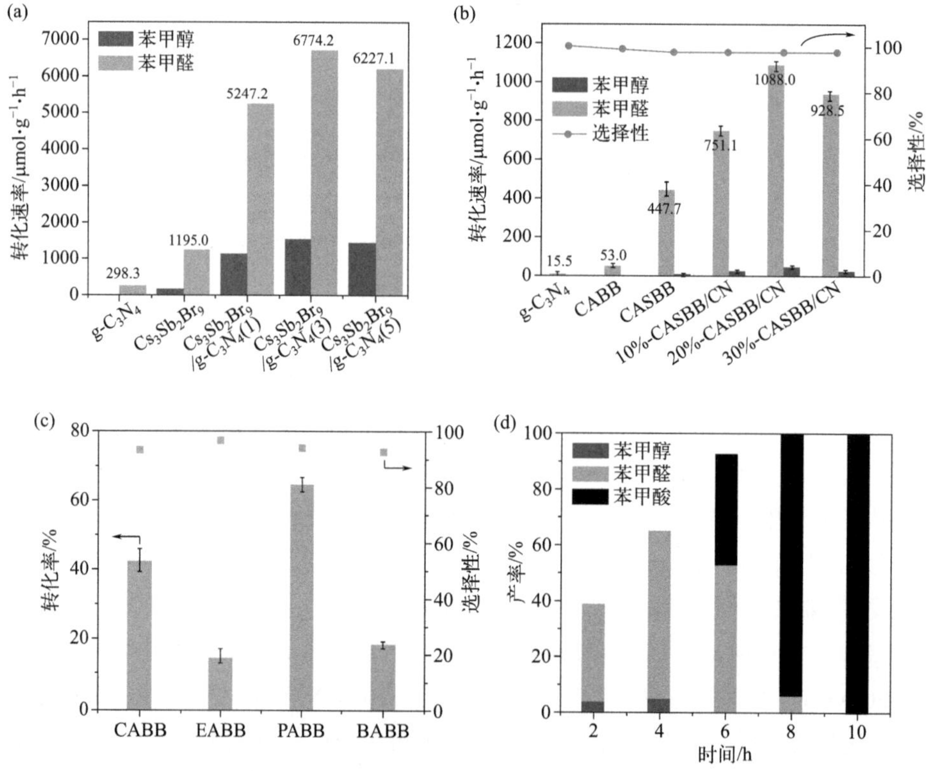

图1-17 （a）~（c）不同催化剂对甲苯的光催化选择性氧化性能比较；（d）PABB光催化剂上甲苯光氧化反应的时间进程曲线[72-74]

CABB—$Cs_2AgBiBr_6$；CASBB—$Cs_2Ag(Sb_xBi_{1-x})Br_6$；EABB—$(EDA)_4AgBiBr_{12}$；PABB—$(PDA)_4AgBiBr_{12}$；BABB—$(BDA)_4AgBiBr_{12}$

1.2.3.3 其他有机反应

2019年，Tüysüz团队[76]报道了一种在293 K空气环境下，在可见光照射

下 $Cs_3Bi_2Br_9$ 钙钛矿催化异丙醇和苯乙烯氧化物进行开环醇解的一锅法合成 β-烷氧基醇的策略。该 $Cs_3Bi_2Br_9$ 钙钛矿是将前驱体直接加入含有环氧化物反应物和醇类的反应溶液中原位形成的。以苯乙烯氧化物和异丙醇为模型反应时，该光催化体系对苯乙烯氧化物的转化速率达到 1333 $\mu mol\cdot h^{-1}\cdot g^{-1}$，对 2-异丙氧基-2-苯基乙醇的选择性为 86%。此外，该方法适用于多种环氧化物和醇类底物，但转化率均低于模型反应。

2021 年，Lou 团队 [77] 首次采用无铅双钙钛矿 $Cs_2AgSbCl_6$ 替代 $CsPbBr_3$ 纳米晶，在可见光照射下成功催化醛的 α-烷基化反应并构建 C—C 键，其产物收率与 Yan 团队报道的结果相当。同年，Quadrelli 团队 [78] 制备了多种 g-C_3N_4/MHPs 异质结复合材料，并首次将其作为光催化剂用于原位生成 $^1O_2$ 以进行杂 Diels-Alder 反应、烯反应及氧化反应，但观察到氧化产物收率较低且反应选择性较差。尽管如此，该实验方案仍可作为进一步拓展金属卤化物钙钛矿在有机反应中应用潜力的研究平台。

1.3 结论和展望

本章总结了金属卤化物钙钛矿（MHPs）在光催化有机反应中的最新研究进展，并分别从 MHPs 的分类和反应类型两个维度进行系统归纳。由于结构稳定性较差，有机-无机杂化 MHPs（OHHPs）在光催化有机反应中的应用较少，仅有少量光氧化反应和聚合反应的报道。相比之下，全无机 MHPs（IHPs），尤其是 $CsPbBr_3$ 基材料在光催化各类有机转化（包括氧化、偶联、环化和环加成等反应）中得到了广泛应用。然而无铅 IHPs（如 $Cs_3Bi_2Br_9$ 和 $Cs_3Sb_2Br_9$）目前仅应用于氧化反应，这表明无铅 IHPs 在催化有机合成领域仍具有广阔的研究空间。总体而言，MHPs 作为多相光催化剂在有机合成中已取得显著进展，但相较于其他半导体光催化剂，MHPs 在该领域的应用仍处于初级阶段，尚存在诸多关键问题亟待解决。

① 亟需开发结构稳定性优异的 MHPs。稳定的化学结构是确保 MHPs 光催化性能的前提条件。为拓展 MHPs 在有机合成等领域的应用，必须解决 MHPs 在潮湿环境和极性溶剂中不稳定的问题。目前常用表面工程和化学修饰策略（如封装、构建异质结、金属掺杂、封端配体调控等）来维持 MHPs 的稳定性。值得注意的是，这些方法同时能富集活性位点、促进激发态 MHPs 光生载流子的有效分离，最终提升 MHPs 的光催化效率。由此可见，MHPs 的光催化性能

与其结构稳定性密切相关。因此，需要着力开发更多提升 MHPs 本征结构稳定性的方法，特别是对于有望替代铅基钙钛矿的无铅 MHPs。

② 需要建立严谨明晰的光催化机理。反应机理研究是揭示光催化剂构效关系的重要工具，能为设计更高效的光催化剂提供指导。尽管目前对 MHPs 光催化机理已有大量研究，但若干关键问题仍需深入探索。以 MHPs 光催化氧化反应机理为例，诸多研究表明活性氧物种（$\cdot O_2^-$和 $^1O_2$）在调控氧化反应中起关键作用，但多数报道未能明确阐述 $^1O_2$ 的生成途径——因其既可通过三重态能量转移产生，也可经由单电子转移过程形成。虽有研究提出 $^1O_2$ 由$\cdot O_2^-$与空穴相互作用产生，但缺乏令人信服的实验证据。此外，关于$\cdot O_2^-$和 $^1O_2$ 在特定氧化反应中的独立作用也缺乏系统研究。对此，应结合原位分析技术和理论计算阐明光催化过程的详细机制。更有意义的是，若能合成可调控$\cdot O_2^-$与 $^1O_2$ 生成比例的 MHPs，将有助于探究二者在氧化反应中的差异化作用。

③ 需拓展 MHPs 催化的有机反应类型。当前亟需开发尚未探索或未能实现的新型有机反应。然而由于 MHPs 能高效将三线态氧转化为活性氧物种，故其光催化有机合成应用目前多局限于有氧参与的氧化反应（如甲苯氧化、醇类氧化和烯烃氧化等）。为充分发挥 MHPs 优异的光电特性并建立普适性的构效关系，应开发更多 MHPs 光催化的新型有机反应。值得关注的是，MHPs 易于调控的结构特性为能带结构修饰提供了理想平台——这对触发单电子转移过程至关重要。由此可见，MHPs 在光催化自由基诱导的有机反应领域具有广阔应用前景。

参考文献

[1] Rahman M Z, Kibria M G, Mullins C B. Metal-free photocatalysts for hydrogen evolution[J]. Chemical Society Reviews, 2020, 49: 1887-1931.

[2] Song H, Luo S, Huang H, et al. Solar driven hydrogen production: Recent advances, challenges, and future perspectives[J]. ACS Energy Letters, 2022, 7: 1043-1065.

[3] Fang S, Rahaman M, Bharti J, et al. Photocatalytic CO_2 reduction[J]. Nature Reviews Methods Primers, 2023, 3: 61.

[4] Mustafa A, Lougou B G, Shuai Y, et al. Current technology development for CO_2 utilization into solar fuels and chemicals: A review[J]. Journal of Energy Chemistry, 2020, 49: 96-123.

[5] Wang Z J, Song H, Liu H, et al. Coupling of solar energy and thermal energy for carbon dioxide reduction: Status and prospects[J]. Angewandte Chemie International Edition, 2020,

59: 8016-8035.

[6] Cauwenbergh R, Goyal V, Maiti R, et al. Challenges and recent advancements in the transformation of CO_2 into carboxylic acids: Straightforward assembly with homogeneous 3d metals[J]. Chemical Society Reviews, 2022, 51: 9371-9423.

[7] Wang W, Tade M O, Shao Z. Research progress of perovskite materials in photocatalysis-and photovoltaics-related energy conversion and environmental treatment[J]. Chemical Society Reviews, 2015, 44: 5371-5408.

[8] Fujishima A, Honda K. Electrochemical photolysis of water at a semiconductor electrode[J]. Nature, 1972, 238: 37-38.

[9] Farooq U, Ahmad T, Naaz F, et al. Review on metals and metal oxides in sustainable energy production: Progress and perspectives[J]. Energy & Fuels, 2023, 37: 1577-1632.

[10] Li X, Yu J, Wageh S, et al. Graphene in photocatalysis: A review[J]. Small, 2016, 12: 6640-6696.

[11] Xiang Q, Yu J, Jaroniec M. Graphene-based semiconductor photocatalysts[J]. Chemical Society Reviews, 2012, 41: 782-796.

[12] Li J Y, Li Y H, Qi M Y, et al. Selective organic transformations over cadmium sulfide based photocatalysts[J]. ACS Catalysis, 2020, 10: 6262-6280.

[13] Zhu Q, Xu Q, Du M, et al. Recent progress of metal sulfide photocatalysts for solar energy conversion[J]. Advanced Materials, 2022, 34: 2202929.

[14] Dhakshinamoorthy A, Li Z, Garcia H. Catalysis and photocatalysis by metal organic frameworks[J]. Chemical Society Reviews, 2018, 47: 8134-8172.

[15] Wong Y L, Tobin J, Xu Z, et al. Conjugated porous polymers for photocatalytic applications[J]. Journal of Materials Chemistry A, 2016, 4: 18677-18686.

[16] Byun J, Zhang K A. Designing conjugated porous polymers for visible light-driven photocatalytic chemical transformations[J]. Materials Horizons, 2020, 7: 15-31.

[17] Zhang W, Eperon G E, Snaith H J. Metal halide perovskites for energy applications[J]. Nature Energy, 2016, 1: 1-8.

[18] Fu Y, Zhu H, Chen J, et al. Metal halide perovskite nanostructures for optoelectronic applications and the study of physical properties[J]. Nature Reviews Materials, 2019, 4: 169-188.

[19] Manser J S, Christians J A, Kamat P V. Intriguing optoelectronic properties of metal halide perovskites[J]. Chemical Reviews, 2016, 116: 12956-13008.

[20] Lin Y, Guo J, Martin J S, et al. Photoredox organic synthesis employing heterogeneous

photocatalysts with emphasis on halide perovskite[J]. Chemistry-A European Journal, 2020, 26: 13118-13136.

[21] Murugesh V, Singh S P. Lead-halides perovskite visible light photoredox catalysts for organic synthesis[J]. The Chemical Record, 2020, 20: 1181-1197.

[22] Chakhmouradian A R, Woodward P M. Celebrating 175 years of perovskite research: A tribute to Roger H. Mitchell[J]. Physics and Chemistry of Minerals, 2014, 41: 387-391.

[23] Zhang X, Li L, Sun Z, et al. Rational chemical doping of metal halide perovskites[J]. Chemical Society Reviews, 2019, 48: 517-539.

[24] Rudd P N, Huang J. Metal ions in halide perovskite materials and devices[J]. Trends in Chemistry, 2019, 1: 394-409.

[25] Dong Y, Li K, Luo W, et al. The role of surface termination in halide perovskites for efficient photocatalytic synthesis[J]. Angewandte Chemie International Edition, 2020, 59: 12931-12937.

[26] Zhang M, Li Z, Xin X, et al. Selective valorization of 5-hydroxymethylfurfural to 2,5-diformylfuran using atmospheric O_2 and $MAPbBr_3$ perovskite under visible light[J]. ACS Catalysis, 2020, 10: 14793-14800.

[27] Huang H, Yuan H, Janssen K P, et al. Efficient and selective photocatalytic oxidation of benzylic alcohols with hybrid organic-inorganic perovskite materials[J]. ACS Energy Letters, 2018, 3: 755-759.

[28] Zhang M, Wang W, Gao F, et al. g-C_3N_4-stabilised organic-inorganic halide perovskites for efficient photocatalytic selective oxidation of benzyl alcohol[J]. Catalysts, 2021, 11: 505.

[29] Huang H, Yuan H, Zhao J, et al. C (sp^3)—H bond activation by perovskite solar photocatalyst cell[J]. ACS Energy Letters, 2018, 4: 203-208.

[30] Wang C, Huang H, Weng B, et al. Planar heterojunction boosts solar-driven photocatalytic performance and stability of halide perovskite solar photocatalyst cell[J]. Applied Catalysis B: Environmental, 2022, 301: 120760.

[31] Xia Z, Liu B, Xiao Y, et al. Integrating hybrid perovskite nanocrystals into metal-organic framework as efficient S-scheme heterojunction photocatalyst for synergistically boosting controlled radical photopolymerization under 980nm NIR light[J]. ACS Applied Materials & Interfaces, 2023, 15: 57119-57133.

[32] Schünemann S, van Gastel M, Tüysüz H. A $CsPbBr_3/TiO_2$ composite for visible-light-driven photocatalytic benzyl alcohol oxidation[J]. ChemSusChem, 2018, 11: 2057-2061.

[33] Cheng R, Steele J A, Roeffaers M B, et al. Dual-channel charge carrier transfer in $CsPbX_3$

perovskite/$W_{18}O_{49}$ composites for selective photocatalytic benzyl alcohol oxidation[J]. ACS Applied Energy Materials, 2021, 4: 3460-3468.

[34] Dong Y, Feng Y, Li Z, et al. $CsPbBr_3$/polyoxometalate composites for selective photocatalytic oxidation of benzyl alcohol[J]. ACS Catalysis, 2023, 13: 14346-14355.

[35] Chen F, Li Z, Jiang Y, et al. Photocatalytic CO_2 reduction coupled with oxidation of benzyl alcohol over $CsPbBr_3$@PANI nanocomposites[J]. The Journal of Physical Chemistry Letters, 2023, 14: 11008-11014.

[36] Fan Q, Liu D, Xie Z, et al. Visible-light photocatalytic highly selective oxidation of alcohols into carbonyl compounds by $CsPbBr_3$ perovskite[J]. The Journal of Organic Chemistry, 2023, 88: 14559-14570.

[37] Chen T, Li M, Shen L, et al. Photocatalytic anaerobic oxidation of aromatic alcohols coupled with H_2 production over $CsPbBr_3$/GO-Pt catalysts[J]. Frontiers in Chemistry, 2022, 10: 833784.

[38] Zhu E, Zhao Y, Dai Y, et al. Heterojunction-type photocatalytic system based on inorganic halide perovskite $CsPbBr_3$[J]. Chinese Journal of Chemistry, 2020, 38: 1718-1722.

[39] Zhao Y, Dai Y, Wang Q, et al. Anions-exchange-induced efficient carrier transport at $CsPbBr_xCl_{3-x}/TiO_2$ interface for photocatalytic activation of $C(sp^3)$—H bond in toluene oxidation[J]. ChemCatChem, 2021, 13: 2592-2598.

[40] Yi J, Ke S, Lu S, et al. High-efficiency visiblelight-driven oxidation of primary C—H bonds in toluene over a $CsPbBr_3$ perovskite supported by hierarchical TiO_2 nanoflakes[J]. Nanoscale, 2023, 15: 14584-14594.

[41] Qiu P, Wang Q, Zhao Y, et al. Fabricating surface-functionalized $CsPbBr_3/Cs_4PbBr_6$ nanosheets for visible-light photocatalytic oxidation of styrene[J]. Frontiers in Chemistry, 2020, 8: 130.

[42] Fan Q, Zhang H, Liu D, et al. Visible-light photocatalytic aerobic C=C bond cleavage of alkenes to carbonyls by $CsPbBr_3$ nanocrystals[J]. The Journal of Organic Chemistry, 2023, 20: 7391-7400.

[43] Wu W B, Wong Y C, Tan Z K, et al. Photoinduced thiol coupling and C-H activation using nanocrystalline lead-halide perovskite catalysts[J]. Catalysis Science & Technology, 2018, 8: 4257-4263.

[44] Yuan Y, Zhu H, Hills-Kimball K, et al. Stereoselective C-C oxidative coupling reactions photocatalyzed by zwitterionic ligand capped $CsPbBr_3$ perovskite quantum dots[J]. Angewandte Chemie International Edition, 2020, 59: 22563-22569.

[45] Zhu X, Lin Y, Martin S J, et al. Lead halide perovskites for photocatalytic organic synthesis[J]. Nature Communications, 2019, 10: 2843.

[46] Si Y F, Sun K, Chen X L, et al. Arylaminomethyl radical initiated cascade annulation reaction of quinoxalin-2(1*H*)-ones catalyzed by recyclable photocatalyst perovskite[J]. Organic Letters, 2020, 22: 6960-6965.

[47] Martin J S, Zeng X, Chen X, et al. A nanocrystal catalyst incorporating a surface bound transition metal to induce photocatalytic sequential electron transfer events[J]. Journal of the American Chemical Society, 2021, 143: 11361-11369.

[48] Shi A, Sun K, Chen X, et al. Perovskite as recyclable photocatalyst for annulation reaction of *N*-sulfonyl ketimines[J]. Organic Letters, 2021, 24: 299-303.

[49] Lin Y, Avvacumova M, Zhao R, et al. Triplet energy transfer from lead halide perovskite for highly selective photocatalytic [2+2] cycloaddition[J]. ACS Applied Materials & Interfaces, 2022, 14: 25357-25365.

[50] Liu M, Xia P, Zhao G, et al. Energy-transfer photocatalysis using lead halide perovskite nanocrystals: Sensitizing molecular isomerization and cycloaddition[J]. Angewandte Chemie International Edition, 2022, 61: e202208241.

[51] Gurung B, Pradhan S, Sharma D, et al. $CsPbBr_3$ perovskite quantum dots as a visible light photocatalyst for cyclisation of diamines and amino alcohols: An efficient approach to synthesize imidazolidines, fused-imidazolidines and oxazolidines[J]. Catalysis Science & Technology, 2022, 12: 5891-5898.

[52] Pal B, Mathuri A, Manna A, et al. $CsPbBr_3$ perovskite photocatalyst in chemodivergent functionalization of *N*-methylalkanamides using CBr_4[J]. Organic Letters, 2023, 35: 628-637.

[53] Mohamadpour F. Recyclable photocatalyst perovskite as a single-electron redox mediator for visible-light-driven photocatalysis gram-scale synthesis of 3,4-dihydropyrimidin-2-(1*H*)-ones/thiones in air atmosphere[J]. Scientific Reports, 2023, 13(1): 10262.

[54] Lu F D, Chen J, Jiang X, et al. Recent advances in transition-metal-catalysed asymmetric coupling reactions with light intervention[J]. Chemical Society Reviews, 2021, 50: 12808-12827.

[55] Qiu X, Zhang Y, Zhu Y, et al. Applications of nanomaterials in asymmetric photocatalysis: Recent progress, challenges, and opportunities[J]. Advanced Materials, 2021, 33: 2001731.

[56] Genzink M J, Kidd J B, Swords W B, et al. Chiral photocatalyst structures in asymmetric photochemical synthesis[J]. Chemical Reviews, 2022, 122: 1654-1716.

[57] Liu Q, Wu L Z. Recent advances in visible-light-driven organic reactions[J]. National Science Review, 2017, 4: 359-380.

[58] Großkopf J, Bach T. Catalytic photochemical deracemization via short-lived intermediates[J]. Angewandte Chemie International Edition, 2023, 62: e202308241.

[59] Ma C, Shen J, Qu C, et al. Enantioselective chemodivergent three-component radical tandem reactions through asymmetric photoredox catalysis[J]. Journal of the American Chemical Society, 2023, 145: 20141-20148.

[60] Yu H, Zhan T, Zhou Y, et al. Visible-light-activated asymmetric addition of hydrocarbons to pyridine-based ketones[J]. ACS Catalysis, 2022, 12: 5136-5144.

[61] Nicewicz D A, MacMillan D W C. Merging photoredox catalysis with organocatalysis: The direct asymmetric alkylation of aldehydes[J]. Science, 2008, 322: 77-80.

[62] Shih H W, Wal M N V, Grange R L. et al. Enantioselective α-benzylation of aldehydes via photoredox organocatalysis[J]. Journal of the American Chemical Society, 2010, 132: 13600-13603.

[63] Capacci A G, Malinowski J T, McAlpine N J, et al. Direct, enantioselective α-alkylation of aldehydes using simple olefins[J]. Nature Chemistry, 2017, 9: 1073-1077.

[64] Ren H, Li Y M, Li W J, et al. Lead-halide perovskite quantum dots embedded in mesoporous silica as heterogeneous photocatalysts combined with organocatalysts for asymmetric catalysis[J]. Green Chemistry, 2024, 26: 6068-6077.

[65] Wu D, Sang W, Huo B, et al. Highly crystalline lead-free $Cs_3Sb_2Br_9$ perovskite microcrystals enable efficient and selective photocatalytic oxidation of benzyl alcohol[J]. Journal of Catalysis, 2022, 408: 36-42.

[66] Yin L, Wu Y, Bao X, et al. Lead-free perovskite Cs_2SnBr_6/rGO composite for photocatalytic selective oxidation of 5-hydroxymethylfurfural to 2,5-diformylfuran[J]. Chemistry-A European Journal, 2023, 29: e202300999.

[67] Dai Y, Poidevin C, Ochoa-Hernandez C, et al. A supported bismuth halide perovskite photocatalyst for selective aliphatic and aromatic C—H bond activation[J]. Angewandte Chemie International Edition, 2020, 59: 5788-5796.

[68] Dai Y, Tuysuz H. Rapid acidic media growth of $Cs_3Bi_2Br_9$ halide perovskite platelets for photocatalytic toluene oxidation[J]. Solar RRL, 2021, 5: 2100265.

[69] Guo Y, Chen J, Zhao Y, et al. In-situ anchoring Pb-free $Cs_3Bi_2Br_9$@BiOBr quantum dots on NH_x-rich silica with enhanced blue emission and satisfactory stability for photocatalytic toluene oxidation[J]. ChemSusChem, 2020, 15: e202200793.

[70] Bai Z J, Mao Y, Wang B H, et al. Tuning photocatalytic performance of $Cs_3Bi_2Br_9$ perovskite by g-C_3N_4 for C (sp^3)—H bond activation[J]. Nano Research, 2023, 16: 6104-6112.

[71] Cui Z, Zhang Q, Fu H, et al. Composite of lead-free halide perovskite $Cs_3Bi_2Br_9$ with TiO_2 as an efficient photocatalyst for C(sp^3)—H bond activation[J]. Applied Catalysis B: Environmental, 2023, 333: 122812.

[72] Zhang H H, Zhou Z C, Dong Y J, et al. Constructing a $Cs_3Sb_2Br_9$/g-C_3N_4 hybrid for photocatalytic aromatic C(sp^3)—H bond activation[J]. Solar RRL, 2021, 5: 2100559.

[73] Li X, Mai H, Cox N, et al. Sb-substituted $Cs_2AgBiBr_6$/g-C_3N_4 composite for photocatalytic C(sp^3)—H bond activation in toluene[J]. Chemistry of Materials, 2023, 35: 3105-3114.

[74] Bai Z J, Xiong J, Mao Y, et al. Lead-free Dion-Jacobson layered double perovskite as a photocatalyst for toluene oxidation[J]. Cell Reports Physical Science, 2023, 4: 101591.

[75] Rawat B, Battula V R, Nayak P K, et al. Utilizing the undesirable oxidation of lead-free hybrid halide perovskite nanosheets for solar-driven photocatalytic C(sp^3)—H activation: Unraveling the serendipity[J]. ACS Applied Materials & Interfaces, 2023, 15: 53604-53613.

[76] Dai Y, Tuysuz H. Lead-free $Cs_3Bi_2Br_9$ perovskite as photocatalyst for ring-opening reactions of epoxides[J]. ChemSusChem, 2019, 12: 2587-2592.

[77] Guo Y, Lou Y, Chen J, et al. Lead-free $Cs_2AgSbCl_6$ double perovskite nanocrystals for effective visible-light photocatalytic C-C coupling reactions[J]. ChemSusChem, 2022, 15: e202102334.

[78] Corti M, Chiara R, Romani L, et al. g-C_3N_4/metal halide perovskite composites as photocatalysts for singlet oxygen generation processes for the preparation of various oxidized synthons[J]. Catalysis Science & Technology, 2021, 11: 2292-2298.

第 2 章

钙钛矿 $CsPbBr_3$ 及其复合材料光催化氧化反应

2.1 引言

在有机-无机杂化钙钛矿纳米晶（OIP NCs）发展的同时，关于纯无机卤化物钙钛矿纳米结构的研究也日益增多。无机钙钛矿纳米晶（IP NCs）的优势是其稳定性显著优于有机-无机杂化钙钛矿纳米晶。

全无机钙钛矿量子点 $CsPbX_3$（X = Cl、Br、I）具有吸收系数高、发光效率高、发光在整个可见光范围内可调和发射谱线窄等优异性能，引起了人们的广泛关注。作为新型发光材料，钙钛矿量子点在发光二极管、太阳能电池、光探测和激光等领域具有广阔的应用前景，是近年来光电材料的研究热点[1-4]。然而，它的离子结构特殊，造成其稳定性很差，从而限制了其实际应用。其中，水和氧气是影响钙钛矿量子点环境稳定性的关键因素。当这类材料暴露在空气中时，与水和氧气接触会使其发生快速分解而破坏其离子结构；因而稳定性问题限制了该类材料在水相中的应用，如光催化、光电催化以及生物检测等[5-7]。因此，开发具有水稳定性的钙钛矿量子点，对于进一步拓展全无机钙钛矿量子点在水环境中的应用具有十分重要的意义。

近年来，研究者采取了大量措施来解决 $CsPbX_3$ 钙钛矿量子点的稳定性问题，包括引入防水配位基进行表面钝化、掺杂其他离子以及采用无机或者有机保护层进行包覆等[8-12]。表面钝化和离子掺杂虽然可以在一定程度上提高 $CsPbX_3$ 钙钛矿量子点的稳定性，但是这两种方法都有其局限性。例如，配位基在 $CsPbX_3$ 表面和溶液之间存在动态配体交换过程，在高湿度、极性溶剂或者高温条件下会严重破坏 $CsPbX_3$ 的结构；而离子掺杂并没有改变 $CsPbX_3$ 的初始晶体结构，致使其稳定性提高有限。与前两种方法不同，包覆是在 $CsPbX_3$ 的表面引入具有较高机械强度和不透气的有机或者无机化合物保护层，这些保护层通过包覆 $CsPbX_3$ 钙钛矿量子点，有效防止 $CsPbX_3$ 与水、氧气等接触。并且包覆还可以防止 $CsPbX_3$ 钙钛矿量子点在溶液中团聚，使其保持稳定性。

迄今为止，有大量材料被用作 $CsPbX_3$ 钙钛矿量子点的包覆材料，包括无机氧化物材料（如 SiO_2[13]、Al_2O_3[14]、SnO_2[15] 等）和有机高分子材料（如环氧树脂[16]、聚苯乙烯、聚甲基丙烯酸甲酯[17]、聚偏氟乙烯[18] 等）。用这些材料对 $CsPbX_3$ 钙钛矿量子点进行包覆，大幅度提高了 $CsPbX_3$ 钙钛矿量子点的湿度稳定性与空气稳定性。但是包覆所使用的有机或者无机包覆层均为不导电的绝缘材料，会导致包覆以后材料的电荷传输性能下降，不利于其在光电或者催化领域的实际应用。因此，急需开发出兼具高稳定性和高电荷传输特性的钙钛矿量子点材料，以实现其在光电及相关领域的应用。Li 团队 [19] 采用 TiO_2 对 $CsPbBr_3$ 钙钛矿量子点进行包覆，大幅提升了 $CsPbBr_3$ 在水中的稳定性，并利用 TiO_2 壳层的导电性提升了 $CsPbBr_3/TiO_2$ 复合材料的电荷分离效率。

$CsPbBr_3$ 作为一种全无机钙钛矿材料，凭借其优异的光电性能和稳定性，在多个领域展现出广阔的应用前景。在光探测器领域，其单晶材料具有高载流子迁移率和长扩散长度，性能优异，如 Bridgman 法生长的 $CsPbBr_3$ 晶体在 532 nm 激光下响应度达 5.83 A/W，外量子效率达 1360%，归一化探测效率达 2.5×10^{12} cm·$H_z^{1/2}$·W^{-1}，且能实现可见光和红外双模式探测，响应度优于传统硅基探测器 [20]。在高能辐射探测方面，$CsPbBr_3$ 因高原子序数、合适带隙和高电阻率而成为理想材料，Bridgman 法制备的晶体电阻率达 343 GΩ·cm，载流子迁移率寿命积超商用 CdZnTe 十倍 [21]，对不同能量 γ 射线的能量分辨率表现良好；Rb 掺杂还能显著提升其 X 射线探测灵敏度 [22]。在太阳能电池领域，虽然 $CsPbBr_3$ 单晶电池尚未见报道，但多晶电池效率已超 10.79%[23]，且单晶因无晶界和低缺陷密度，有望获得更高效率与稳定性。此外，$CsPbBr_3$ 纳米晶体在发光器件中潜力巨大，其荧光量子效率高、发射波长可调，基于此的 LED 外量子效率发展迅速，还可用于制备低阈值激光器。不过，目前其应用仍面临晶体生长成本与可控性、器件效率与稳定性提升等挑战，未来需在材料制备和器件设计上进一步突破。

$CsPbBr_3$ 纳米晶体在有机合成领域展现出卓越的应用潜力，可高效催化 C—C、C—N 和 C—O 等关键化学键的形成 [24]。在可见光照射下，其能通过 C—H 活化实现醛与卤代烃的偶联反应，生成相应的链状或环状产物。此外，在镍助催化剂协同作用下，其还能实现芳基酯化反应。$CsPbBr_3$ 纳米晶体的催化优势源于独特的光物理性质，如高效的电荷分离与转移能力，且通过卤离子交换可调节带隙，激活原本难以反应的底物。$CsPbBr_3$ 多面体纳米晶体在有机合成中展现出高效的光催化性能，在可见光下可催化未活化醚的 C(sp^3)—H 键活化脱羧烷基化反应 [25]，以 α,β-不饱和酸为酮烷基源，实现 C(sp^3)—C(sp^3) 交叉偶联，生成 2-氧代烷基酮类化合物。$CsPbBr_3$ 纳米晶体在空气中稳定性较好，无须惰性气体保护，催化转化数（TON）可达 9100，远超传统贵金属催化剂，为有机合成提供了低成本、高效且环境友好的新途径。

2.2 $CsPbBr_3$及其纳米复合材料的制备及表征

2.2.1 $CsPbBr_3$ 的制备及结构表征

（1）$CsPbBr_3$ 纳米晶体的制备

溴化铯铅（$CsPbBr_3$）的具体制备步骤如下：在剧烈搅拌下向装有 500 mL 己烷的圆底烧瓶中，逐滴加入溴化铯（425.6 mg，2.0 mmol）溶于 2 mL 水所形成的溶液，以及溴化铅（734.0 mg，2.0 mmol）溶于 3 mL *N,N*-二甲基甲酰胺所形成的溶液，同时加入 8 mL 油酸和 1.5 mL 正辛胺，溶液颜色由澄清变为微黄。随后，向反应混合物中加入 400 mL 乙酸乙酯，所得沉淀物以 8000 $r·min^{-1}$ 的转速离心 10 min，用己烷洗涤三次，然后在 50℃的烘箱中干燥，得到黄色固体溴化铯铅（$CsPbBr_3$），产率为 78%（0.81 g）。

扫描电子显微镜（SEM）显示，所制备的 $CsPbBr_3$ 材料呈立方棒状形态，直径约为 1.7 μm，平均长度约为 5.1 nm［图 2-1（a）］。能量色散光谱仪（EDS）元素映射分析表明，所有元素（Cs、Pb 和 Br）在材料中均匀分布，这表明 $CsPbBr_3$ 具有均匀的相分布［图 2-1（b）］。高分辨率透射电子显微镜（HRTEM）测量证实，$CsPbBr_3$ 呈立方体形状，正交原子晶格条纹的晶面间距分别为 0.424 nm［(110) 晶面］和 0.584 nm［(−110) 晶面］，这表明样品具有较高的结晶度［图 2-1（c）、（d）］。

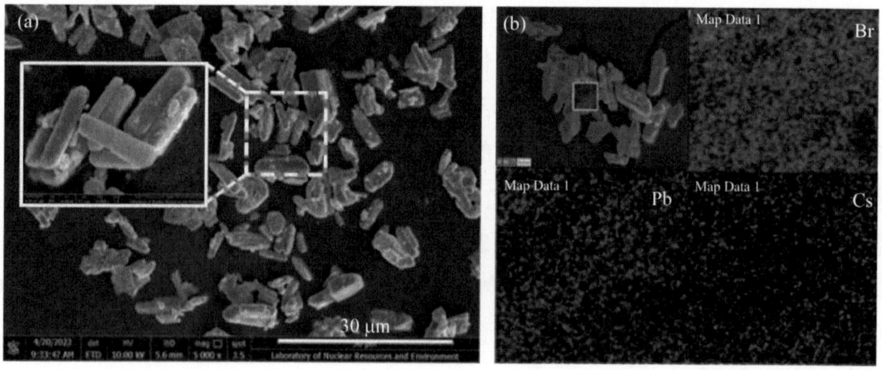

图 2-1 CsPbBr$_3$ 的结构表征

（a）SEM 图；（b）EDS 元素映射图；（c）TEM 图；（d）HRTEM 图

粉末 X 射线衍射（XRD）测量进一步证实了该立方体晶相，所有布拉格衍射峰的位置与标准图谱（PDF#54-0572）高度吻合。其中，2θ 值为 5.1°、21.1°、30.2°、33.9°、37.3°和 43.4°的主要峰分别归因于 CsPbBr$_3$ 的（100）、（110）、（200）、（210）、（211）和（220）晶面的衍射［图 2-2（a）］。该材料在约 516 nm 处显示出最大吸收，相应的荧光发射波长约为 529 nm［图 2-2（b）］，表明其带隙约为 2.3 eV。

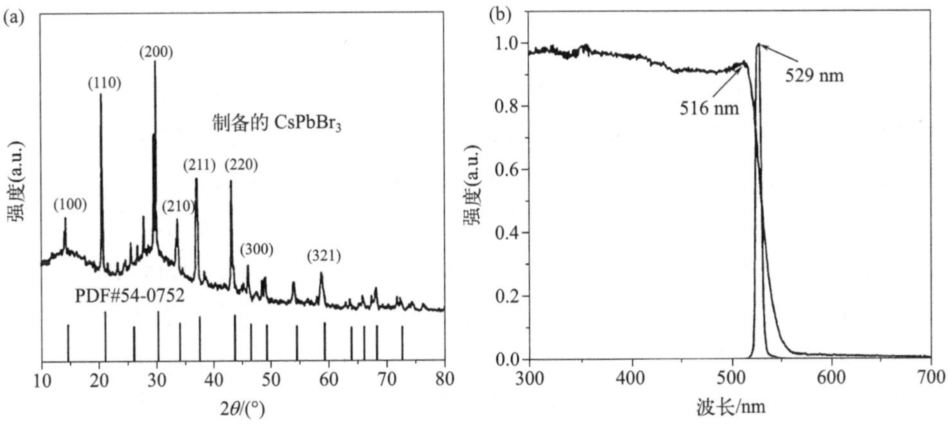

图 2-2 CsPbBr$_3$ 的结构表征

（a）XRD 光谱；（b）紫外-可见漫反射（UV-vis DRS）吸收光谱和荧光发射光谱

（2）热注射法合成 $CsPbBr_3$ 纳米晶体

通过热注射法可轻松实现克级规模 $CsPbBr_3$ 纳米晶体制备，随后将这些纳米晶体分散在四氢呋喃（THF）中。将 0.2 mmol 的碳酸铯（Cs_2CO_3）、0.4 mmol 的氧化铅（PbO），以及 20 mL 的十八烯（ODE）和 1.5 mL 的油酸（OA）加入一个 50 mL 的三颈反应烧瓶中，在 120℃下用氮气吹扫 60 min。然后，将反应温度升至 220℃后，立即注入 1.6 mL 的油胺卤化物。退火 6 min 后，让溶液自然冷却至室温，通过离心收集得到 $CsPbBr_3$ 纳米晶体。

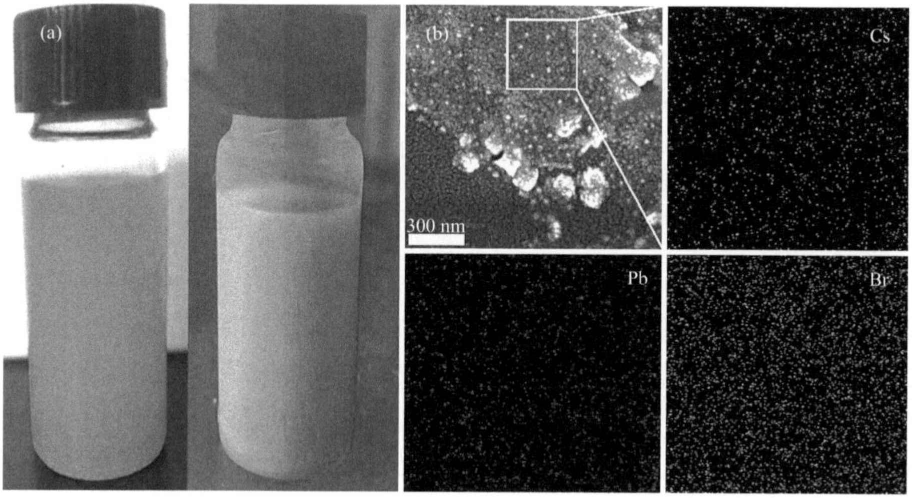

图 2-3 （a）$CsPbBr_3$ 纳米晶体分散在四氢呋喃（THF）中；（b）SEM 图及 EDS 元素映射图

与未包覆的硫属化物纳米晶体不同，$CsPbBr_3$ 纳米晶体表面的悬挂键不会产生严重的带隙中间陷阱态，并且合成后的纳米晶体在绿色光谱区域（530 nm）呈现出明亮的发射光［图 2-3（a）和图 2-4（e）］。此外，它们在约 513 nm 处有特定的最大紫外-可见吸收波长（λ_{max}）［图 2-4（e）］。

扫描电子显微镜（SEM）和透射电子显微镜（TEM）显示，所制备的 $CsPbBr_3$ 材料呈立方棒状形态，直径约为 10 nm，平均长度约为 20 nm［图 2-3（b）和图 2-4（a）］。能量色散谱（EDS）元素映射分析表明，所有元素（Cs、Pb 和 Br）在纳米晶体中均匀分布，这意味着 $CsPbBr_3$ 具有均匀的相分布［图 2-3(b)］。$CsPbBr_3$ 的高分辨率透射电子显微镜（HRTEM）图像显示出两组晶格条纹，晶面间距分别为 0.30 nm 和 0.41 nm，分别对应于 $CsPbBr_3$ 的（002）和（110）晶面，这表明样品具有较高的结晶度［图 2-4（b）和（c）］。粉末 X 射线衍射

（XRD）测量进一步证实了其立方晶相，所有布拉格衍射峰的位置与标准图谱（PDF#18-0364）高度吻合，其中主要峰分别归因于 $CsPbBr_3$ 的（100）、（110）、（111）、（002）、（210）、（211）和（202）晶面的衍射［图 2-4（d）］。

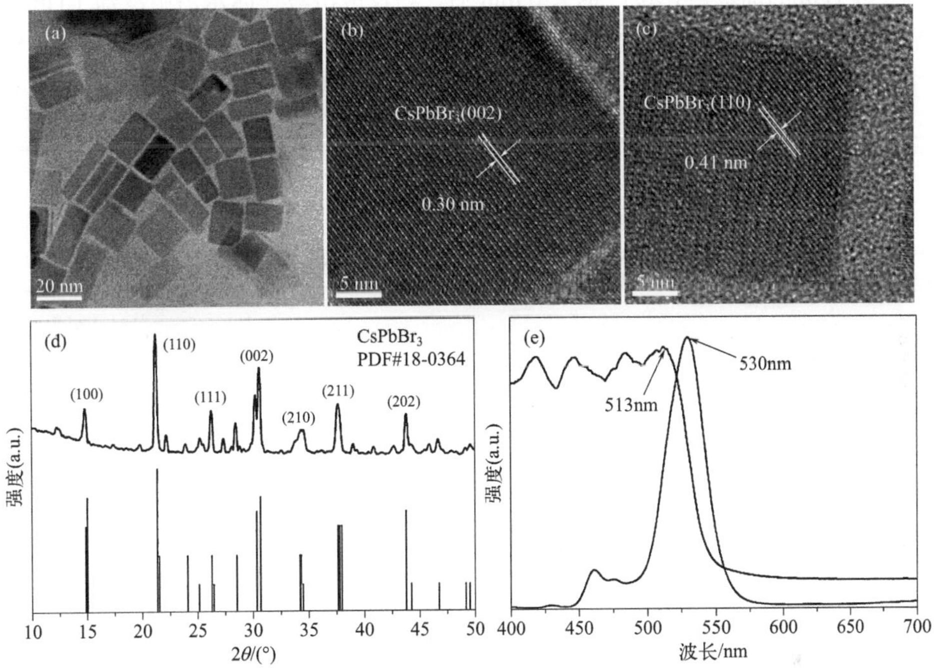

图 2-4　（a）~（c）TEM 和 HRTEM 图；（d）XRD 谱；（e）UV-vis DRS 吸收光谱和荧光发射光谱

2.2.2　$CsPbBr_3$/OCN 纳米复合材料的制备及结构表征

（1）氧掺杂石墨相氮化碳（OCN）的制备

将尿素（40 g）和草酸（16 g）在研钵中充分混合并研磨 10 min。随后，将该混合物在空气气氛中、以 3℃·min^{-1} 的升温速率在 550℃下煅烧 3 h。煅烧过程结束后，让其自然冷却至室温，然后再进行研磨。得到的可供进一步使用的材料是一种红棕色固体粉末（图 2-5）。

（2）$CsPbBr_3$/OCN 纳米复合材料的制备

第一步，将 10 mL 油胺（OAm）和 1.3 mL 氢溴酸（HBr）加入 50 mL 三颈圆底烧瓶中，将得到的固化反应混合物在氮气吹扫下于 120℃加热 2 h。然后将反应温度升高到 150℃并加热 30 min。最后，将溶液保持在 80℃备用。第二步，将 0.2 mmol 碳酸铯（Cs_2CO_3）、50 mg OCN、0.4 mmol 氧化铅（PbO）、20 mL 十八烯（ODE）和 1.5 mL 油酸（OA）放入 50 mL 三颈圆底烧瓶中，在 120℃下通入氮气 60 min。然后将反应温度升高到 220℃后，立即注入 1.6 mL 第一步合成的油基溴化铵。退火 6 min 后，将反应溶液在冰水浴中冷却 10 min。通过离心收集 $CsPbBr_3$/OCN 纳米复合材料，并用正己烷洗涤三次，然后在真空干燥箱中 60℃干燥 2 h，研磨得到棕色固体粉末，放入干燥器中备用（图 2-6）。

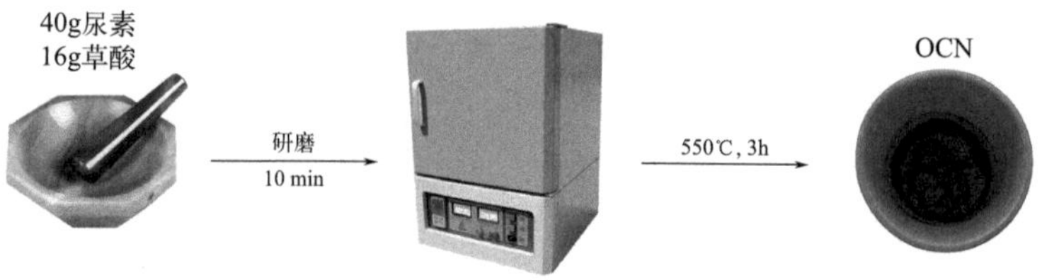

图 2-5　氧掺杂石墨相氮化碳（OCN）的制备示意图

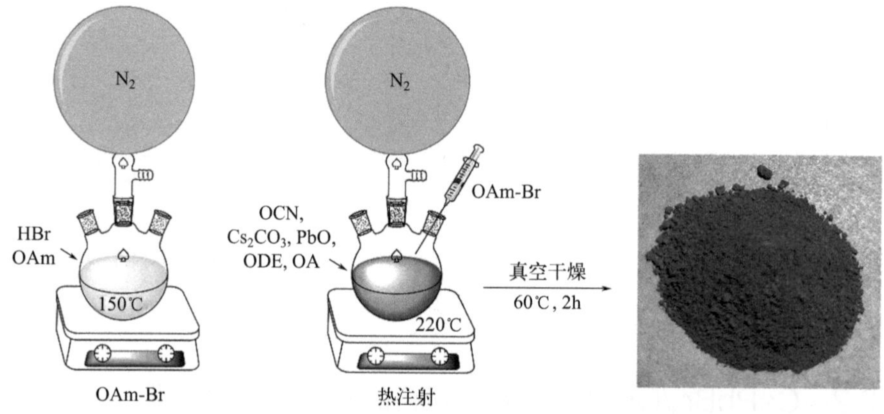

图 2-6　$CsPbBr_3$/OCN 纳米复合材料的制备示意图

（3）$CsPbBr_3$/OCN 纳米复合材料的结构表征

所制备的 $CsPbBr_3$/OCN 纳米复合材料的形貌和微观结构通过扫描电子显微镜和透射电子显微镜进行了表征。图 2-7 和图 2-8 展示了 OCN 和 $CsPbBr_3$/OCN 纳米复合材料的 SEM、TEM 和 HRTEM 图像。如图 2-7（a）所示，通过退火法制备的 OCN 呈现出珊瑚状多孔结构，带有许多“触角”，与块状的石墨相氮化碳（g-C_3N_4）有很大不同。$CsPbBr_3$ 量子点（QDs）分布在 OCN 的多孔结构表面［图 2-7（b）］。图 2-8（a）和（b）进一步表明，$CsPbBr_3$ 量子点分散在珊瑚状多孔结构的 OCN 中。

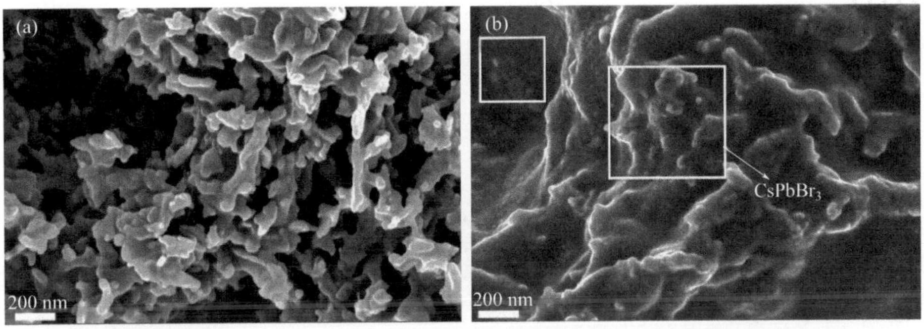

图 2-7　OCN（a）和 $CsPbBr_3$/OCN（b）的 SEM 图

$CsPbBr_3$/OCN 纳米复合材料的 HRTEM 图像［图 2-8（c）、（d）］显示其具有一种异质结结构，由 $CsPbBr_3$ 组成，其（110）晶面的晶格间距为 0.42 nm，（002）晶面的晶格间距为 0.30 nm。$CsPbBr_3$/OCN 的能量色散 X 射线光谱（EDS）分析（图 2-9）进一步证实了各成分的共存以及氧元素的均匀分布。

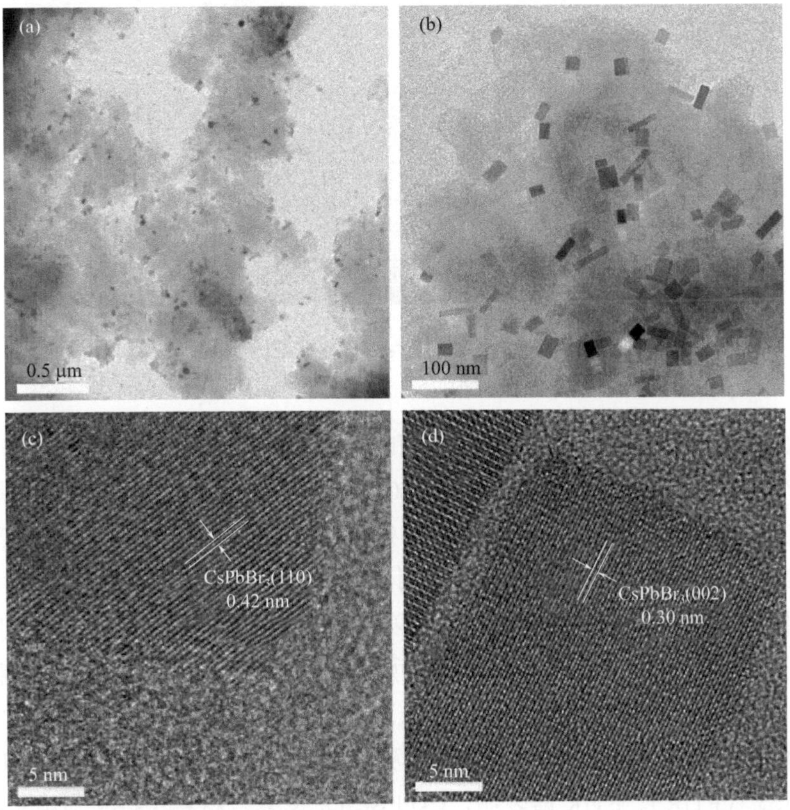

图 2-8 （a）、（b）$CsPbBr_3$/OCN 的 TEM 图；（c）、（d）$CsPbBr_3$/OCN 的 HRTEM 图

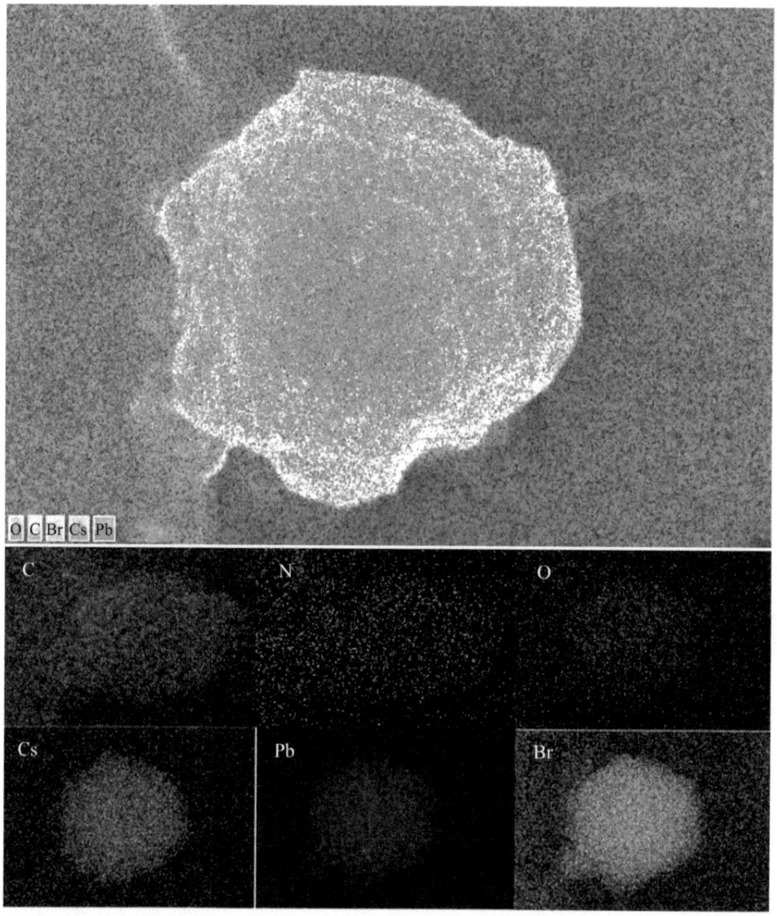

图 2-9　$CsPbBr_3$/OCN 的 EDS 图

XRD 常用于研究样品的结晶度和纯度。图 2-10（a）展示了所制备的氧掺杂 OCN、$CsPbBr_3$ 以及 $CsPbBr_3$/OCN 的 XRD 数据。OCN 样品呈现出与 g-C_3N_4 一致的衍射图谱，在 27.1°处的主要衍射峰对应于石墨相氮化碳（g-C_3N_4）的层间堆叠。这一结果表明，氧元素的掺杂对 g-C_3N_4 的晶体结构没有影响。此外，所制备的 $CsPbBr_3$ 以及复合材料中的 $CsPbBr_3$ 呈现正交晶相，这与图 2-8（c）和图 2-8（d）中所示的高分辨透射电子显微镜结果非常吻合。

图 2-10（b）为 $CsPbBr_3$、OCN 以及 $CsPbBr_3$/OCN 复合材料的傅里叶变换红外光谱（FTIR）。FTIR 谱表明，$CsPbBr_3$/OCN 复合材料保持了与纯 $CsPbBr_3$ 量子点和多孔 OCN 相同的化学结构。FTIR 谱中在 2922 cm^{-1} 和 2857 cm^{-1} 处

的信号可归因于 $CsPbBr_3$ 量子点和 $CsPbBr_3$/OCN 复合材料表面上—CH_3 基团的反对称伸缩振动，在 806 cm^{-1} 处的谱带对应于均三嗪单元的特征振动模式，在 1000～1800 cm^{-1} 范围内的吸收带归因于碳氮（CN）杂环的典型伸缩振动模式。光生电子-空穴对的分离、转移和复合对复合材料的光催化性能有着显著影响。为了阐明复合材料潜在的光催化机制，进行了一系列技术测试，包括紫外-可见漫反射光谱、光致发光光谱（PL）、光电流以及瞬态光电流响应。$CsPbBr_3$/OCN 的紫外-可见漫反射光谱显示，将 $CsPbBr_3$ 量子点沉积到多孔 OCN 表面后，其在可见光区域的吸收增强，并且在 548 nm 处出现了明显的红移［图 2-10（c）］。图 2-10（d）展示了 $CsPbBr_3$ 以及 $CsPbBr_3$/OCN 复合材料在 365 nm 激发波长下的光致发光光谱。$CsPbBr_3$ 在 531 nm 处呈现出明显的荧光发射峰。当将 $CsPbBr_3$ 引入 OCN 上时，观察到光致发光强度显著降低，并且 $CsPbBr_3$/OCN 复合材料的荧光发射峰发生了蓝移。图 2-10（e）展示了所制备样品的瞬态光电流响应。在该图中可以观察到明显的光电流响应，这表明其具有出色的可重复性。$CsPbBr_3$/OCN 复合材料的光电流明显优于 $CsPbBr_3$ 和 OCN 的光电流，这表明其具有最高的光电流强度和最有效的电荷迁移能力。这一发现与该材料较低的光致发光强度相一致。图 2-10（f）中的时间分辨光致发光（TRPL）衰减光谱表明，与 $CsPbBr_3$ 量子点（寿命为 41.48 ns）相比，$CsPbBr_3$/OCN 复合材料表现出更快的光致发光衰减行为，平均激发态寿命更短（14.45 ns），这反映了其具有更有效的电荷转移。因此，得出结论，激发态寿命的缩短是由于通过将 $CsPbBr_3$ 量子点锚定在多孔 OCN 上形成了 $CsPbBr_3$/OCN 异质结构，这进一步证明了异质结的成功构建。一般来说，当电子受体或表面改性剂吸附到半导体表面时，半导体胶体的光致发光寿命预计会降低。

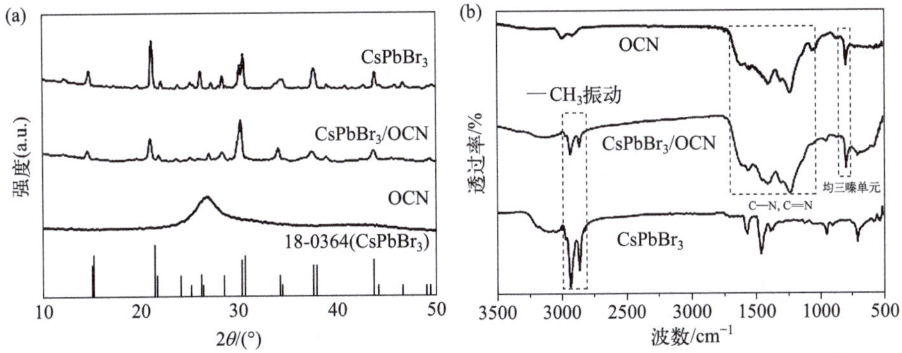

图 2-10

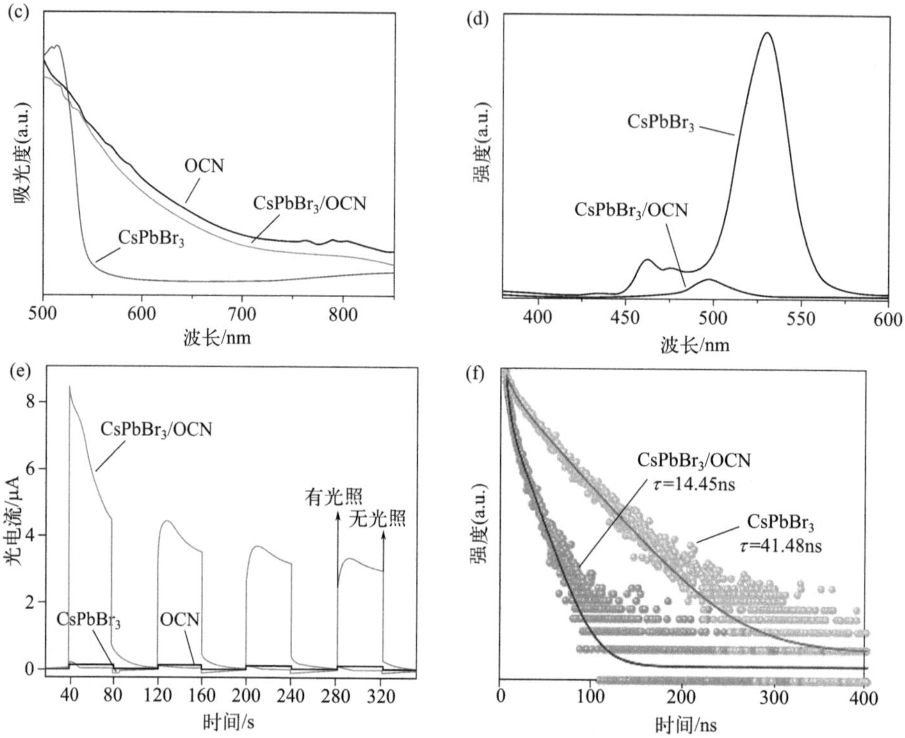

图 2-10　OCN、$CsPbBr_3$ 及 $CsPbBr_3$/OCN 的结构表征：（a）X 射线衍射图谱；（b）傅里叶变换红外光谱；（c）紫外-可见漫反射光谱；（d）光致发光发射光谱（激发波长 365 nm）；（e）瞬态光电流谱；（f）时间分辨光致发光光谱

图 2-11 显示，所有样品的 N_2 吸附-解吸等温线均为带有 H3 型滞后环的Ⅳ型曲线，这表明它们都具有介孔结构的特征。氧掺杂石墨相氮化碳（OCN）、溴化铯铅（$CsPbBr_3$）以及 $CsPbBr_3$/OCN 的比表面积分别为 65.621 $m^2 \cdot g^{-1}$、

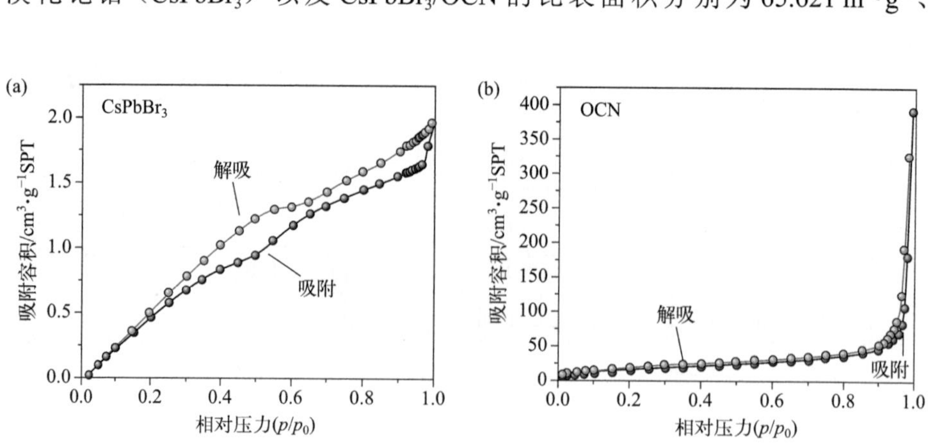

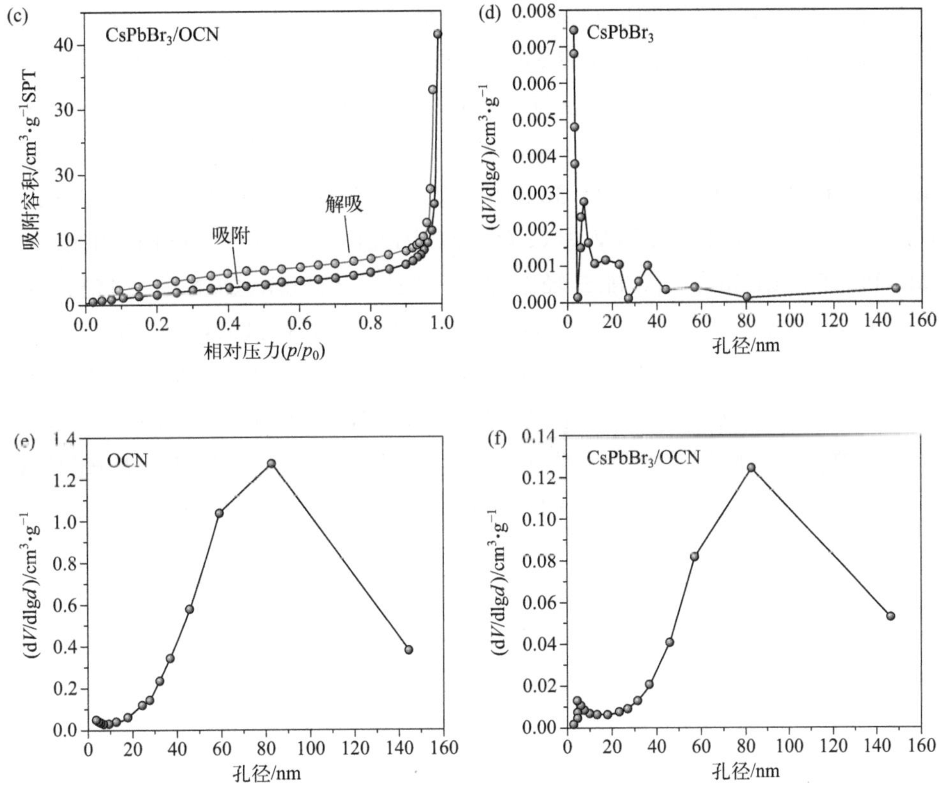

图 2-11　(a)~(c) $CsPbBr_3$、OCN、$CsPbBr_3$/OCN 的 N_2 吸附-解吸等温线；(d)~(f) $CsPbBr_3$、OCN、$CsPbBr_3$/OCN 的孔径分布

5.636 $m^2·g^{-1}$ 和 9.093 $m^2·g^{-1}$（表 2-1）。与 OCN 复合后，$CsPbBr_3$ 的比表面积增大。较大的比表面积（BET）能够提供更多的活性位点，改善传质性能，提高材料的催化性能。

表2-1　OCN、$CsPbBr_3$和$CsPbBr_3$/OCN的物理性质

物理性质	OCN	$CsPbBr_3$	$CsPbBr_3$/OCN
BET 表面积 /$m^2·g^{-1}$	65.621	5.636	9.093
孔体积 /$cm^3·g^{-1}$	0.6015	0.003017	0.06382
平均孔径 /nm	36.67	2.141	28.07

此外，还进行了 XPS 分析，以阐明氧掺杂 OCN、$CsPbBr_3$ 量子点以及 $CsPbBr_3$/OCN 复合材料的表面化学成分和氧化态。图 2-12（a)~(c）中 Cs 3d、Pb 4f 和 Br 3d 的高分辨 XPS 光谱表明，它们各自独特的结合能与先前

的报道一致。对于 $CsPbBr_3$/OCN 复合材料，Cs^+ $3d_{3/2}$ 和 Cs^+ $3d_{5/2}$ 的 XPS 光谱峰分别位于 724.65 eV 和 738.58 eV；而对于 $CsPbBr_3$ 量子点，它们分别位于 723.93 eV 和 737.85 eV。异质结复合材料中位于 138.35 eV 和 143.24 eV 的峰，以及 $CsPbBr_3$ 中位于 137.60 eV 和 142.48 eV 的峰，可归因于 Pb^{2+} $4f_{7/2}$ 和 Pb^{2+} $4f_{5/2}$。在 $CsPbBr_3$/OCN 中，Br^- 3d 的结合能出现在 68.32 eV 和 69.36 eV，而在 $CsPbBr_3$ 中则出现在 67.59 eV 和 68.60 eV。因此，与原始的 $CsPbBr_3$ 相比，Cs 3d、Pb 4f 和 Br 3d 的结合能有轻微的正向偏移。$CsPbBr_3$/OCN 复合材料的高分辨 C 1s XPS 光谱可分为位于 284.14 eV、284.80 eV 和 287.42 eV 的三个不同峰［图 2-12（d)］，这些峰分别对应于 sp^2 杂化的 C—C 键、氨基官能团（C—N—C）以及三嗪环单元中的 sp^2 杂化碳原子（N—C═N）。N 1s 光谱可拟合为三个峰，分别归属于三嗪环中 sp^2 杂化的 N 原子 C—N═C（397.91 eV）、C 与 N 之间的单键（N—C）（399.45 eV）以及氨基中的 C—N—H（401.09 eV）［图 2-12（e)］。在 O 1s 光谱中［图 2-12（f)］，除了对应于表面吸附水的主要峰（531.80 eV）之外，对于 O—CN，还有一个归因于 C—O 物种的新峰（530.94 eV）很明显。因此，XPS 结果进一步表明，$CsPbBr_3$/OCN 异质结能够成功构建，这促进了 OCN 与 $CsPbBr_3$ 界面之间的电荷转移。

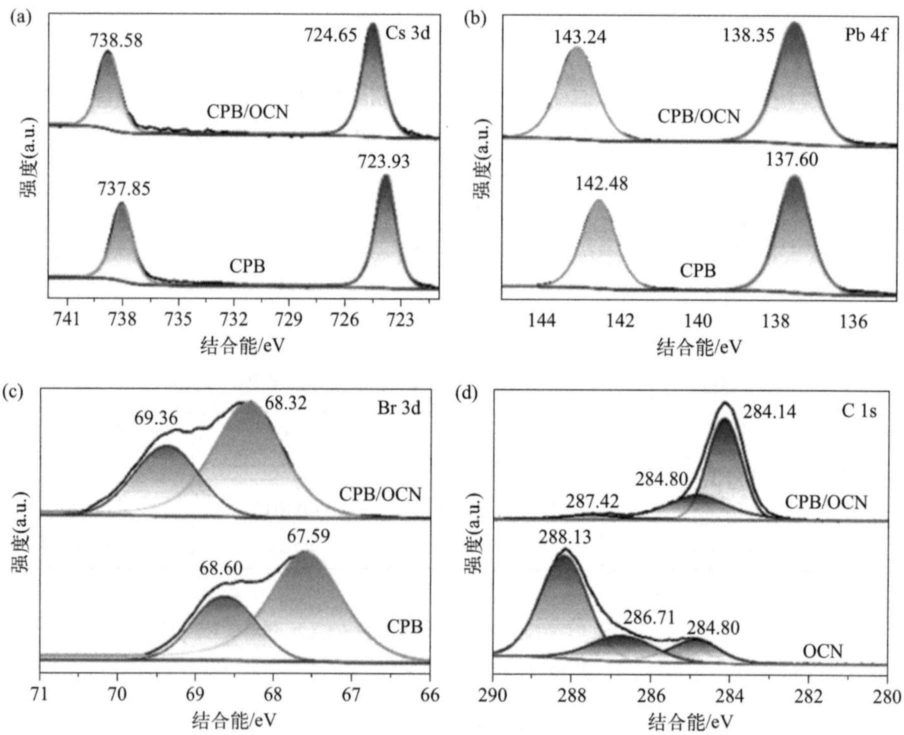

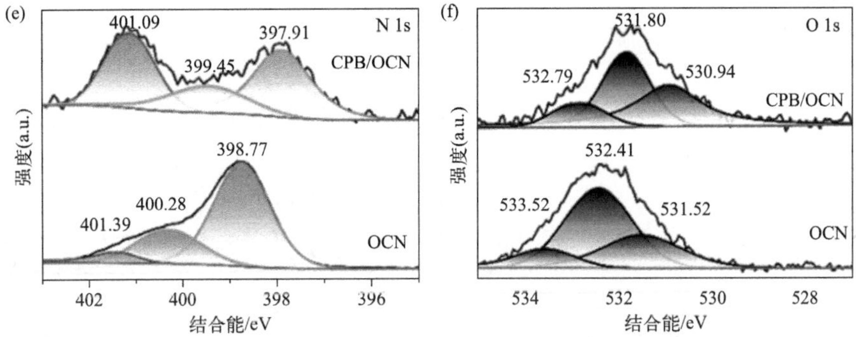

图 2-12　OCN、$CsPbBr_3$ 量子点（CPB）及 $CsPbBr_3$/OCN 的 XPS 全谱

（a）Cs 3d；（b）Pb 4f；（c）Br 3d；（d）C 1s；（e）N 1s；（f）O 1s

原位 XPS 谱是阐明 Z 型光生电荷转移途径的有力工具。如图 2-13 所示，光照下 $CsPbBr_3$/OCN 中 Cs 3d、Pb 4f 和 Br 3d 的结合能相对于无光照时呈现出的负向偏移。相比之下，与无光照时相比，光照下 $CsPbBr_3$/OCN 中 C 1s、N 1s 和 O 1s 的结合能则呈现出正向偏移。这种相反的结合能偏移明确地证明了，在光照条件下，OCN 导带（CB）中的光激发电子通过 Z 型途径转移到了 $CsPbBr_3$ 钙钛矿纳米晶体的价带（VB）中。

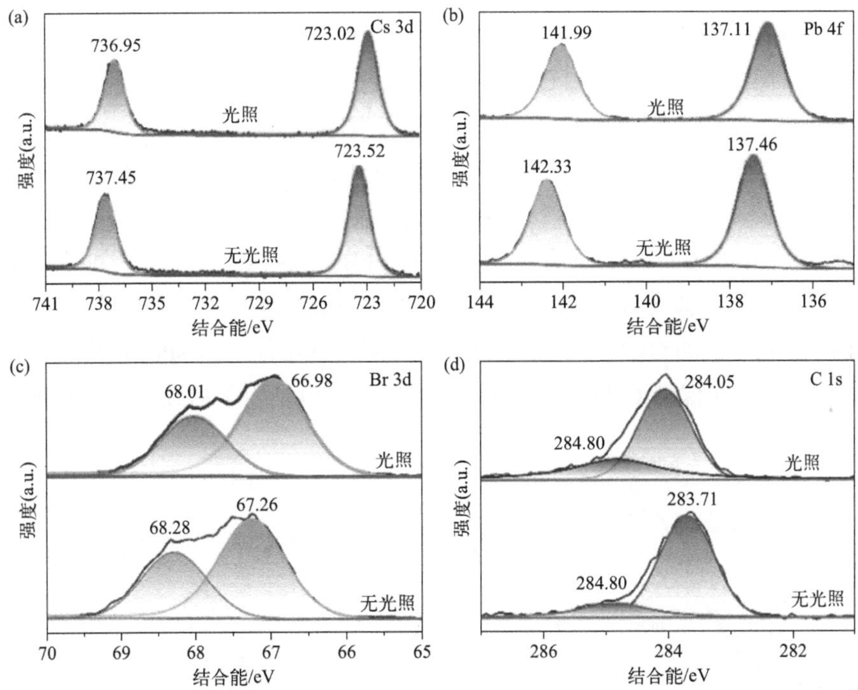

图 2-13

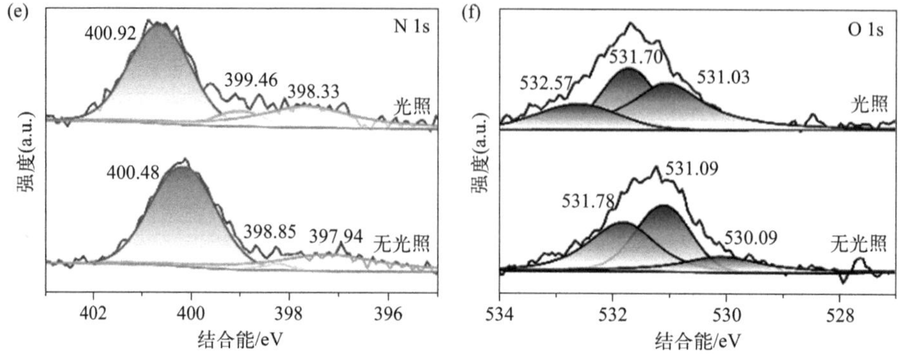

图 2-13 $CsPbBr_3$/OCN 的原位 XPS 全谱

（a）Cs 1s；（b）Pb 4f；（c）Br 3d；（d）C 1s；（e）N 1s；（f）O 1s

图 2-14（a）展示了 $CsPbBr_3$、OCN 和 $CsPbBr_3$/OCN 的 $(ahv)^2$-hv 关系图（hv 为光子能量，a 为吸收系数）。根据库贝尔卡-蒙克（Kubelka-Munk）函数计算得出，$CsPbBr_3$ 量子点和 OCN 的带隙分别为 2.30 eV 和 2.13 eV。而纯氮化碳（CN）的带隙为 3.01 eV，氧原子的掺入拓宽了纯 CN 的可见光吸收范围，减小了带隙，从而有利于电子-空穴对的产生，并增强了其光催化性能。此外，$CsPbBr_3$ 量子点和 OCN 的价带边缘位置是通过 XPS 价带光谱确定的。如图 2-14（b）所示，$CsPbBr_3$ 量子点和 OCN 的价带分别为 1.31 eV 和 2.10 eV［相对于标准氢电极（SHE）］。原始的 $CsPbBr_3$ 和 OCN 的导带边缘位置可以通过公式（$E_{CB} = E_{VB} - E_g$）估算得出。因此，基于对 XPS 价带光谱和紫外-可见漫反射光谱（UV-vis DRS）的综合分析，验证了 OCN 和 $CsPbBr_3$ 的能带排列结构［图 2-14（c）］。Z 型电荷转移示意图可以清晰地展示出来［图 2-14（d）和（e）］，当 $CsPbBr_3$ 和 OCN 紧密接触时，电子会自发地从 $CsPbBr_3$ 流向 OCN，这个过程在界面处产生了一个内建电场，电场方向从 $CsPbBr_3$ 指向 OCN，进而导致能带弯曲，界面内建电场驱动 OCN 导带中的光生电子跨越界面，与 $CsPbBr_3$ 价带中的空穴复合，结果在保持 $CsPbBr_3$ 导带中高电位还原电子用于后续光氧化还原反应

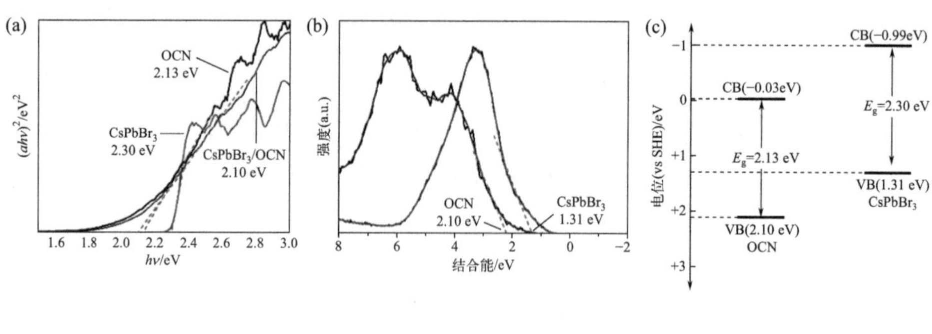

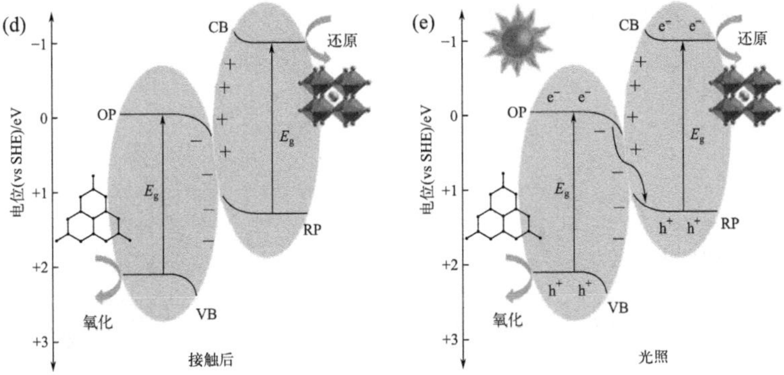

图 2-14 （a）$CsPbBr_3$、OCN 以及 $CsPbBr_3$/OCN 的 $(ah\nu)^2$–$h\nu$ 关系图；（b）OCN 和 $CsPbBr_3$ 的 XPS 价带光谱；（c）OCN 和 $CsPbBr_3$ 的能带边缘排列情况；（d）、（e）$CsPbBr_3$/OCN 异质结示意图（展示了在可见光照射下用于光氧化还原催化时，诱导形成 Z 型异质结、电荷转移、分离以及内建电场的情况）

OP—氧化电势；RP—还原电势；VB—价带；CB—导带；SHE—标准氢电极

的同时，实现了增强的电荷分离。此外，$CsPbBr_3$/OCN 增强的光电流响应证明了界面电场的建立可以增强光生电荷的分离和传输。

2.2.3 全固态 Z 型 $CsPbBr_3/Au/g\text{-}C_3N_4$ 异质结复合材料的制备及结构表征

（1）$Au/g\text{-}C_3N_4$ 复合材料的合成

单源前驱体 $Au/g\text{-}C_3N_4$ 通过化学沉淀法合成（图 2-15）。将 3 g 三聚氰胺溶于 150 mL 超纯水中（80℃），搅拌至完全溶解，用移液管分别加入 0 mL、1 mL、2 mL、3 mL、4 mL 和 5 mL 浓度为 10 mg·mL^{-1} 的氯金酸（$HAuCl_4$）水溶液（用超纯水配制）。搅拌并冷却至室温，用 1 mol·L^{-1} 的氢氧化钠溶液将其 pH 值调至约 6.5。然后，在加热台上 80℃加热 5 h，放入烘箱中 60℃干燥 12 h。将前驱体置于半封闭的刚玉坩埚中，随后在管式炉中于 5% 氩氢混合气氛下，以 5℃·min^{-1} 的升温速率加热至 550℃，并保持 2 h。冷却至室温后，将所得固态 $Au/g\text{-}C_3N_4$（标记为 CN、10Au/CN、20Au/CN、30Au/CN、40Au/CN、50Au/CN）研磨并收集，得到不同比例掺杂的氮化碳。

（2）$CsPbBr_3/Au/g\text{-}C_3N_4$ 复合材料的合成

① 溴化铵前驱体的制备：在 50 mL 三颈圆底烧瓶中，加入 10 mL 油胺（OAm）和 1.3 mL 氢溴酸（HBr）并混合均匀。将所得固化的反应混合物加热至 120℃，在氮气吹扫下加热 2 h。然后，将反应温度升至 150℃并加热 30 min

[图 2-16（a)]。最后，将溶液保持在 80℃备用。

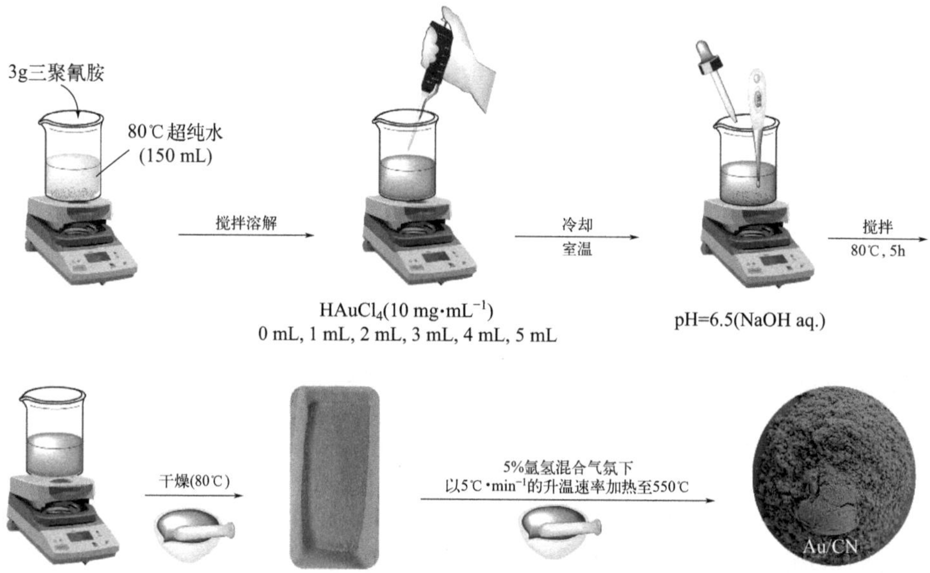

图 2-15 Au/g-C_3N_4 纳米复合材料制备示意图

② 热注射法合成 $CsPbBr_3$/Au/g-C_3N_4 复合材料：将 0.2 mmol 碳酸铯（Cs_2CO_3）、50 mg Au/CN、0.4 mmol 氧化铅（PbO），以及 20 mL 十八烯（ODE）和 1.5 mL 油酸（OA）放入 50 mL 三颈圆底烧瓶中，将混合物在 120℃下用氮气吹扫 60 min。将反应温度升至 220℃后，立即注入 1.6 mL 溴化铵前驱体溶液。退火 6 min 后，将溶液在冰水中冷却 10 min。通过离心收集复合光催化剂（$CsPbBr_3$/xAu/CN，x = 10、20、30、40、50），并用正己烷洗涤三次。然后在真空烘箱中干燥 2 h，研磨成棕色粉末状固体，存放在干燥器中备用［图 2-16（b)]。

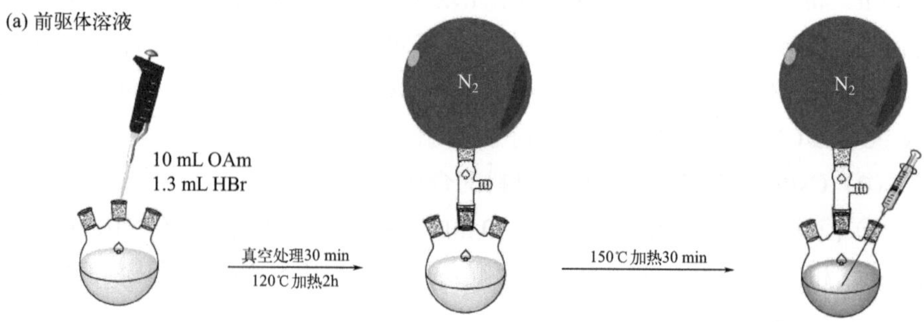

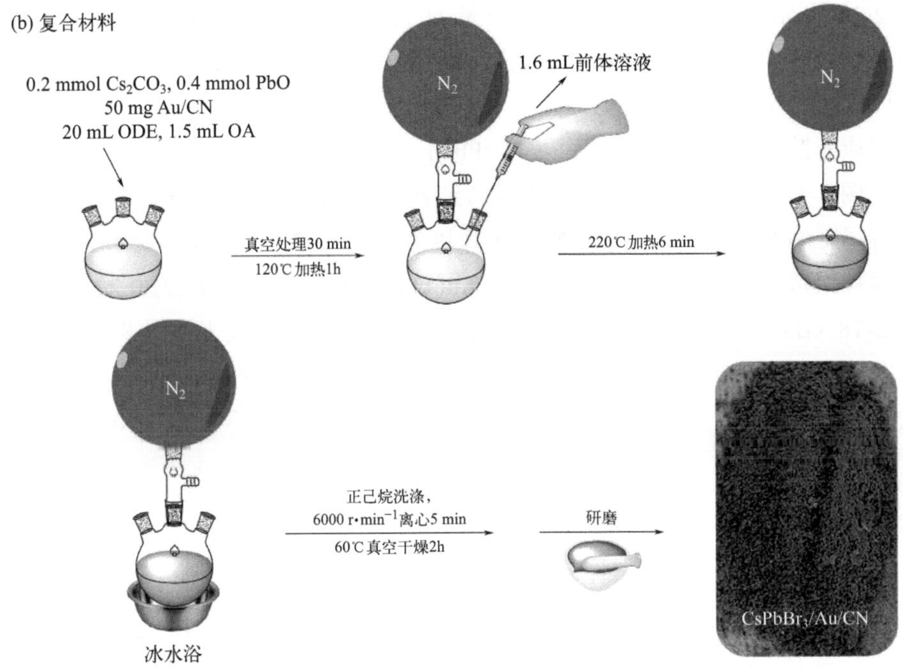

图 2-16　前驱体（a）和 $CsPbBr_3/Au/g-C_3N_4$ 纳米复合材料（b）制备示意图

（3）$CsPbBr_3/Au/g-C_3N_4$ 复合材料的结构表征

金（Au）纳米颗粒通过在惰性和还原性气氛下的热退火原位均匀修饰在层状石墨相氮化碳（$g-C_3N_4$，记为 CN）纳米片上。随后，以 Au/CN 纳米片（图 2-17）为模板，通过原位生长法制备了 $CsPbBr_3/Au/CN$ 复合材料。

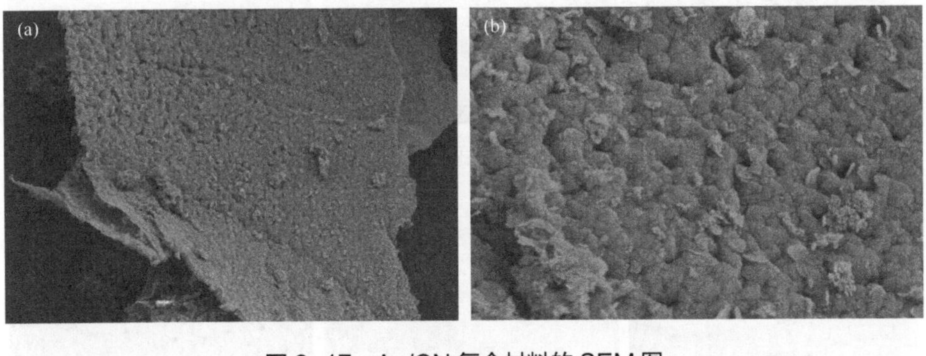

图 2-17　Au/CN 复合材料的 SEM 图

采用 TEM 和 HRTEM 对所制备样品的形貌和微观结构进行了表征。

图 2-18 展示了 $CsPbBr_3$/30Au/CN 纳米复合材料的 TEM 和 HRTEM 图。如图 2-18（a）所示，$CsPbBr_3$ 量子点分布在层状复合材料 Au/CN 的表面，且未破坏 CN 的超薄纳米片结构。图 2-18（b）显示，直径为 20～50 nm 的 Au 纳米颗粒分散在层状 CN 纳米片内。$CsPbBr_3$/30Au/CN 纳米复合材料的 HRTEM 图［图 2-18（c）］显示出一种异质结结构，该结构由 $CsPbBr_3$[(−111) 晶面，晶格间距为 0.36 nm]、层状 CN 纳米片以及位于 $CsPbBr_3$ 和 CN 之间的 Au 纳米颗粒组成，Au 纳米颗粒对应立方 Au(111) 晶面的晶格间距为 0.24 nm。如图 2-18（d）所示，$CsPbBr_3$/30Au/CN 的能量色散 X 射线光谱分析，进一步证实了各组分的共存以及 Au 元素的均匀分布。通过电感耦合等离子体质谱发射光谱仪测得，$CsPbBr_3$/30Au/CN 中 Au 元素的实际含量约为 0.21%（质量分数）。

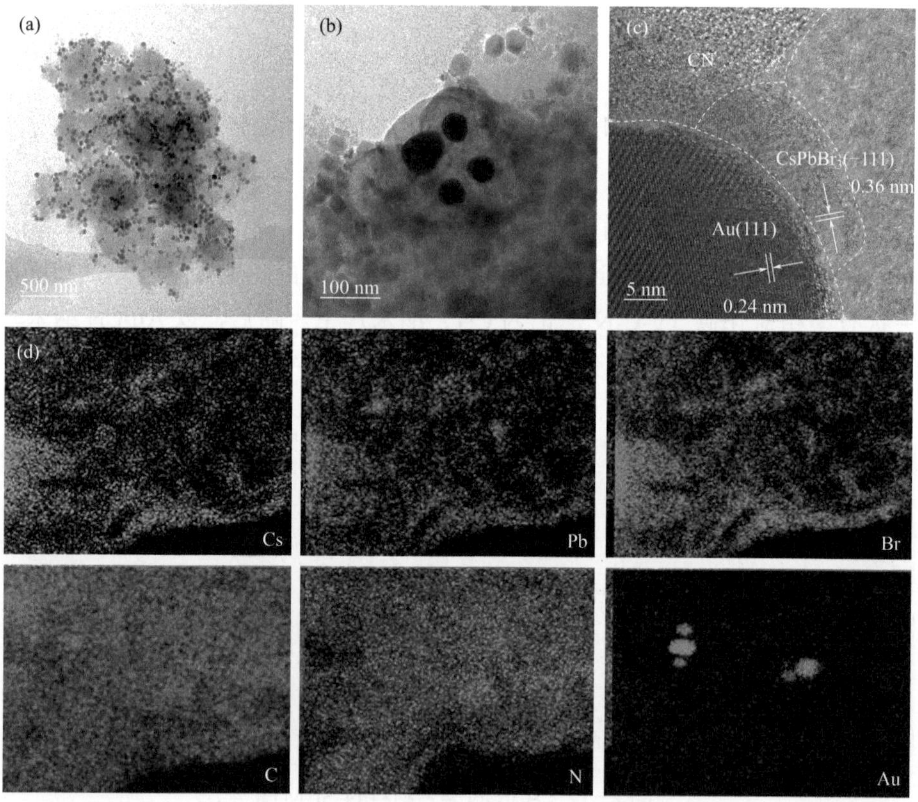

图 2-18 （a）、（b）TEM 图；（c）HRTEM 图；（d）$CsPbBr_3$/30Au/CN 光催化剂中铯（Cs）、铅（Pb）、溴（Br）、碳（C）、氮（N）和金（Au）的对应元素映射图

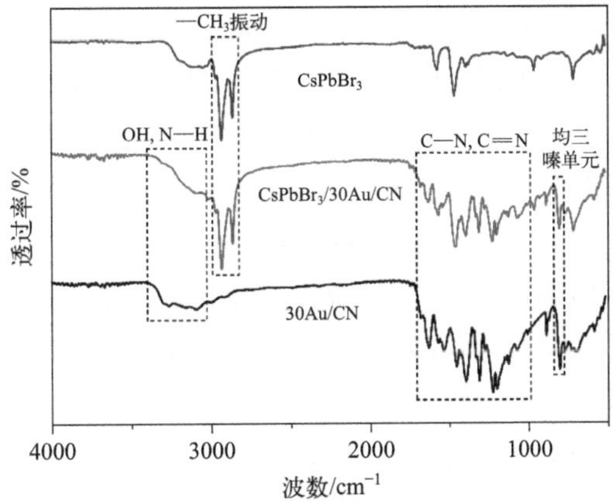

图 2-19　所制备样品的 FTIR 光谱

图 2-19 展示了 $CsPbBr_3$、30Au/CN 和 $CsPbBr_3$/30Au/CN 复合材料的傅里叶变换红外（FTIR）光谱。FTIR 光谱表明，$CsPbBr_3$/30Au/CN 复合材料保持了与纯 $CsPbBr_3$ 量子点和层状 30Au/CN 相同的化学结构。FTIR 光谱中 2922 cm^{-1} 和 2857 cm^{-1} 处的谱带可归因于 $CsPbBr_3$ 量子点和 $CsPbBr_3$/30Au/CN 复合材料表面—CH_3 基团的不对称伸缩振动，806 cm^{-1} 左右的谱带对应于均三嗪单元的特征振动模式，1000～1800 cm^{-1} 范围内的谱带归因于 CN 杂环的典型伸缩振动模式，在 3600～3000 cm^{-1} 之间观察到了 N—H 伸缩振动。

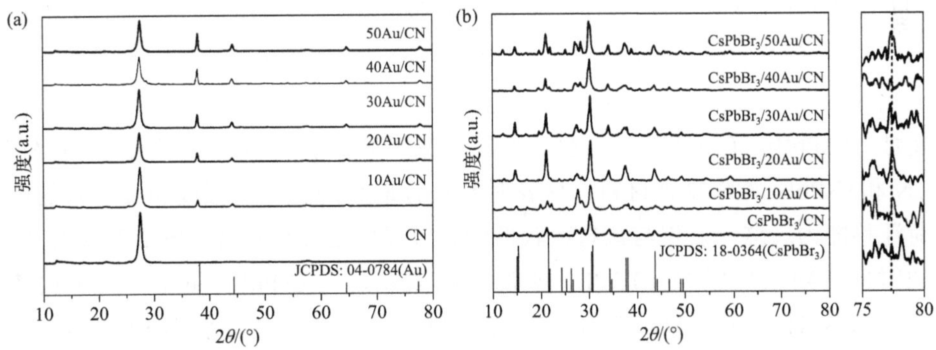

图 2-20　氮化碳（CN）、Au/CN（a）和 $CsPbBr_3$/Au/CN（b）的 XRD 图谱

采用 X 射线衍射（XRD）研究了样品的结晶度和纯度。层状 CN 和 Au/CN 复合材料的典型 XRD 图谱如图 2-20（a）所示。Au/CN 复合材料在约 27.4° 处出现（002）峰，这归因于共轭芳香体系的堆叠，表明 Au 的引入对层状 CN 的晶体结构没有影响。此外，Au/CN 复合材料的 XRD 图谱中在 38.2°、44.3°、

64.6°和 77.6°处观察到的衍射峰分别对应于金属 Au 纳米颗粒的（111）、（200）、（220）和（311）晶面。随着 Au 含量的增加，对应于 Au 纳米颗粒的衍射峰强度逐渐增强。图 2-20（b）展示了 $CsPbBr_3$/Au/CN 的 XRD 数据，显著的峰可归属于单斜晶系 $CsPbBr_3$ 的图谱（JCPDS：18-0364），同时在 $CsPbBr_3$/Au/CN 复合材料中能明显观察到 77.6°处 Au（311）的衍射峰。$CsPbBr_3$/Au/CN 产物的典型 XRD 图谱能够清晰地确认复合材料结构中 $CsPbBr_3$、Au 纳米颗粒和 CN 的存在。

光生电子-空穴对的分离、转移和复合过程对材料的光催化性能有着显著影响。为了阐明样品潜在的光催化机理，采用一系列技术手段对其进行了表征，包括紫外-可见漫反射光谱、光致发光光谱（PL）、光电流光谱以及瞬态光电流响应测试等。紫外-可见漫反射光谱显示，在层状 Au/CN 复合材料表面沉积 $CsPbBr_3$ 量子点后，材料在可见光区域的吸收增强，并且在 568 nm 处出现了明显的红移现象［图 2-21（a)］。这种光捕获能力的提升主要归因于 Au 纳米颗粒引发的表面等离子体共振（SPR）效应，以及 Au 纳米颗粒、CN 纳米片和 $CsPbBr_3$ 量子点之间的协同电子捕获特性。图 2-21（b）展示了 $CsPbBr_3$、CN、30Au/CN、$CsPbBr_3$/CN 和 $CsPbBr_3$/30Au/CN 复合材料在 365 nm 激发波长下的光致发光发射光谱。$CsPbBr_3$ 在 528 nm 处呈现出强烈的荧光发射峰，当将 $CsPbBr_3$ 引入 30Au/CN 体系后，光致发光强度显著降低，这表明 Au 纳米颗粒能够有效地传输光激发电子，并抑制电荷复合。如图 2-21（b）所示，$CsPbBr_3$/30Au/CN 复合材料的荧光发射峰发生了蓝移，这可能是 Au 纳米颗粒和 $CsPbBr_3$ 与 CN 共同负载所产生的协同效应所致。据报道，较高的光电流意味着电子-空穴分离效率更高。图 2-21（c）展示了所制备样品的瞬态光电流响应情况，能够观察到明显的光电流响应，这表明该响应具有出色的可重复性。$CsPbBr_3$/30Au/CN 复合材料的光电流明显优于 $CsPbBr_3$、纯 CN、30Au/CN 和 $CsPbBr_3$/CN 复合材料，这表明其具有最高的光电流强度和最有效的电荷迁移能力。这一发现与该材料较低的光致发光强度相吻合。图 2-21（d）中的时间分辨光致发光（TRPL）衰减光谱表明，与 $CsPbBr_3$ 量子点（平均荧光寿命为 41.18 ns）和 $CsPbBr_3$/CN 复合材料（平均荧光寿命为 12.62 ns）相比，$CsPbBr_3$/30Au/CN 复合材料表现出更快的光致发光衰减行为，平均激发态寿命更短（6.34 ns），这反映出其具有更高效的电荷转移能力。因此，可以得出结论，激发态寿命的缩短是由于 $CsPbBr_3$ 量子点锚定在层状 CN 上形成了 $CsPbBr_3$/CN 异质结结构。一般来说，当电子受体或表面改性剂吸附在半导体表面时，半导体胶体的光致发光寿命会缩短。同时，由于 Au 纳米颗粒在 Z 型异质结中起到电子传输通道的作用，故 $CsPbBr_3$/30Au/CN 复合材料的激发态

寿命比 $CsPbBr_3$/CN 更短，这进一步证明了全固态 Z 型异质结的成功构建。

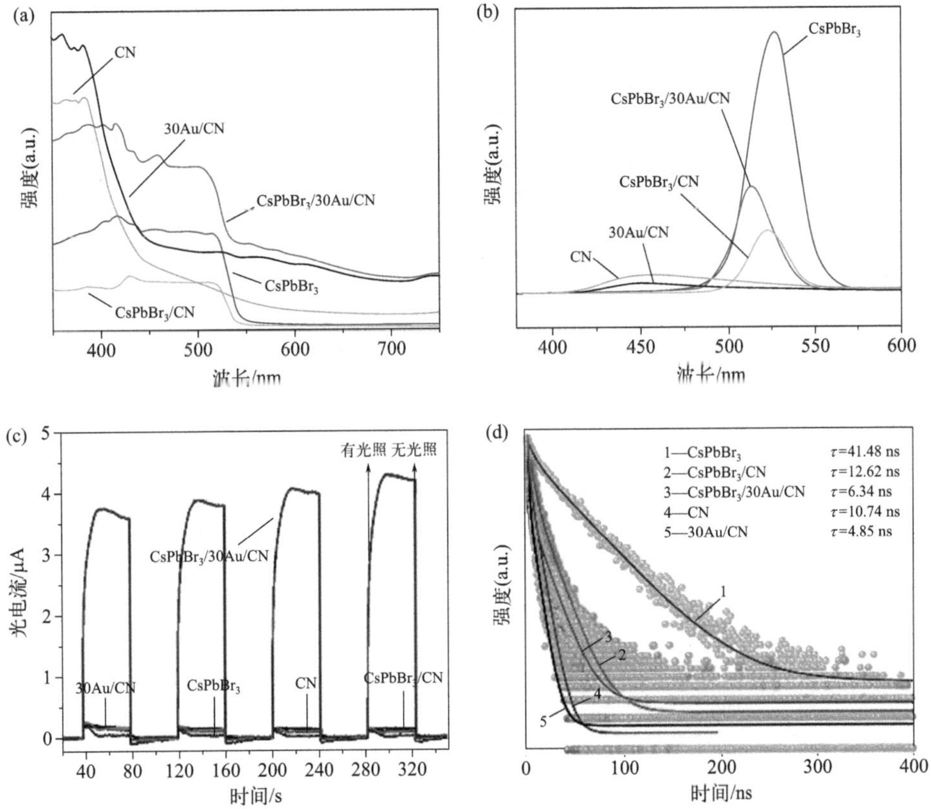

图 2-21　（a）紫外-可见漫反射光谱；（b）光致发光发射光谱（激发波长为 365 nm）；（c）瞬态光电流光谱；（d）时间分辨光致发光光谱

此外，为了阐明原始氮化碳（CN）、$CsPbBr_3$ 以及 $CsPbBr_3$/30Au/CN 复合材料的表面化学组成和氧化态，进行了 X 射线光电子能谱（XPS）分析。全扫描光谱显示，$CsPbBr_3$/30Au/CN 复合材料中碳（C）、氮（N）、溴（Br）、铅（Pb）、铯（Cs）和金（Au）元素共存［图 2-22（a）和图 2-23］。

$CsPbBr_3$/30Au/CN 复合材料的 N 1s 光谱拟合为三个峰，分别对应三嗪环中 sp^2 杂化的氮原子 C—N═C(398.58 eV)、碳和氮之间的单键（N—C)(399.66 eV）以及氨基中的 C—N—H（401.51 eV）［图 2-22（b）］。$CsPbBr_3$/30Au/CN 复合材料的 C 1s 高分辨 XPS 光谱可拟合为 284.80 eV、285.98 eV 和 287.99 eV 处的三个明显峰［图 2-22（c）］，分别对应 sp^2 C—C 键、氨基官能团（C—N—C）以及三嗪环单元中 sp^2 杂化的碳原子（N—C═N）。图 2-22（d）～（f）中 Cs 3d、

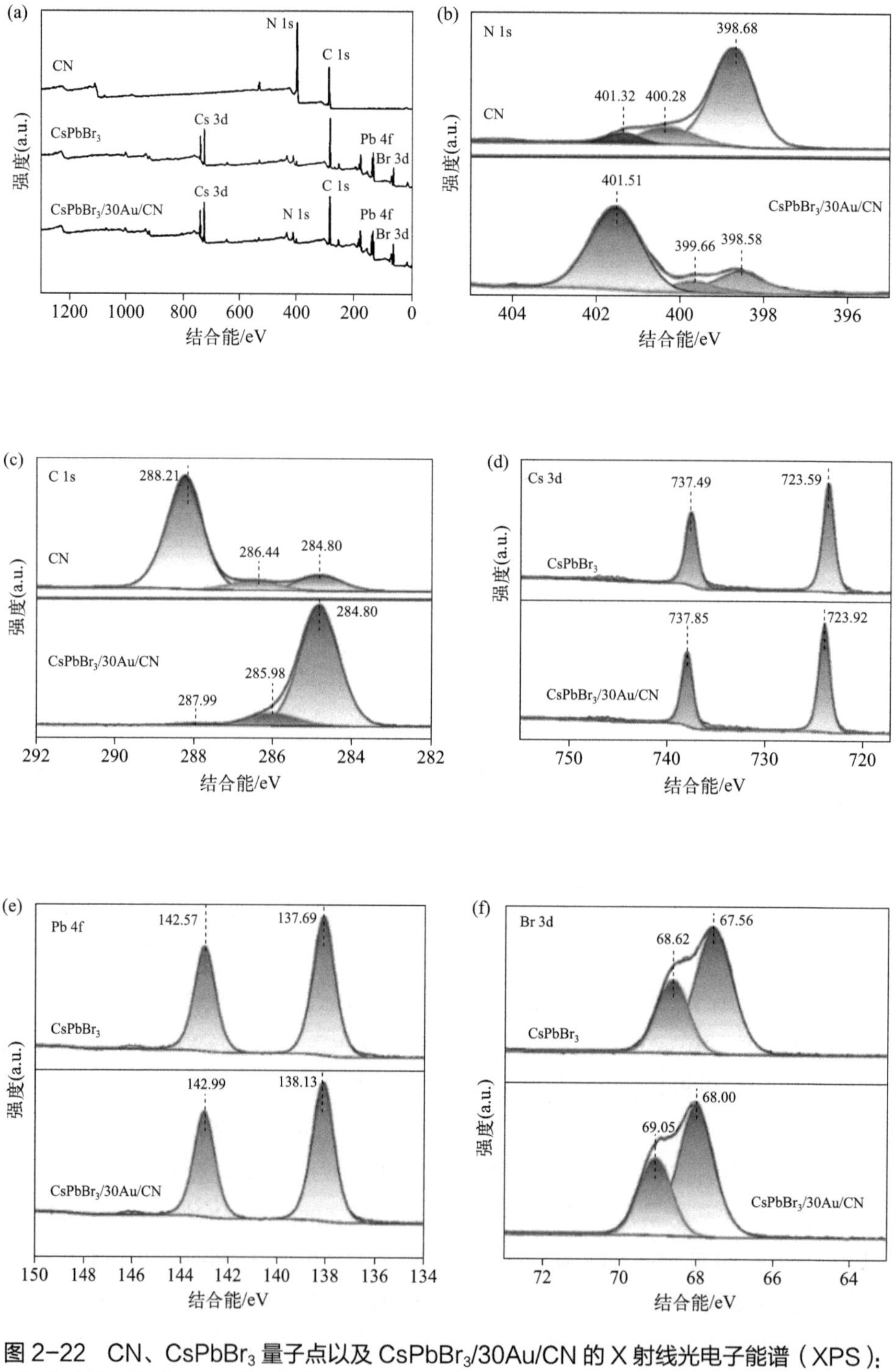

图 2-22　CN、$CsPbBr_3$ 量子点以及 $CsPbBr_3$/30Au/CN 的 X 射线光电子能谱（XPS）：（a）全谱；（b）N 1s 谱；（c）C 1s 谱；（d）Cs 3d 谱；（e）Pb 4f 谱；（f）Br 3d 谱

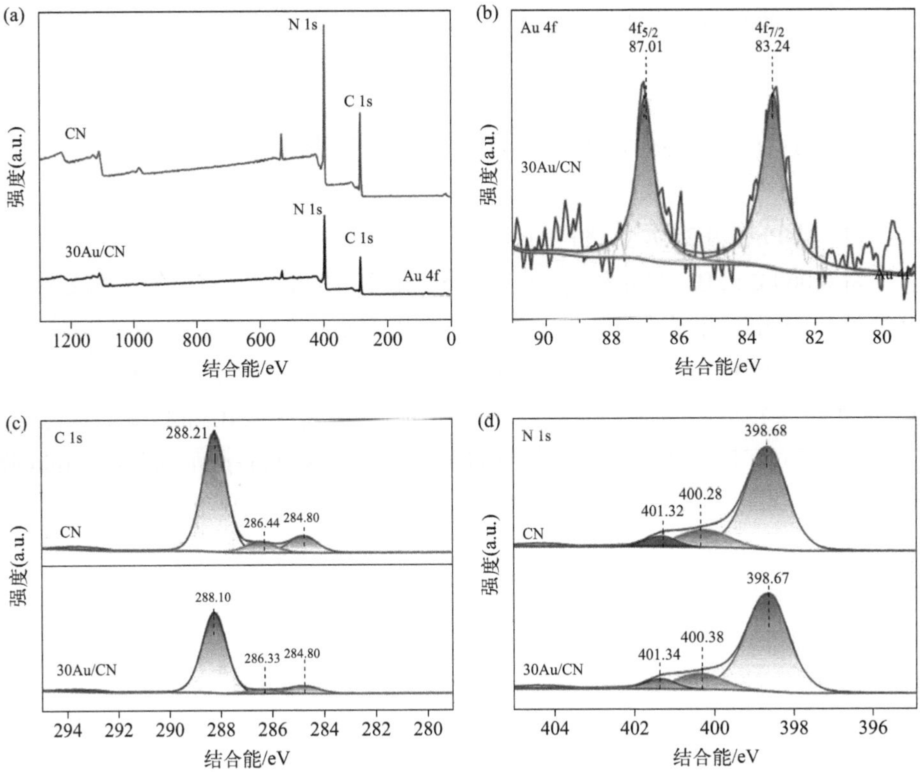

图 2-23　30Au/CN 的 X 射线光电子能谱：（a）全谱；（b）Au 4f 谱；（c）C 1s 谱；（d）N 1s 谱

Pb 4f 和 Br 3d 的高分辨 XPS 光谱表明，它们独特的结合能与之前的报道相符。对于 $CsPbBr_3$/30Au/CN 复合材料，Cs^+ $3d_{3/2}$ 和 Cs^+ $3d_{5/2}$ 的 XPS 光谱峰分别位于 723.92 eV 和 737.85 eV，而对于 $CsPbBr_3$ 量子点，它们分别位于 723.59 eV 和 737.49 eV。Pd 4f 谱图中，异质结复合材料 138.13 eV 和 142.99 eV 处的峰，以及 $CsPbBr_3$ 中 137.69 eV 和 142.57 eV 处的峰，可分别归因于 Pb^{2+} $4f_{7/2}$ 和 Pb^{2+} $4f_{5/2}$。Br 3d 的峰在 $CsPbBr_3$/30Au/CN 中出现在 68.00 eV 和 69.05 eV 处，在 $CsPbBr_3$ 中出现在 67.56 eV 和 68.62 eV 处。因此，与原始 $CsPbBr_3$ 相比，Cs 3d、Pb 4f 和 Br 3d 的结合能有轻微的正移。由于 $CsPbBr_3$/30Au/CN 复合材料中金的含量较低，因此未观察到相应的信号峰。然而，图 2-23 中 30Au/CN 的高分辨 XPS 图谱显示，位于 87.01 eV 和 83.24 eV 处的两个金特征峰对应 30Au/CN 复合材料中金纳米颗粒 Au^0 $4f_{5/2}$ 和 Au^0 $4f_{7/2}$ 的结合能。因此，XPS 结果进一步表明，全固态 Z 型 $CsPbBr_3$/30Au/CN 异质结能够成功

构建，这种异质结通过金纳米颗粒促进了 g-C_3N_4 和 $CsPbBr_3$ 界面之间的电荷转移。

2.2.4 S 型 $CsPbBr_3$/P25 异质结复合材料的制备及结构表征

（1）$CsPbBr_3$/P25 复合材料的合成

将 0.069 g $PbBr_2$ 和 0.307 g P25 溶解于装有 10 mL 十八烯的三颈烧瓶中，持续搅拌 30 min 并多次抽真空，直至体系无气泡产生。随后在氮气氛围下将溶液加热至 120℃维持 30 min。接着向 $PbBr_2$ 前驱体溶液中加入 1 mL 油胺和 1 mL 油酸，并将温度进一步升至 180℃。此时快速注入 0.5 mL 油酸铯溶液，反应 5 s 后立即用冰水浴骤冷。最终将黄色产物以 8000 $r \cdot min^{-1}$ 离心 10 min 收集沉淀，用乙酸乙酯洗涤后于 50℃真空干燥，即得 $CsPbBr_3$/P25 复合材料。其余 *X*% $CsPbBr_3$/P25 系列复合材料（*X*% 表示 $CsPbBr_3$ 与 P25 的质量百分比）的合成方法相同，仅需调整 $CsPbBr_3$ 的负载量。

（2）$CsPbBr_3$/P25 复合材料的结构表征

所制备的 $CsPbBr_3$/P25 复合材料的 XRD 图谱［图 2-24（a)］显示，$CsPbBr_3$ 与 P25（金红石相和锐钛矿相）的衍射峰同时存在。其中 25.1°和 27.2°的衍射峰分别归属于锐钛矿相 TiO_2 的（101）晶面（JCPDS No. 21-1272）和金红石相 TiO_2 的（110）晶面（JCPDS No. 21-1276），而 15.2°、21.5°、30.7°处的特征峰则对应立方相 $CsPbBr_3$ 的（100)、(110）和（200）晶面（JCPDS

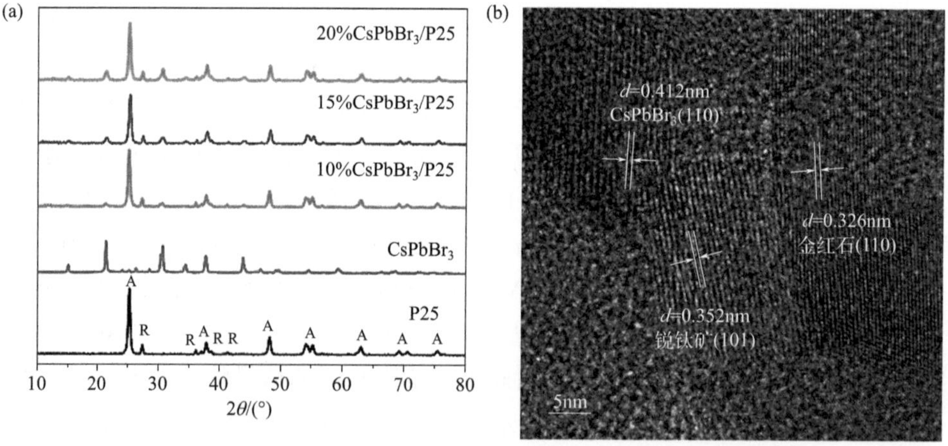

图 2-24 (a) $CsPbBr_3$ 和 $CsPbBr_3$/P25 复合材料的 XRD 图谱；(b) 15%$CsPbBr_3$/P25 复合材料的 HRTEM 图

No. 18-0364），此结果证实了 $CsPbBr_3$ 与 P25 的成功复合。随着 $CsPbBr_3$ 负载量的增加，其衍射峰强度相应增强。TEM 图像（图 2-25）显示，与纯相 $CsPbBr_3$ 相比，$CsPbBr_3$/P25 复合体系中 $CsPbBr_3$ 的粒径从约 60 nm 减小至 20 nm，表明 TiO_2 在 $CsPbBr_3$ 结晶过程中起到了成核位点的作用。HRTEM 图像中可观察到 $CsPbBr_3$ 与 P25 之间形成清晰的异质界面［图 2-24（b）］，这种结构有利于光生载流子在异质结中的高效分离与传输。测得的 0.412 nm、0.326 nm 和 0.352 nm 的晶格间距分别对应 $CsPbBr_3$ 的（110）晶面、金红石相 TiO_2 的（110）晶面以及锐钛矿相 TiO_2 的（101）晶面。漂移校正谱图扫描与元素面分布分析证实了 $CsPbBr_3$ 颗粒在 P25 表面的均匀分布（图 2-26）。

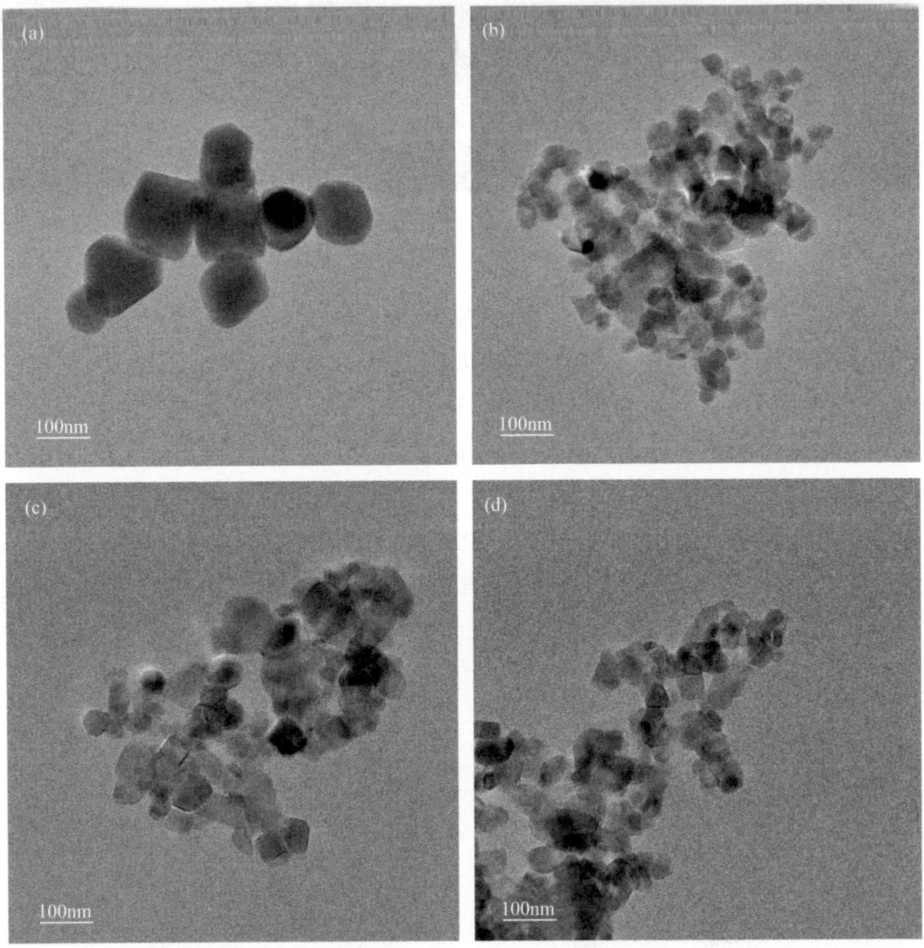

图 2-25　$CsPbBr_3$ 和 $CsPbBr_3$/P25 复合材料的 TEM 图

（a）$CsPbBr_3$；（b）10% $CsPbBr_3$/P25；（c）15% $CsPbBr_3$/P25；（d）20% $CsPbBr_3$/P25

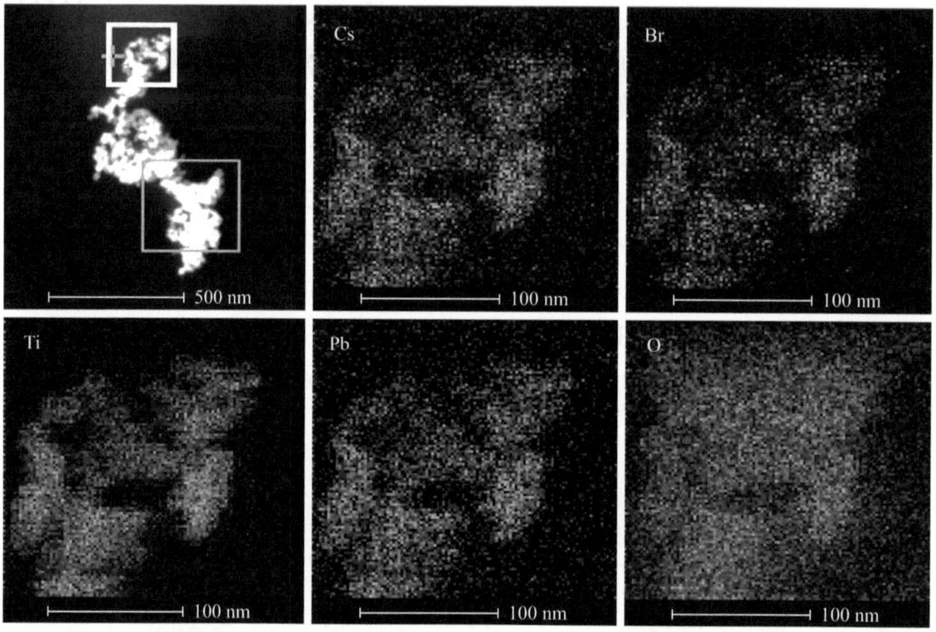

图 2-26 CsPbBr$_3$/P25 复合材料的 EDS 面分布图

随后，通过 XPS 分析揭示了所制备的 CsPbBr$_3$/P25 复合材料中各元素的化学态、原子比以及界面处的电子转移方向。15%CsPbBr$_3$/P25 复合材料的 XPS 全谱［图 2-27（a）］检测到 Cs、Pb、Br、Ti 和 O 元素的存在，进一步证实了复合材料的成功制备。高分辨 XPS 谱图显示［图 2-27（b）~（f）］，与纯相 P25 相比，15%CsPbBr$_3$/P25 复合材料中 Ti 2p 和 O 1s 的结合能向低能方向偏移；而与纯相 CsPbBr$_3$ 相比，15%CsPbBr$_3$/P25 复合材料中 Cs 3d、Pb 4f 和 Br 3d 的结合能则向高能方向移动。这些结果表明，复合后在 CsPbBr$_3$/P25 界面处形成

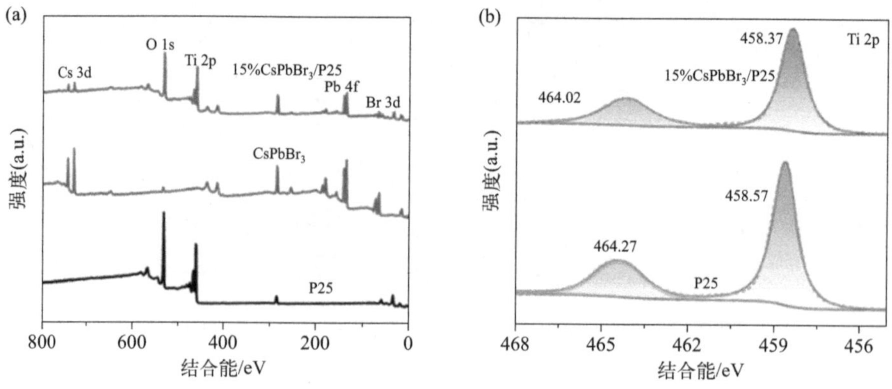

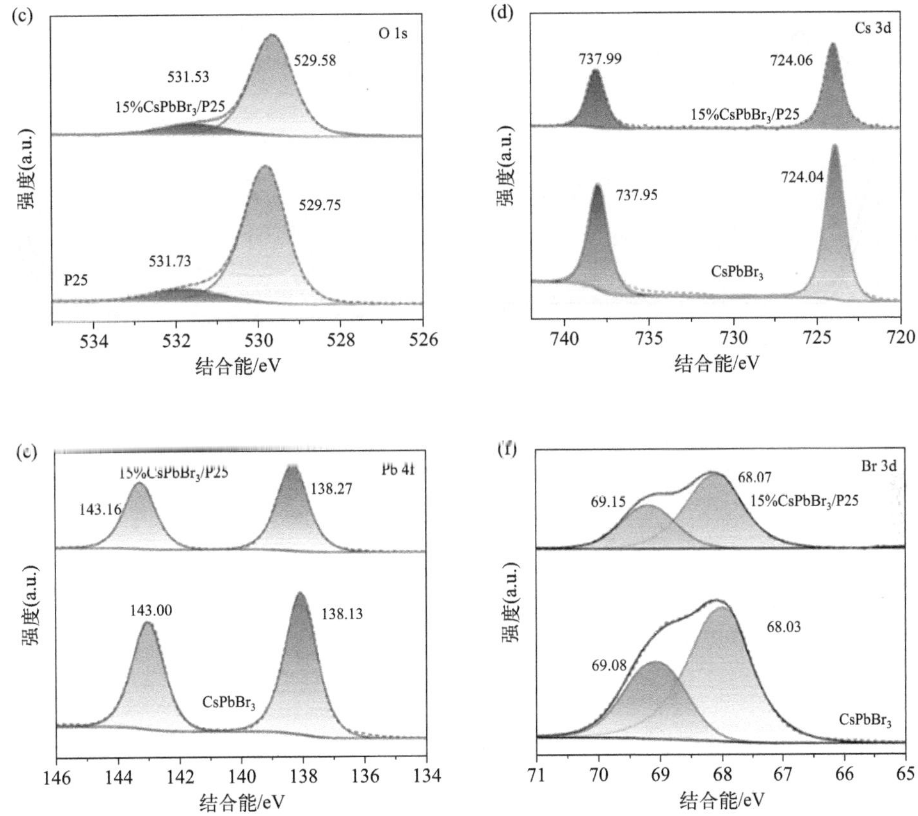

图 2-27　P25、$CsPbBr_3$ 和 $CsPbBr_3$ /P25 复合材料的 XPS 谱：（a）全谱；（b）Ti 2p、（c）O 1s、（d）Cs 3d、（e）Pb 4f、（f）Br 3d

了内置电场（IEF），电子从 $CsPbBr_3$ 向 P25 转移——该结论同时得到能带结构分析的佐证：由于锐钛矿相（7.18 eV）和金红石相 TiO_2（7.08 eV）的功函数均高于 $CsPbBr_3$（5.79 eV），两种晶型 TiO_2 的费米能级均低于 $CsPbBr_3$。这种内置电场的存在促使 $CsPbBr_3$ 与 P25 之间形成 S 型异质结，从而提升电荷分离效率与光催化活性。

为了验证形成 S 型异质结的可行性，研究了 $CsPbBr_3$ 与 P25 的能带结构。紫外-可见吸收光谱显示［图 2-28（a）］，$CsPbBr_3$ 和 P25 的吸收边分别位于 540 nm 和 390 nm 附近，根据 Tauc 曲线［图 2-28（b）］计算得到的光学带隙（E_g）分别为 2.31 eV 和 3.20 eV。通过 XPS 价带谱测定［图 2-28（c）、（d）］，$CsPbBr_3$ 与 P25 的价带顶（VB）位置分别为 1.12 eV 和 2.98 eV（vs SHE），由此推算出二者的导带底（CB）位置分别为−1.19 eV 和−0.12 eV（vs SHE）。从

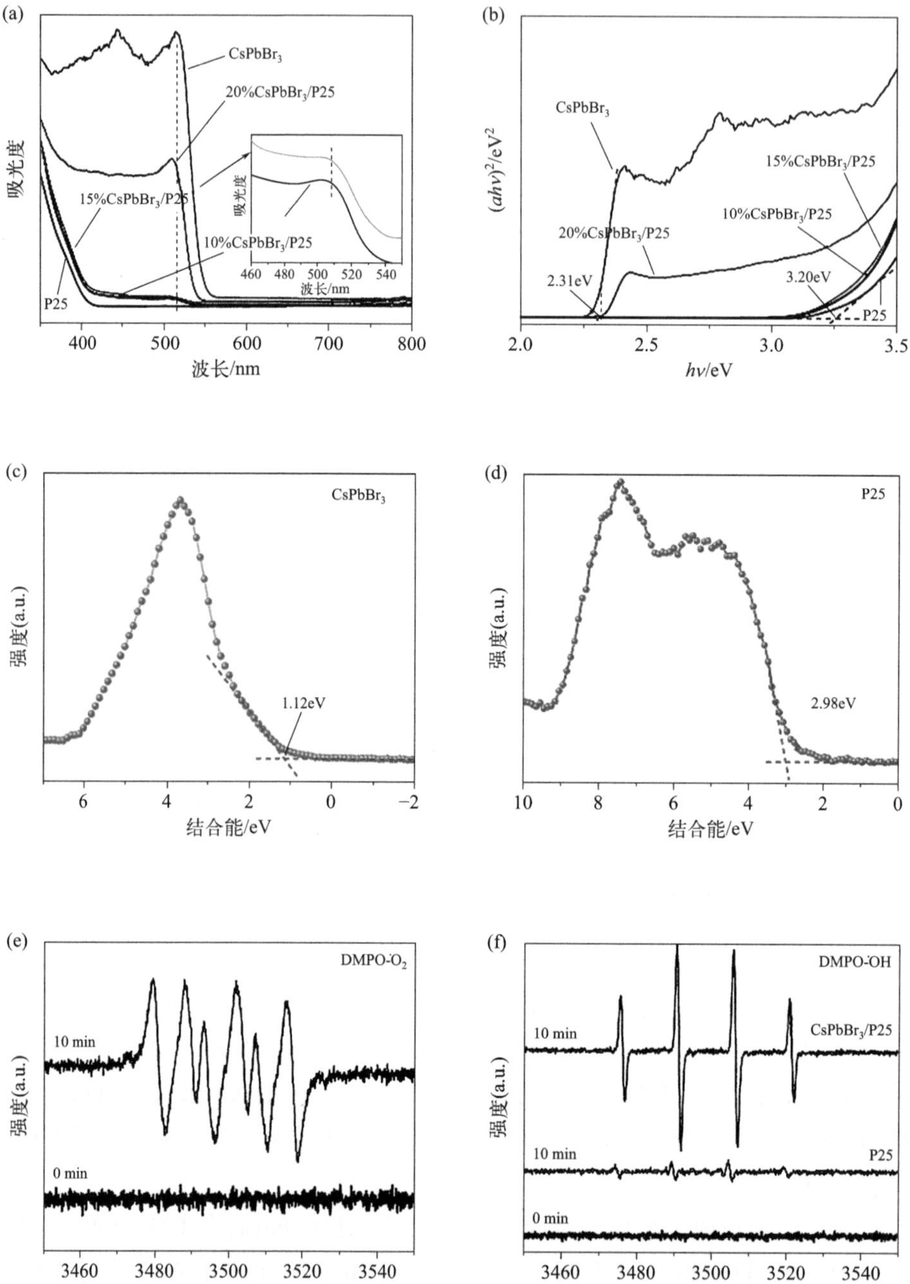

图 2-28　$CsPbBr_3$、P25 及 $CsPbBr_3$/P25 复合材料的紫外-可见吸收光谱（a）和 Tauc 曲线（b）；$CsPbBr_3$（c）和 P25（d）的价带 XPS 谱；$\cdot O_2^-$（e）和·OH（f）的电子顺磁共振谱

DMPO—5,5-二甲基-1-吡咯啉-*N*-氧化物

能带排列来看，由于 P25 的价带与导带位置均比 $CsPbBr_3$ 更正，故理论上也可能形成Ⅱ型异质结——这种情况下光生电子将富集于 TiO_2 的导带，而空穴则聚集在 $CsPbBr_3$ 的价带。但由于 TiO_2 导带电位（−0.12 eV vs SHE）正于 O_2 还原电位（−0.33 eV vs SHE），且 $CsPbBr_3$ 价带电位（1.12 eV vs SHE）低于水分解产生·OH 所需的氧化电位（2.3 eV vs SHE），将无法生成·O_2^-和·OH 活性物种。然而光照条件下检测到明显的·O_2^-和·OH 电子顺磁共振（EPR）信号（暗态下无信号）[图 2-28（e）和（f）]，且与纯相 P25 相比，$CsPbBr_3$/P25 复合材料的·OH 信号显著增强，这些证据证实了该复合材料形成的是 S 型异质结而非Ⅱ型异质结。

通过稳态光致发光（PL）和时间分辨光致发光（TRPL）光谱测试，揭示了 $CsPbBr_3$/P25 复合材料中的电荷动力学行为。如图 2-29（a）所示，稳态 PL 光谱显示 $CsPbBr_3$ 和 15%$CsPbBr_3$/P25 复合材料分别在 535 nm 和 520 nm 处出现特征发射峰。与纯相 $CsPbBr_3$ 相比，复合材料的 PL 强度显著降低，这表明 P25 的引入为激发态电子转移提供了除本征辐射通道外的额外传输路径，从而促进光生载流子的有效分离并抑制电荷复合，最终导致 PL 强度猝灭。TRPL 衰减光谱进一步证实了复合材料中快速的电荷分离过程 [图 2-29（b）]。采用双指数函数对衰减曲线进行拟合，根据拟合结果，$CsPbBr_3$/P25 复合材料的平均 PL 衰减时间（τ_{avg}）为 2.78 ns，远快于纯相 $CsPbBr_3$ 的 33.53 ns。此外，与电荷转移相关的快速衰减组分（τ_1）贡献率从 85.3% 降至 72.2%，说明 $CsPbBr_3$ 与 P25 之间存在显著相互作用。这些结果证实了复合材料中形成了有效的电荷传输通道（即 S 型通道），从而部分缓解了单一光催化剂中的载流子复合问题。

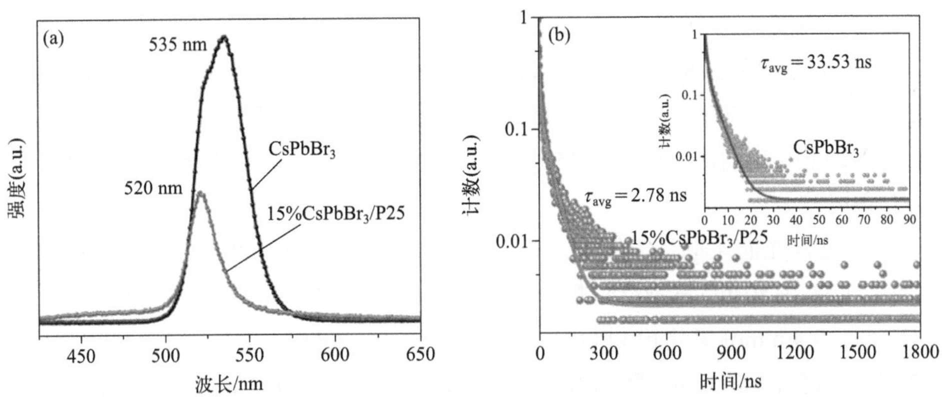

图 2-29 15%$CsPbBr_3$/P25 和 $CsPbBr_3$ 的稳态光致发光光谱（a）及时间分辨光致发光光谱（b）

2.2.5 $CsPbBr_3/Ti_3C_2T_x$ MXene 异质结复合材料的制备及结构表征

制备不同质量比的 $CsPbBr_3/Ti_3C_2T_x$ 复合材料的整体合成方法包含两个独立过程：刻蚀法制备 $Ti_3C_2T_x$ 纳米片，以及 $CsPbBr_3$ 纳米晶在 MXene 纳米片上的原位生长。简而言之，单层 MXene 纳米片的合成采用文献报道的简易两步法：首先通过 HF 溶液选择性刻蚀 Ti_3AlC_2 粉末中的 Al 原子，制得暗黑色多层 $Ti_3C_2T_x$ 粉末；随后通过探针超声剥离获得单层纳米片（MXene），收集上层溶液即得 MXene 纳米片分散液。$CsPbBr_3/Ti_3C_2T_x$ 复合材料的合成采用改进的原位生长法，以特定摩尔比在 $Ti_3C_2T_x$ 纳米片上生长 $CsPbBr_3$ 纳米晶：将 Cs_2CO_3、$Ti_3C_2T_x$、PbO 与十八烯（ODE）、油酸（OA）的混合溶液在加热条件下氮气鼓泡，待反应温度升至 220℃时迅速注入溴化铵前驱体，反应 6 min 后立即冰水浴冷却。最终通过离心收集复合光催化剂（$CsPbBr_3/y$ mg-$Ti_3C_2T_x$，y = 10、20、30），经洗涤干燥后获得棕色粉末状固体。具体合成步骤如下所述。

（1）$Ti_3C_2T_x$ MXene 的合成

MXene 纳米片的制备通过选择性刻蚀 Ti_3AlC_2 粉末中的 Al 层实现，具体步骤如下：首先将 1 g Ti_3AlC_2 粉末缓慢加入含有 1.6 g LiF 粉末和 20 mL 盐酸（9 mol·L^{-1}）的混合溶液中（原位生成 HF）；其次将该混合溶液在 40℃条件下持续搅拌反应 48 h；随后对反应后的混合溶液进行离心处理，并用去离子水反复洗涤，直至上清液 pH 值接近 7.0；然后将上述溶液在冰浴条件下超声处理 30 min 并再次离心；最终通过收集上层溶液获得 MXene 纳米片分散液。

（2）$CsPbBr_3/Ti_3C_2T_x$ MXene 复合材料的合成

① 溴化铵前驱体的制备方法如下：将 10 mL 油胺（OAm）与 1.3 mL 氢溴酸（HBr）加入 50 mL 三颈圆底烧瓶中，反应形成的固化混合物在 120℃氮气氛围下加热 2 h，随后升温至 150℃继续加热 30 min，最终将溶液恒温保持在 80℃备用。

② 复合光催化剂（$CsPbBr_3/y$ mg-$Ti_3C_2T_x$，y = 10，20，30）的合成过程分为两步：首先在 50 mL 三颈反应瓶中加入 0.2 mmol 碳酸铯（Cs_2CO_3）、50 mg$Ti_3C_2T_x$ MXene、0.4 mmol 氧化铅（PbO）、20 mL 十八烯（ODE）及 1.5 mL 油酸（OA），120℃氮气鼓泡 60 min；随后升温至 220℃时迅速注入 1.6 mL 上述溴化铵前驱体，退火 6 min 后立即冰水浴冷却 30 min；最后通过离心收集产物，经正己烷洗涤 3 次，真空干燥 2 h，研磨成棕色粉末，置于干燥器中保存待用。

图 2-30（a）展示了 $CsPbBr_3/10\text{-}Ti_3C_2T_x$ 纳米复合材料的低倍 TEM 图，大量十二面体 $CsPbBr_3$ 纳米晶（NCs）均匀分散在 MXene 纳米片表面，未出现明显团聚现象。通过 TEM 图像尺寸分布统计测得，这些 NCs 保持规则的十二面体形貌，平均尺寸约为 35 nm。相较于游离溶液生长的 NCs，表面负载的 NCs 尺寸略大，但与先前报道的在 $Au/g\text{-}C_3N_4$ 表面生长的 NCs（37 nm）相近。图 2-30（b）中 $CsPbBr_3/10\text{-}Ti_3C_2T_x$ 纳米复合材料的高倍 TEM 图进一步证实了十二面体 NCs 在纳米片上的均匀分布。图 2-30（c）的 HRTEM 图清晰显示出 $CsPbBr_3$ NCs 的典型晶格条纹，其晶面间距约为 0.38 nm，与 $CsPbBr_3$ 晶体（111）晶面完美匹配，证实了所生长 NCs 的高结晶性。此外，TEM-EDX 元素面分布图［图 2-30（d）］展示了 Ti、Pb、Br 和 Cs 元素的分布特征，为 $CsPbBr_3$ NCs 在 MXene 纳米薄片上的成功生长提供了进一步证据。

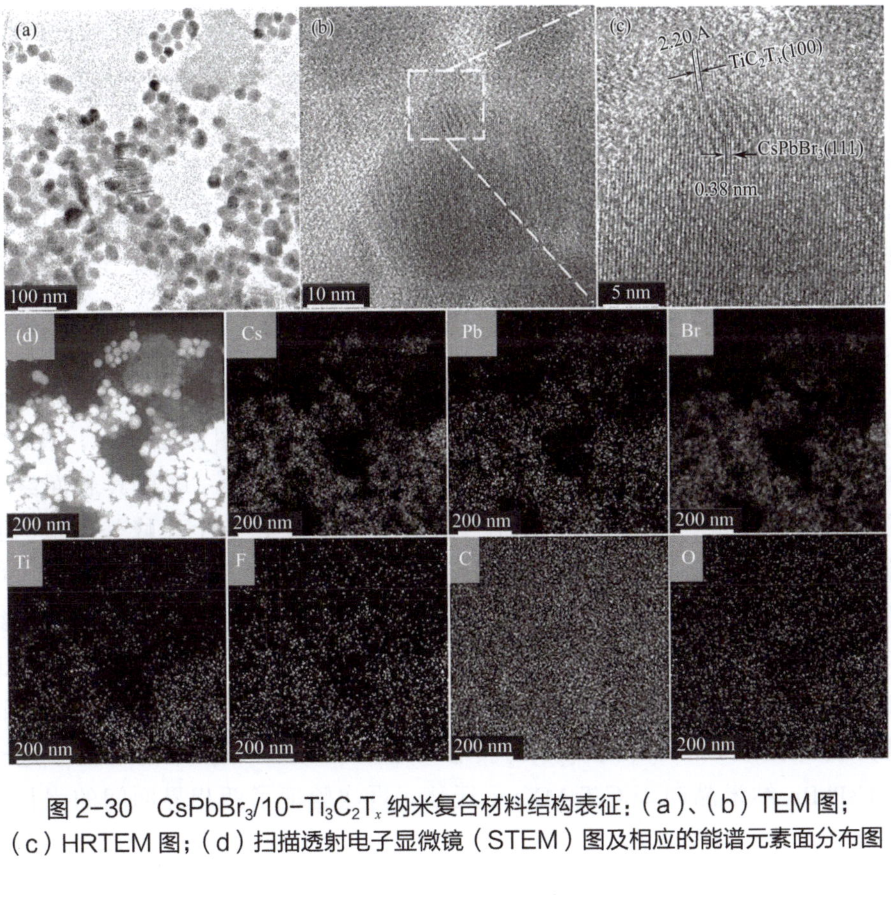

图 2-30　$CsPbBr_3/10\text{-}Ti_3C_2T_x$ 纳米复合材料结构表征：（a）、（b）TEM 图；（c）HRTEM 图；（d）扫描透射电子显微镜（STEM）图及相应的能谱元素面分布图

图 2-31（a）通过 X 射线衍射（XRD）分析了 $CsPbBr_3/10-Ti_3C_2T_x$ 纳米复合材料、$CsPbBr_3$ 和 $Ti_3C_2T_x$ 的晶体结构。与 $Ti_3C_2T_x$ MXene 纳米片和 $CsPbBr_3$ 的衍射峰相比，复合材料同时呈现 MXene 主衍射峰和 $CsPbBr_3$ 纳米晶特征峰（如 21.5° 和 30.5° 处的特征峰）。图 2-31（b）展示了三者的傅里叶变换红外（FT-IR）光谱，证实复合材料保持了纯相 $CsPbBr_3$ 量子点和层状 $Ti_3C_2T_x$ 的化学结构。2922 cm^{-1} 和 2857 cm^{-1} 处的信号归属于—CH_3 基团的不对称伸缩振动，1720 cm^{-1} 处的信号则源于量子点表面油酸（OA）的—C═O 伸缩振动，表明油酸（OA）、油胺（OLm）和十八烯（ODE）成功修饰在复合材料表面。

光生电子-空穴对的分离、转移与复合过程对材料的光催化性能具有决定性影响。通过紫外-可见漫反射光谱［图 2-31（c）］发现，$CsPbBr_3$ 在 $Ti_3C_2T_x$ 纳米片表面沉积后，在可见光区的吸收显著增强并出现明显红移。复合材料吸收光谱除可见光吸收增强外，与 $CsPbBr_3$ 纳米晶基本一致，表明 $Ti_3C_2T_x$ 纳米片有效提升了光捕获能力。图 2-31（d）的荧光光谱（PL）显示，相较于纯相 $CsPbBr_3$ 纳米晶（528 nm），复合材料的发光强度骤降且发生蓝移（517 nm），这源于 MXene 层间受限生长抑制晶格应变产生的量子限域效应。显著的荧光猝灭现象证实光生载流子从 $CsPbBr_3$ 向 $Ti_3C_2T_x$ 纳米片转移。瞬态光电流响应测试［图 2-31（e）］显示出优异的可重复性，而时间分辨荧光光谱［图 2-31（f）］表明复合材料平均激发态寿命（2.83 ns）较 $CsPbBr_3$ 纳米晶（9.15 ns）和 $Ti_3C_2T_x$ 纳米片（9.22 ns）显著缩短，反映出更高效的电荷转移效率。这些测试结果充分证明 $Ti_3C_2T_x$ 的引入能有效促进光生电子-空穴对的分离与转移。

此外，通过 X 射线光电子能谱对比分析了 $CsPbBr_3/10-Ti_3C_2T_x$ 纳米复合材料、$Ti_3C_2T_x$ 纳米片及纯相 $CsPbBr_3$ 的元素组成。如图 2-32 所示，$Ti_3C_2T_x$ 纳米片呈现出典型的 Ti 2p、C 1s、F 1s 和 O 1s 特征峰，这与其表面终止的—F、—OH 和—O 基团相符。在纳米复合材料中，除上述峰外还检测到源自 $CsPbBr_3$ 纳米晶的 Cs 3d、Pb 4f 和 Br 3d 结合能峰。结合能与表面电子密度呈负相关，值得注意的是，相较于纯相 $Ti_3C_2T_x$ 纳米片和 $CsPbBr_3$ 纳米晶，复合材料中 Ti 2p 结合能出现轻微负移［图 2-33（d）］，而 Cs 3d、Pb 4f 和 Br 3d 结合能则呈现微弱正移［图 2-33（a）～(c)］，表明电子通过异质界面从 $CsPbBr_3$ 向 $Ti_3C_2T_x$ 转移。这些结果证实了异质结构中电子从 $CsPbBr_3$ 纳米晶向 $Ti_3C_2T_x$ MXene 迁移，再次验证了两相界面间的强相互作用。

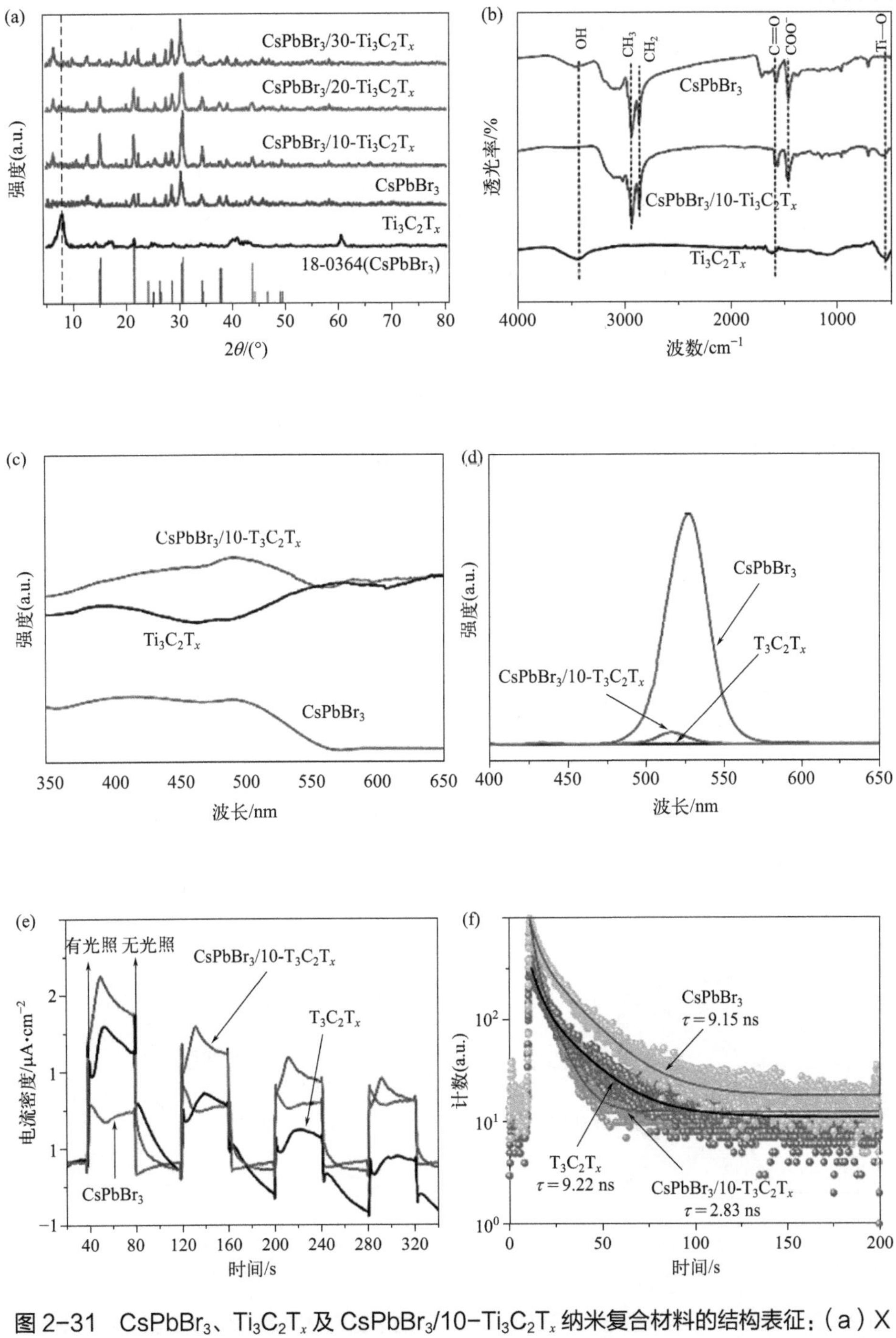

图 2-31　$CsPbBr_3$、$Ti_3C_2T_x$ 及 $CsPbBr_3$/10-$Ti_3C_2T_x$ 纳米复合材料的结构表征：（a）X 射线衍射图谱；（b）傅里叶变换红外光谱；（c）紫外-可见漫反射光谱；（d）稳态荧光光谱；（e）瞬态光电流谱；（f）时间分辨荧光光谱

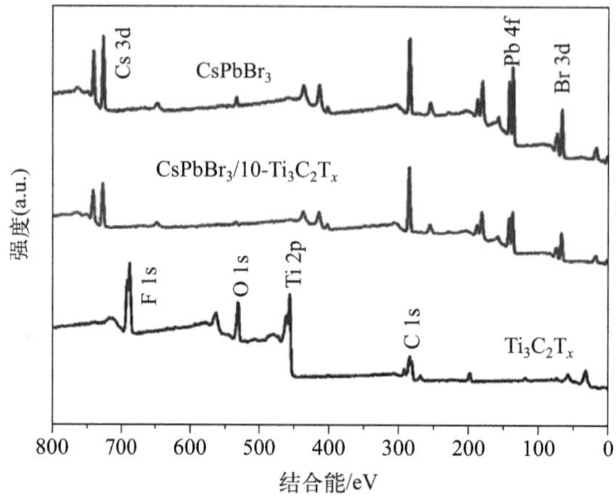

图 2-32 Ti$_3$C$_2$T$_x$ 纳米片、CsPbBr$_3$ 纳米晶、CsPbBr$_3$/10-Ti$_3$C$_2$T$_x$ 纳米复合材料的 XPS 光谱

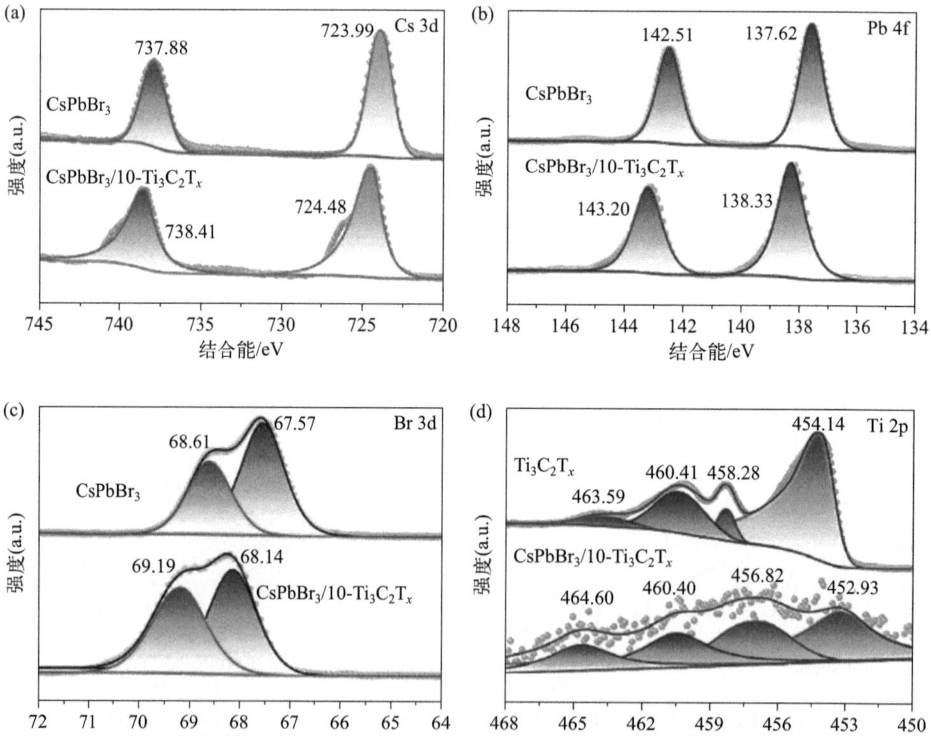

图 2-33 CsPbBr$_3$ 纳米晶与 CsPbBr$_3$/Ti$_3$C$_2$T$_x$ 纳米复合材料的 Cs 3d 谱图（a）、Pb 4f 谱图（b）、Br 3d 谱图（c）；（d）Ti$_3$C$_2$T$_x$ 纳米片与 CsPbBr$_3$/10-Ti$_3$C$_2$T$_x$ 纳米复合材料的 Ti 2p 谱图

2.3 $CsPbBr_3$光催化芳基烯烃的氧化反应

在 25 mL 硼硅酸盐玻璃反应管中，将 1,1-二苯乙烯（0.2 mmol，1 eq.）和 $CsPbBr_3$（10 mg，6 mol%）分散于 1,2-二氯乙烷（2 mL）中。所得混合物在氧气球氛围下，室温条件下于蓝色 LEDs（深圳市新亮光电科技有限公司定制，λ = 425～430 nm，照射距离约 5 cm）照射下搅拌反应。待原料完全转化［通过薄层色谱法（TLC）监测］后，离心去除光催化剂，粗产物经硅胶快速柱色谱（乙酸乙酯 / 石油醚 = 1/20，体积比）纯化，得到目标产物二苯甲酮。

2.3.1 催化剂用量的影响

实验数据表明，$CsPbBr_3$ 催化剂的用量对反应产率具有显著影响（表 2-2）。在无催化剂条件下（0 mol%，表 2-2 中序号 2），反应无法进行，证实了催化剂在反应中的必要性。当催化剂用量从 2 mol% 增加到 8 mol% 时，产率呈现明显的上升趋势（32% → 50% → 95% → 96%），说明催化剂用量的增加有效促进了反应进程。值得注意的是，当催化剂用量达到 6 mol% 时产率已达 95%，继续增加至 8 mol% 时产率仅微幅提升至 96%，而进一步加倍至 16 mol% 时产率反而略微下降至 94%。这一现象表明催化剂存在最佳用量范围（6 mol%～8 mol%），过量使用催化剂可能导致活性位点聚集或副反应增加，反而使催化效率略有降低。因此，在实际应用中建议将催化剂用量控制在 6 mol% 左右，既可保证高反应效率，又能避免催化剂浪费。

表2-2　催化剂用量对反应产率的影响

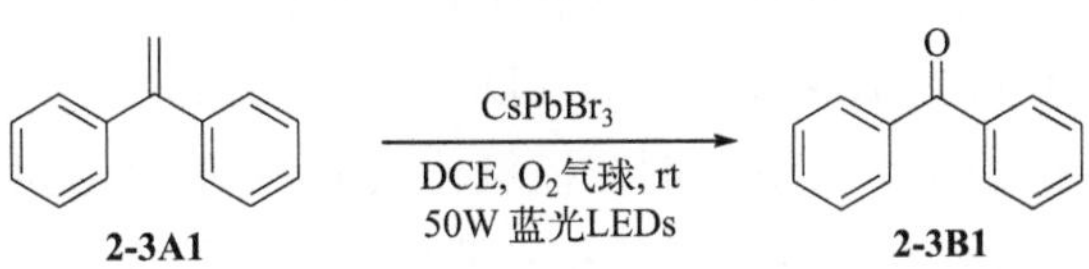

2-3A1　　2-3B1

序号	$CsPbBr_3$/mol%	产率 /%
1	6	95
2	0	不反应
3	2	32
4	4	50
5	8	96
6	16	94

2.3.2 光源的影响

接着考察了光源对反应产率的影响。本研究以 $CsPbBr_3$ 纳米晶体作为非均相光催化剂，对 1,1-二苯乙烯的 C═C 键有氧断裂反应条件进行了系统优化，通过多参数筛选确立了最优条件，在此条件下目标产物二苯甲酮收率可达 95%（表 2-3 中序号 1）。此外，对于该反应光照不可或缺，无光条件下反应不会发生（表 2-3 中序号 2）。值得注意的是，激发光源波长也是影响反应效率的关键因素——当采用白光 LEDs 或绿光 LEDs 照射时，1,1-二苯乙烯完全不发生反应（表 2-3 中序号 3 和 4）。

表2-3 不同光源对反应产率的影响

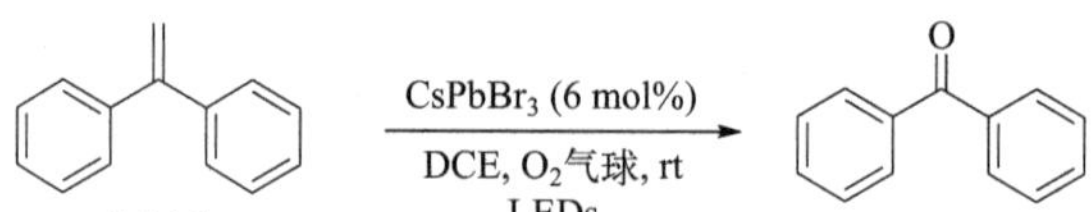

2-3A1 2-3B1

序号	光源	产率 /%
1	50 W 蓝光 LEDs 灯	95
2	无光条件	不反应
3	50 W 白光 LEDs 灯	不反应
4	50 W 绿光 LEDs 灯	不反应

2.3.3 溶剂的影响

此外，还对反应溶剂进行了考察（表 2-4）。溶剂种类对二苯甲酮收率（86%～95%）影响较小，但会显著改变 1,1-二苯乙烯的完全转化时间。例如，以甲苯或乙酸乙酯替代 1,2-二氯乙烷（DCE）作为溶剂时，反应时间分别从 12 h 延长至 38 h 和 35 h，表明溶剂在该氧化反应的动力学过程中起关键作用。该现象可能与 1,2-二氯乙烷中氯原子和光催化剂之间的相互作用有关，这种作用可增强 $CsPbBr_3$ 的氧化能力。

表2-4 不同溶剂对反应产率的影响

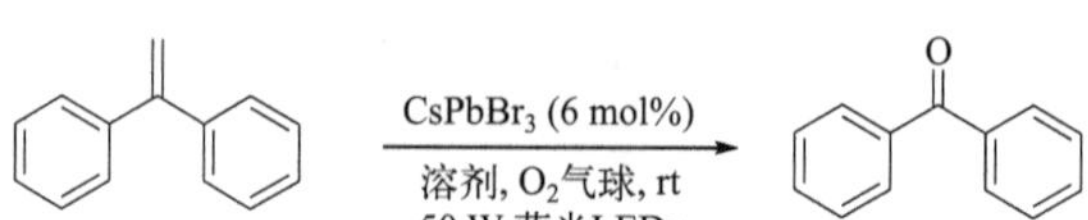

2-3A1 2-3B1

序号	溶剂	产率 /%
1	1,2-二氯乙烷（12 h）	95
2	二氯甲烷（14 h）	86
3	四氢呋喃（16 h）	95
4	甲苯（38 h）	87
5	乙酸乙酯（35 h）	91

2.3.4　气体氛围的影响

最后，考察了气体氛围对光催化氧化反应的影响（表 2-5）。对照实验表明：该转化必须依赖氧气参与，在空气和氮气条件下，仅能检测到痕量二苯甲酮（表 2-5 中序号 2 和 3），证实氧气浓度对反应具有决定性影响。

表2-5　不同气体氛围对反应产率的影响

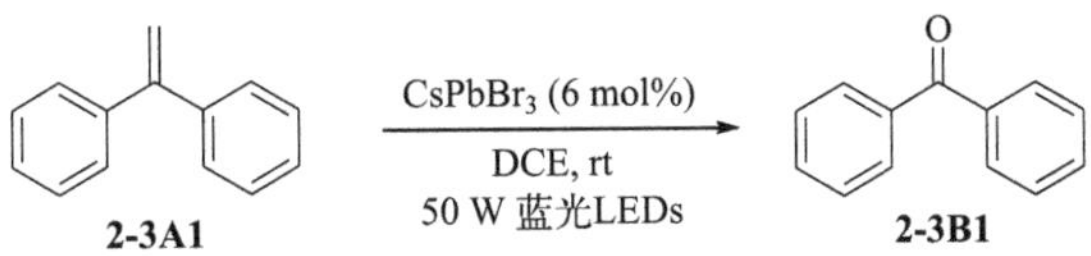

序号	气体氛围	产率 /%
1	氧气	95
2	空气	微量
3	氮气	微量

综上可知，$CsPbBr_3$ 纳米晶体催化 1,1-二苯乙烯氧化生成二苯甲酮的最佳反应条件为：室温（rt），6 mol% $CsPbBr_3$，50 W 蓝光 LEDs，溶剂为 1,2-二氯乙烷，氧气气氛。

2.3.5　底物兼容性

在获得最优反应条件后，进一步评估了该催化体系对不同二苯乙烯类底物的适用性。如图 2-34 所示，该合成方案对吸电子基团（EWG）和供电子基团（EDG）均表现出良好的兼容性，能以良好至优异的收率获得相应酮类产物。通过反应时间和产物收率对比可知，带有吸电子基团的底物（**2-3B3～5**）比带有供电子基团的底物（**2-3B6～13**）反应效率更高。例如，含氟原子的 **2-3B3** 反应时间为 10 h，而 **2-3B7** 反应时间延长至 16 h，收率从 90% 降至 67%。类似趋势在**2-3B4**（11 h，92%）与**2-3B14**（15 h，73%）的对比中同样得以体现。此外，空间位阻效应会延长反应时间，这通过邻位和对位取代底物的转化差异得以证实（**2-3B2**与**2-3B3**、**2-3B6**与**2-3B7**）。**2-3B10**（25 h）与**2-3B13**（19 h）的对比结果进一步佐证了这一规律，前者反应时间比后者长 6 h。值得注意的是，该催化体系还能有效实现杂环烯烃（**2-3B15**）和 *α*-甲基烯烃（**2-3B16～19**）的 C═C 键有氧断裂，以优异收率获得相应酮类产物。电子效应对 *α*-甲基烯烃反应的影响规律与二芳基烯烃底物相似。

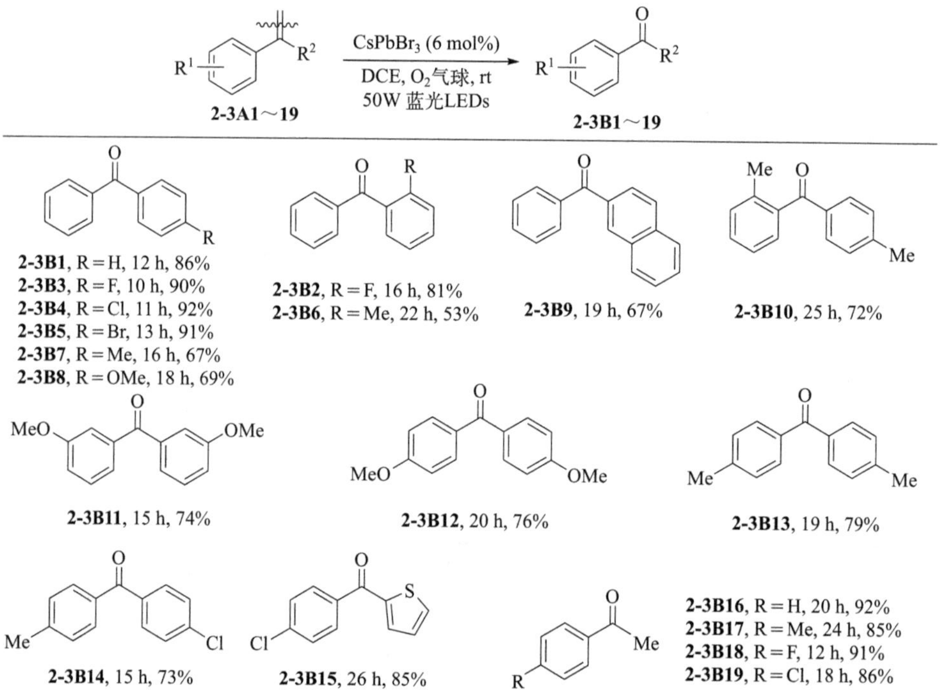

图 2-34　$CsPbBr_3$光催化芳基烯烃氧化生成酮反应的底物兼容性

随后，将研究重点转向评估该催化体系在标准条件下氧化裂解末端烯烃的可行性，结果如图 2-35 所示。令人欣喜的是，一系列带有供电子基团（**2-3D2～7**）和吸电子基团（**2-3D8～15**）的苯乙烯类底物均能顺利转化，生成相应的醛类产物。但由于醛类易发生过氧化反应，故其收率普遍低于酮类产物。通过分析图 2-35 发现，虽然电子效应对反应效率的影响未呈现出严格的规律性，但总体而言，带有吸电子基团的底物（**2-3D9～14**，50%～87%）比带有供电子基团的底物（**2-3D2～4**和**2-3D7**，34%～45%）具有更高收率。

此外，通过对比 **2-3D2**（22 h）与 **2-3D3**（18 h）、**2-3D4**（18 h）与 **2-3D5**（14 h）的反应时间可知，取代基位置对反应效率存在显著影响。其中对位取代底物的反应活性普遍高于间位或邻位取代底物，这一规律在 **2-3D10**（20 h）与 **2-3D11**（14 h）、**2-3D12**（22 h）与 **2-3D13**（13 h）的对比中得到进一步验证。值得注意的是，该催化体系还可适用于杂环烯烃（**2-3C16**）、*β*-苯乙烯（**2-3C17**）及共轭二烯（**2-3C18** 和 **2-3C19**），以 56%～89% 的收率获得相应醛类主产物。对于 **2-3C18** 和 **2-3C19** 的转化，反应体系中还检测到副产物苯甲醛（**2-3D1**）和肉桂酸（**2-3D17**），目前正在针对共轭二烯类底物的反应选择性优化展开深入研究。这些结果充分证明该催化体系对烯烃类底物具有广泛的适用性。

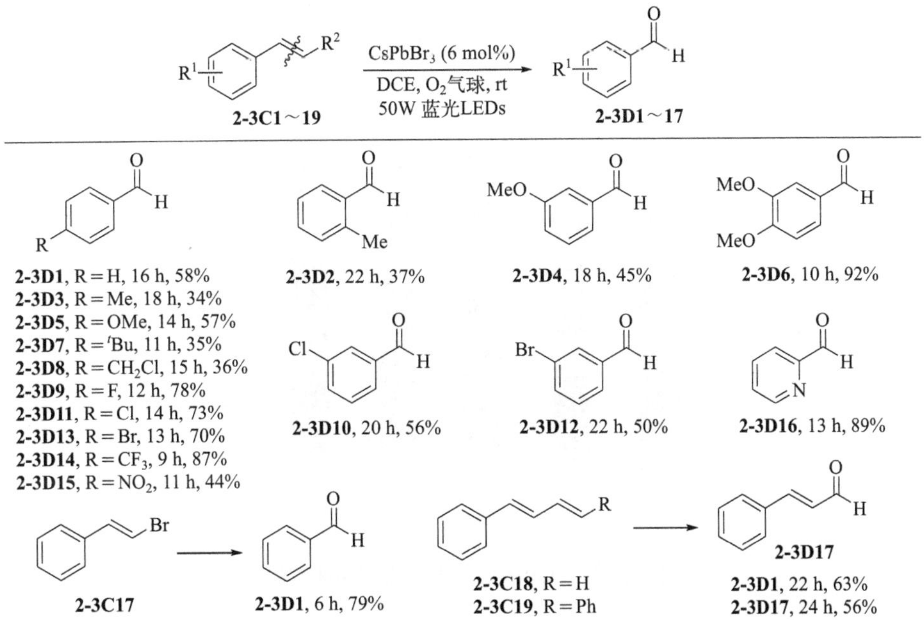

图 2-35　$CsPbBr_3$ 光催化末端烯烃类底物氧化生成醛反应的底物兼容性

2.3.6　放大实验及 $CsPbBr_3$ 的重复使用性

为进一步验证该光催化氧化策略的实际应用价值，以 1,1-二苯乙烯和 3,4-二甲氧基苯乙烯为底物进行了放大实验，分别以 90%（68 h）和 62%（72 h）的收率获得目标产物二苯甲酮 **2-3B1** 和 3,4-二甲氧基苯甲醛 **2-3D6**（图 2-36）。

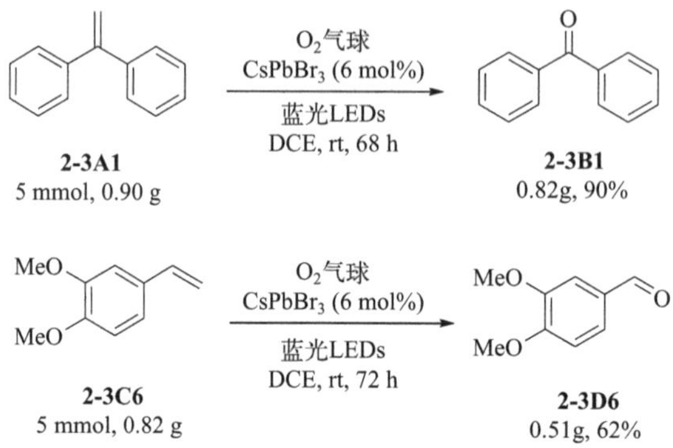

图 2-36 克级反应实验

最后，以 3,4-二甲氧基苯乙烯为底物进行 $CsPbBr_3$ 光催化剂循环实验，结果表明该催化剂至少可循环使用 5 次且催化活性未出现明显下降（图 2-37）。

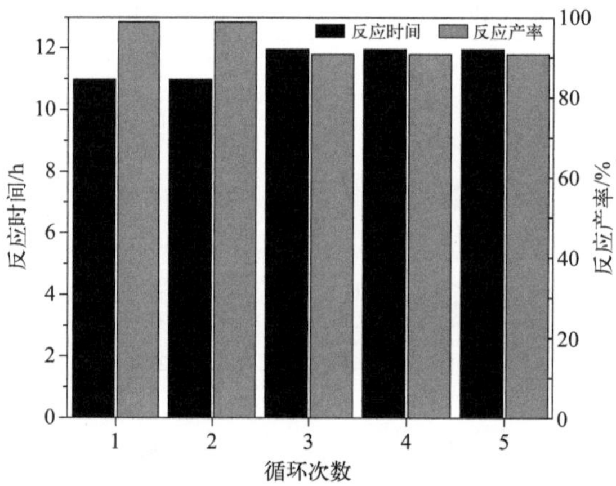

图 2-37 $CsPbBr_3$ 光催化剂循环实验

2.3.7 反应机理推测

为深入探究反应机理，进行了一系列猝灭实验（图 2-38）。当加入自由基捕获剂 2,2,6,6-四甲基哌啶氮氧化物（TEMPO）或丁基羟基甲苯（BHT）时，产物二苯甲酮的生成受到显著抑制，表明 1,1-二苯乙烯中 C═C 键的断裂涉及自由基过程。此外，分别加入空穴捕获剂 *N*,*N'*-二异丙基乙胺（DIPEA）和电子捕获剂 $AgNO_3$ 后，反应同样受到明显抑制，证实光生载流子在反应中起决定性作用。当加入超氧自由基（$\cdot O_2^-$）捕获剂抗坏血酸（AC）时，二苯甲酮的产率降至 31%，说明 $\cdot O_2^-$ 也参与了催化循环过程。

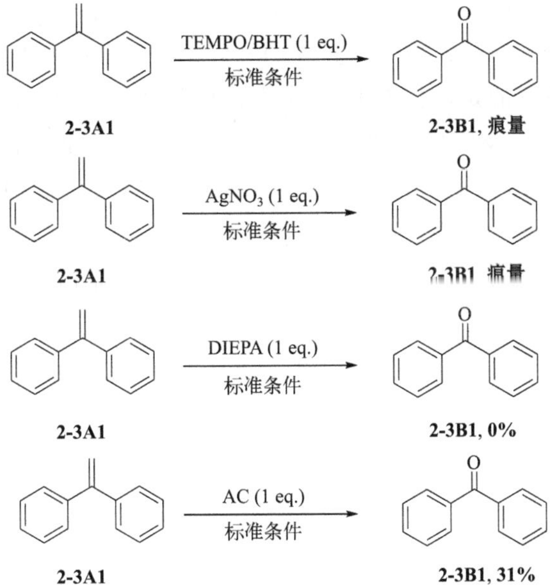

图 2-38　1,1-二苯乙烯氧化反应的猝灭实验

基于实验结果，提出了该反应的可能机理（图 2-39）。在可见光照射下，光催化剂 $CsPbBr_3$ 纳米晶价带（VB）中的电子被激发至导带（CB），产生光生电子-空穴对。由于 $CsPbBr_3$ 的还原电位（−1.2 eV vs SHE）较 $O_2/\cdot O_2^-$（−0.33 eV vs SHE）更负，光生电子被基态 O_2 捕获形成 $\cdot O_2^-$。随后，$\cdot O_2^-$ 与底物 1,1-二苯乙烯通过过渡态 **2-3TS$_1$** 发生［2+2］环加成反应，生成阴离子中间体 **2-3IM$_1^-$**$\cdot$。该中间体通过向光生空穴转移电子转化为中性中间体 **2-3IM$_1$**，同时再生光催化剂并形成 **2-3IM$_2$**。最终，**2-3IM$_2$** 经由过渡态 **2-3TS$_2$** 释放一分子甲醛，得到终产物 **2-3B1**。

为验证所提出机理的可行性，进行了电子自旋共振（EPR）分析和密度泛函理论（DFT）计算研究。EPR 实验表明反应体系中生成了 $\cdot O_2^-$ 物种，而未检测到 $^1O_2$ 物种的参与［图 2-40（a）、（b）］。对于 **2-3A1** 与 $\cdot O_2^-$ 的加成反应，根据 C═C 双键的反应位点不同存在两种路径［图 2-40（c）］。DFT 计算表明，路径 A（C1 位加成）和路径 B（C2 位加成）的自由能垒（ΔG）分别为 24.0 $kcal\cdot mol^{-1}$ 和 39.1 $kcal\cdot mol^{-1}$，证实路径 A 更有利。随后，阴离子

中间体 **2-3IM**$_A^{-\cdot}$ 与 $CsPbBr_3$ 的光生空穴发生单电子转移，生成中性中间体 **2-3IM**$_A$ 并再生光催化剂。弛豫扫描计算表明 **2-3IM**$_A$ 转化为 **2-3IM**$_B$ 为无势垒过程。最终 **2-3IM**$_B$ 通过过渡态 **2-3TS**$_B$（相对于 **2-3A1** 和 O_2 总能量的 ΔG 为 51.8 $kcal \cdot mol^{-1}$）释放一分子甲醛，生成终产物 **2-3B1**（反应焓变 $\Delta H = -75.1$ $kcal \cdot mol^{-1}$）［图 2-40（d）］。这些结果证实了上述所提出反应机理的可靠性。值得注意的是，虽然 EPR 未直接检测到 $^1O_2$，但加入单线态氧捕获剂 9,10-二甲基蒽后反应受到抑制，且通过气质联用（GC-MS）检测到 $^1O_2$ 与 9,10-二甲基蒽的［4+2］环加成中间体（m/z=239.23），因此不能完全排除 $^1O_2$ 在反应中的作用。

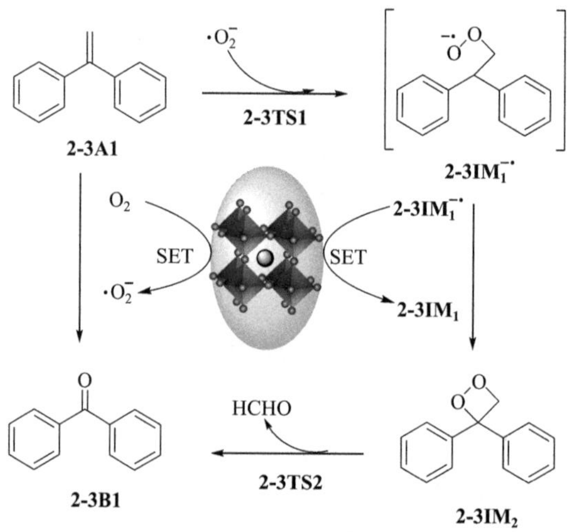

图 2-39　$CsPbBr_3$ 光催化芳基烯烃氧化反应机理的初步探讨

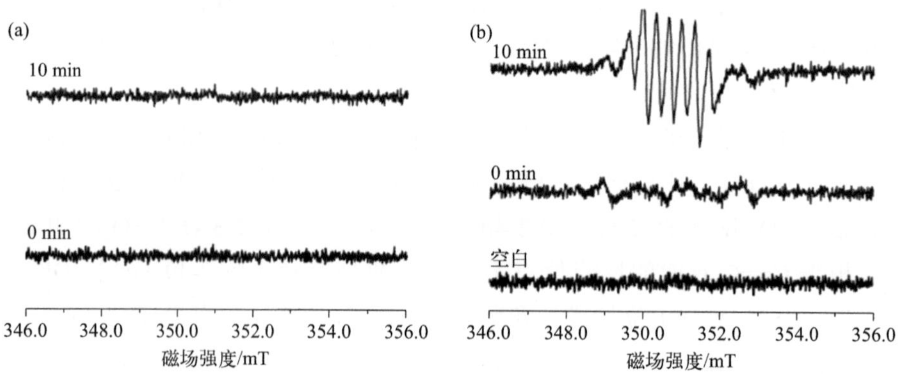

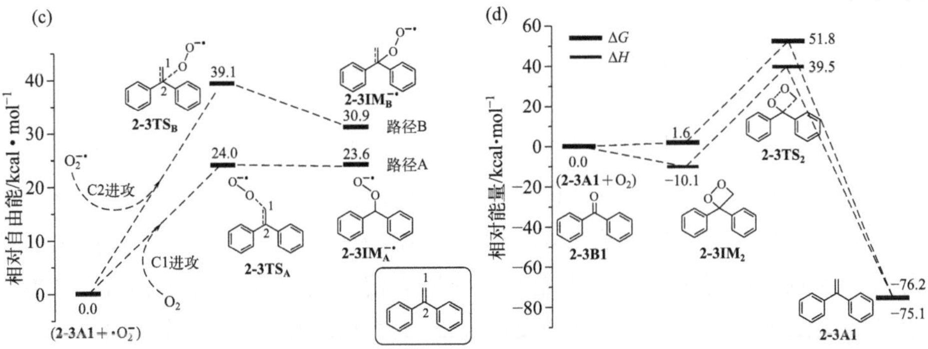

图 2-40 （a）$^1O_2$ 和（b）$\cdot O_2^-$ EPR 检测谱图；（c）吉布斯自由能曲线；（d）弛豫扫描曲线

2.3.8 小结

本研究开发了一种在温和条件下利用易制备的 $CsPbBr_3$ 纳米晶体作为可见光催化剂，通过 C═C 键有氧断裂将多种烯烃转化为羰基化合物的合成方法。该策略可广泛应用于末端烯烃和内烯烃的转化，成功实现了 38 种底物的高效合成。机理研究表明，$\cdot O_2^-$ 和光生空穴在该转化过程中起关键作用：反应由 $\cdot O_2^-$ 优先加成到 C═C 键的末端碳原子引发（DFT 计算显示该步骤自由能垒为 24.0 $kcal\cdot mol^{-1}$），随后形成的中间体向 $CsPbBr_3$ 纳米晶的光生空穴转移电子，在再生催化剂的同时生成中性的［2+2］环加成中间体，该中间体通过释放一分子甲醛最终得到羰基产物。DFT 计算预测该过程的自由能垒为 51.8 $kcal\cdot mol^{-1}$，证实此为反应的决速步骤。

2.4 $CsPbBr_3$ 光催化醇的氧化反应

在 25 mL 石英玻璃反应管中，加入醇类化合物（0.2 mmol，1 eq.）和 $CsPbBr_3$（5 mg，3 mol%）的 1,2-二氯乙烷（2 mL）悬浮液。反应体系在空气氛围、室温条件下，置于配备散热风扇的蓝光 LEDs 装置（深圳市新亮光电科技有限公司定制，λ = 425～430 nm，照射距离约 5 cm）照射下搅拌反应。待原料完全转化（通过 TLC 和 GC 监测）后，离心分离光催化剂，粗产物经硅胶快速柱色谱（乙酸乙酯 / 石油醚 =1/20，体积比）纯化，得到目标产物。

2.4.1 溶剂的影响

在获得 $CsPbBr_3$ 半导体材料后，随即研究其光催化氧化醇类反应的性能。首先以苯甲醇为模型底物、$CsPbBr_3$ 为非均相光催化剂进行反应条件优化，考察了溶剂对反应的影响（表 2-6）。实验数据表明，溶剂种类对反应转化率具有显著影响，但对选择性基本无影响（所有溶剂的选择性均＞ 99%）。1,2-二氯乙烷（DCE）表现出最优异的反应性能（表 2-6 中序号 1），转化率＞ 99%，可能是由于其优异的底物溶解性和适中的极性。二氯甲烷（95%）和乙腈（90%）也展现出较高的转化率（表 2-6 中序号 5 和 6），说明中等极性溶剂更有利于该反应进行。相比之下，甲苯的转化率最低（＜ 5%），这与其非极性特性有关（表 2-6 中序号 2）。四氢呋喃（23%）和乙酸乙酯（42%）的转化率居中，表明溶剂的电子给体性质和介电常数在反应中起重要作用。值得注意的是，尽管转化率差异显著，但所有溶剂均能保持＞ 99% 的选择性，说明溶剂主要影响反应动力学而非反应路径。

表2-6 不同溶剂对反应的影响

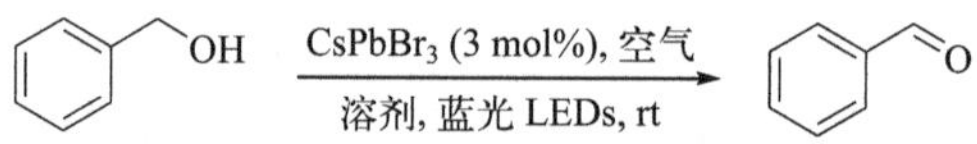

2-4A1 **2-4B1**

序号	溶剂	转化率 /%	选择性 /%
1	1,2-二氯乙烷	＞ 99	＞ 99
2	甲苯	＜ 5	＞ 99
3	四氢呋喃	23	＞ 99
4	乙酸乙酯	42	＞ 99
5	乙腈	90	＞ 99
6	二氯甲烷	95	＞ 99

2.4.2 催化剂的影响

$CsPbBr_3$ 对苯甲醇的氧化反应不可或缺（表 2-7 中序号 2）。光催化剂用量研究表明：当 $CsPbBr_3$ 用量从 1 mol% 增至 3 mol% 时（表 2-7 中序号 1 和 3），苯甲醇在 3.5 h 内的转化率从 82% 提升至 99%，但继续增加至 6 mol% 则无进一步促进作用（表 2-7 中序号 4）。

表2-7　催化剂用量对反应的影响

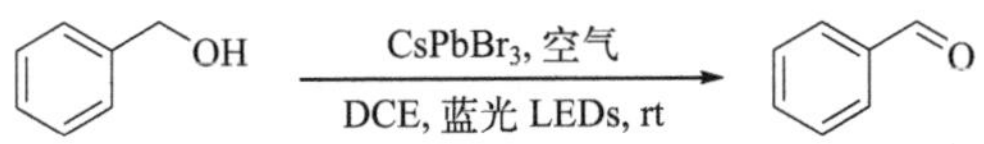

2-4A1　　2-4B1

序号	$CsPbBr_3$/mol%	转化率 /%	选择性 /%
1	3	＞99	＞99
2	0	0	0
3	1	82	＞99
4	6	＞99	＞99

2.4.3　光源的影响

光照对苯甲醇的氧化反应影响很大，当处在黑暗条件下，反应不能发生（表 2-8 中序号 2）。光源波长是影响反应的关键因素，当采用绿色 LEDs 或白色 LEDs 替代蓝色 LEDs 照射反应体系时，苯甲醇的氧化反应会被完全抑制（表 2-8 中序号 3 和 4）。

表2-8　不同光源对反应的影响

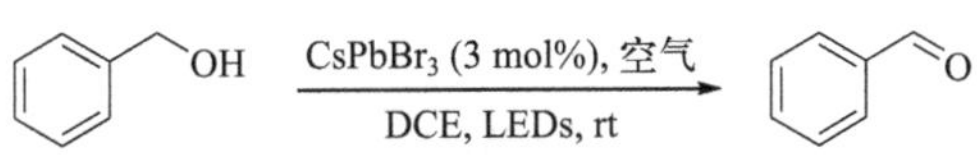

2-4A1　　2-4B1

序号	光源	转化率 /%	选择性 /%
1	50 W 蓝光 LED 灯	＞99	＞99
2	无光条件	0	0
3	50 W 绿光 LED 灯	0	0
4	50 W 白光 LED 灯	0	0

2.4.4　气体氛围的影响

在氮气氛围下反应时，苯甲醇的转化率也显著下降（表 2-9 中序号 2），表明该转化过程需要氧气的参与（表 2-9 中序号 1）。此外，空气中氧气浓度已足以氧化底物，因为在纯氧气和空气氛围下的反应效率无显著差异（表 2-9 中序号 3）。

表2-9 不同气体氛围对反应的影响

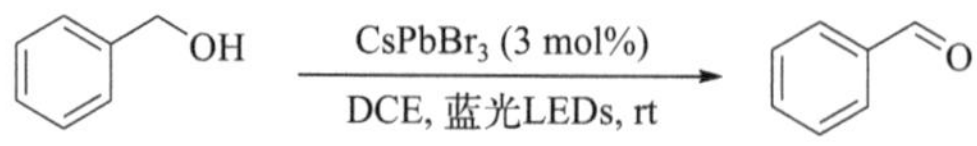

2-4A1 2-4B1

序号	气体氛围	转化率 /%	选择性 /%
1	空气	＞99	＞99
2	氮气	＜5	＞99
3	氧气	＞99	＞99

综上可知，$CsPbBr_3$ 纳米晶催化苯甲醇氧化的最佳反应条件为：3 mol% $CsPbBr_3$，溶剂为 1,2-二氯乙烷，空气，50 W 蓝光 LEDs，室温。

2.4.5 底物兼容性

在确定最优反应条件后，进一步评估了该催化体系对不同醇类底物的适用性。如图 2-41 所示，无论是带有供电子基团（EDGs）还是吸电子基团（EWGs）

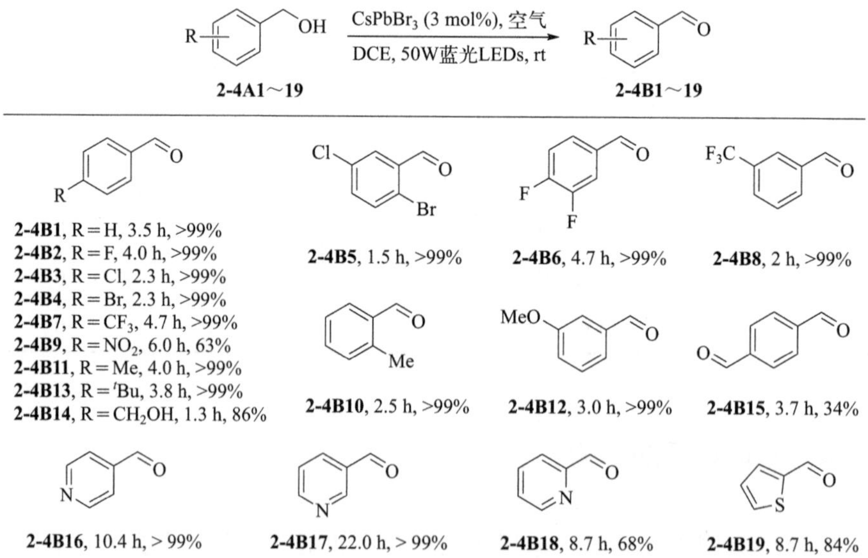

图 2-41 $CsPbBr_3$ 光催化苯甲醇氧化反应的底物兼容性

的取代底物，均能很好地兼容该合成方案。分析图 2-41 数据可以发现，取代基的电子效应对反应效率影响较小。例如，带有 EWGs 的底物生成 **2-4B2～9** 与带有 EDGs 的底物生成 **2-4B10～13** 所需的反应时间相近，均能在 5 h 内完全转化，这表明产物 **2-4B** 的形成动力学过程与电子效应无直接关联。此外，产物的选择性也不受电子效应影响，大部分仍能保持 99% 以上的选择性。除苯甲醇类底物外，该催化体系同样适用于杂环醇类底物，能以 68%～99% 的选择性得到相应醛类产物（**2-4B16～19**），与苯甲醇类底物的结果相当。然而，杂环醛 **2-4B16～19** 的生成效率明显低于苯甲醛衍生物，具体表现为反应时间显著延长：**2-4B18** 和 **2-4B19** 需 8.7 h，而 **2-4B16** 和 **2-4B17** 则分别需要 10.4 h 和 22.0 h，这可能与杂环醇类的氧化电位较高有关。

基于上述实验结果，进一步评估了该催化体系在标准条件下氧化芳香仲醇和脂肪醇的可行性（图 2-42）。令人欣喜的是，一系列芳香仲醇，包括二苯甲

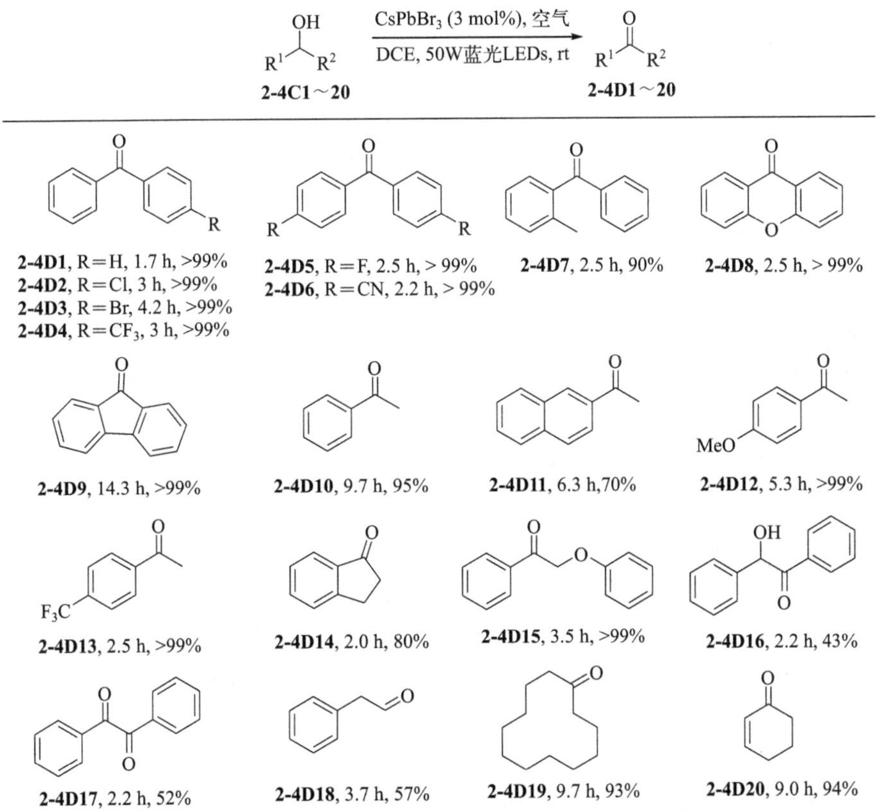

图 2-42　$CsPbBr_3$ 光催化二级醇底物氧化反应的底物兼容性

醇类似物（**2-4D1～9**）和 α-烷基苯甲醇类似物（**2-4D10～15**）均能高效转化，所得酮类产物的选择性大多高达 99%。就二苯甲醇类底物而言，苯环上取代基对反应效率影响较小：无论是带有吸电子基团（**2-4D2～6**）还是供电子基团（**2-4D7～8**）的底物，均能在 2～4.5 h 内完全转化为酮类产物，且选择性无显著差异。例外的是，化合物 **2-4D9** 的生成需要更长时间（14.3 h）。对于 α-烷基取代醇的转化，观察到不同趋势：带有吸电子基团的底物（**2-4D13**）比带有供电子基团的底物（**2-4D12**）反应效率更高。同样，当 α-甲基（**2-4D10**，9.7 h，95%）被环烷基（**2-4D14**，2.0 h，100%）或烷氧基（**2-4D15**，3.5 h，100%）取代时，反应效率显著提升。此外，该体系还能兼容二醇类底物，以 43% 和 52% 的选择性分别生成 **2-4D16** 和 **2-4D17** 的混合物。值得注意的是，延长反应时间可使 **2-4D16** 进一步转化为 **2-4D17**，但体系中存在相应羧酸副产物，导致选择性降低。当前催化体系同样适用于脂肪醇的光催化氧化，能以中等（57%）至优异（93%～94%）的选择性获得相应醛（**2-4D18**）和酮类产物（**2-4D19～20**）。然而，与芳香醇相比，如何实现脂肪醇的高转化率与高选择性同步提升仍是亟待解决的难题。

2.4.6 放大实验及 $CsPbBr_3$ 的重复使用性

为进一步评估所开发光催化氧化策略的适用性，以 3-三氟甲基苯甲醇和二苯甲醇为底物进行了放大实验。目标产物 3-三氟甲基苯甲醛和二苯甲酮的分离收率分别达到 97% 和 96% [图 2-43（a）]。此外，以二苯甲醇为底物评估了 $CsPbBr_3$ 的循环使用性能，结果表明该光催化剂至少可循环使用 5 次且催化活性未见明显下降 [图 2-43（b）]。这些结果证明 $CsPbBr_3$ 是一种高效稳定的光催化剂，能够高效催化醇类氧化为醛和酮的反应。

(a)

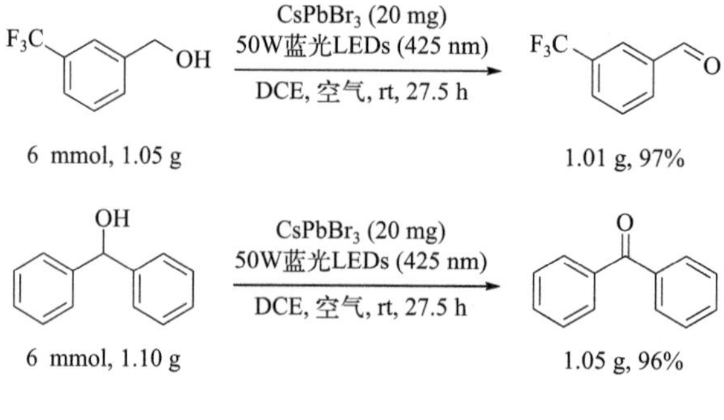

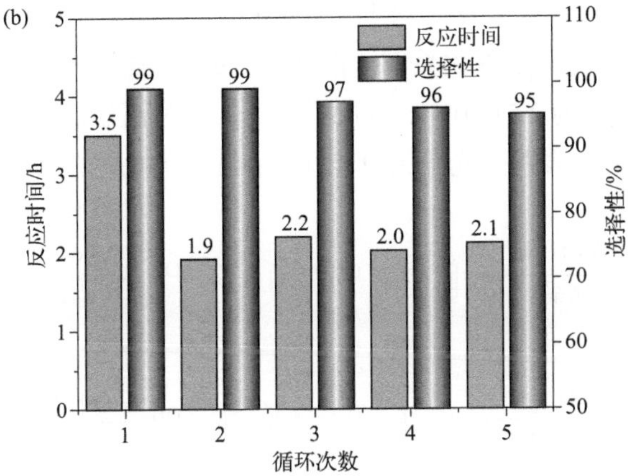

图 2-43 （a）克级反应；（b）$CsPbBr_3$ 光催化剂循环实验

2.4.7 反应机理推测

为了进一步阐明反应机理，首先在标准条件下通过添加不同捕获剂对底物苯甲醇（BA）的氧化反应进行了系列猝灭实验［图 2-44（a）］。实验结果表明：添加空穴捕获剂三乙醇胺（TEA）或碘化钾（KI）时产物苯甲醛的生成被显著抑制，添加电子捕获剂硝酸银（$AgNO_3$）时同样导致反应效率下降，以上结果证实 $CsPbBr_3$ 的光生电子-空穴对在苄醇的氧化过程中起决定性作用。加入单线态氧（$^1O_2$）捕获剂 1,4-二氮杂双环［2.2.2］辛烷（DABCO）后反应受阻，使用超氧自由基（$\cdot O_2^-$）捕获剂对苯醌（*p*-BQ）时，苯甲醛产率降至 52%。为避免 *p*-BQ 的氧化干扰，改用抗坏血酸（AC）作为$\cdot O_2^-$捕获剂，苯甲醛生成被完全抑制，以上结果证明 $^1O_2$ 与$\cdot O_2^-$均为关键活性物种。

随后，采用电子自旋共振（ESR）光谱在标准条件下以 5,5-二甲基-1-吡咯啉-*N*-氧化物（DMPO）和 2,2,6,6-四甲基哌啶（TEMP）分别作为$\cdot O_2^-$和 $^1O_2$ 捕获剂，对生成的活性氧物种（ROS）进行了分析。如图 2-44（b）所示，$CsPbBr_3$ 溶液在可见光照射 10 min 后，$\cdot O_2^-$物种的 EPR 信号强度较未照射时（0 min）显著增强。除$\cdot O_2^-$特征信号外，还检测到氮氧自由基的信号，该信号源于 DMPO-$\cdot O_2^-$加合物的 N—C 键断裂及开环反应。当向体系中加入底物苄醇后，$\cdot O_2^-$信号消失，表明苄醇与$\cdot O_2^-$物种发生了反应。出乎意料的是，如图 2-44（c）所示，未检测到 $^1O_2$ 的 EPR 信号，这可能源于其生成效率较低。然而通过 GC-MS 检测到了 $^1O_2$ 与 9,10-二甲基蒽的［4+2］环加成中间体（*m*/*z*：239.31），证实了该氧化反应中存在 $^1O_2$。Stern-Volmer 猝灭实验表明苄醇（BA）能显著猝灭 $CsPbBr_3$ 的激发态［图 2-44（d）］，表明苄醇与 $CsPbBr_3$ 之间存在电子转移过程。在低浓度苄醇条件下获得完美线性关系图［图 2-44（e）中插图］，根据斜率计算得到的猝灭常数（K_{SV}）为 2.51×10^4 L·mmol^{-1}。高浓度时出现的非线性 Stern-Volmer 曲线［图 2-44（e）］表明荧光猝灭可能同时存在静态与动态猝灭机制。

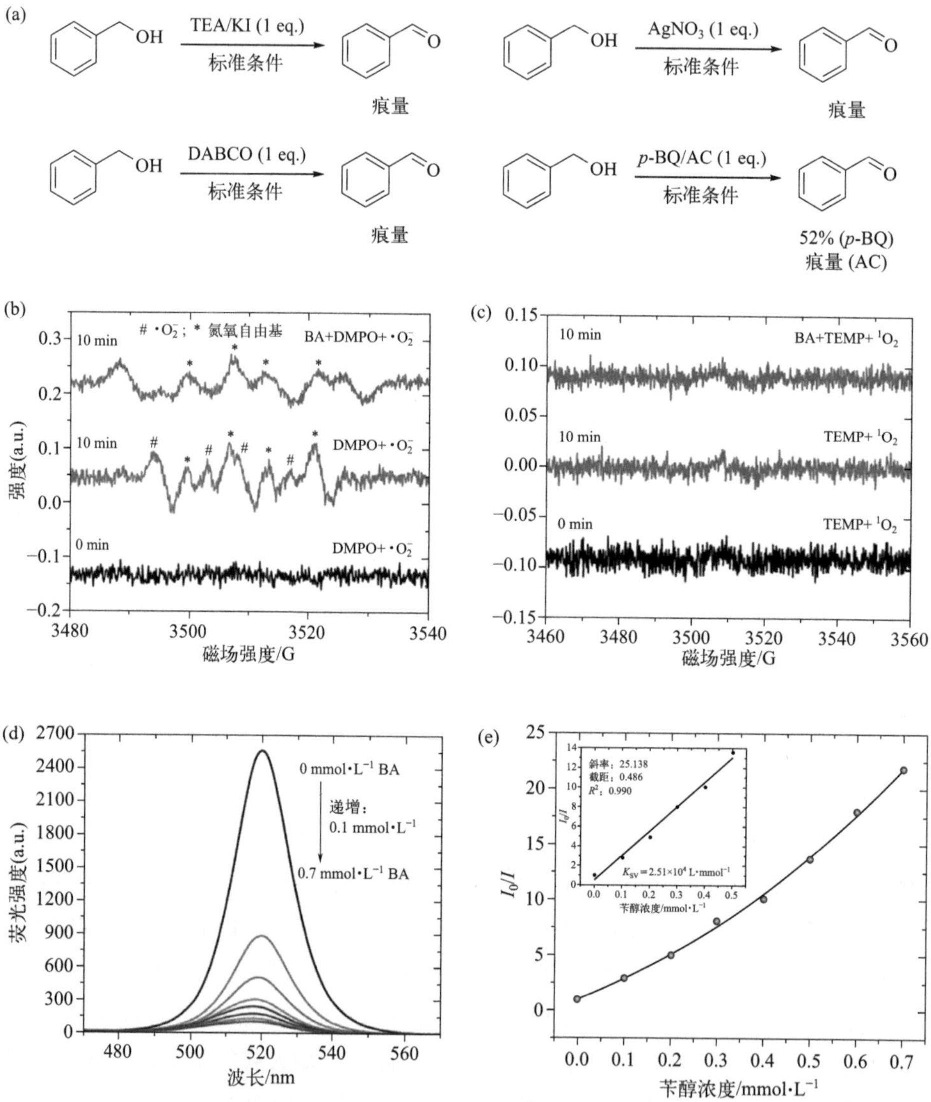

图 2-44 （a）猝灭实验；（b）DMPO 捕获的超氧自由基与氮氧自由基的 EPR 谱图；（c）TEMP 捕获的单线态氧（$^1O_2$）EPR 谱图；（d）随底物苄醇（BA）浓度（mmol·L^{-1} 级）增加观测到的 $CsPbBr_3$ 荧光强度变化；（e）对应 Stern-Volmer 曲线（插图：低浓度区的线性 Stern-Volmer 关系）

基于上述实验结果和 DFT 计算结果，提出了合理的反应机理［图 2-45（a)］。在可见光照射下，光催化剂 $CsPbBr_3$ 被激发，并通过单电子转移（SET）过程活化 O_2 生成$\cdot O_2^-$——这一过程得到 $CsPbBr_3$ 导带能（E_{CB} = −0.86 V vs SHE, pH=7）较 $O_2/\cdot O_2^-$电极电位（−0.33 V vs SHE, pH = 7）更负的理论支持。对于$\cdot O_2^-$与苄醇的反应，由于 C_α—H 键解离能（BDE=79.3 kcal·mol^{-1}）低于 O—H 键（99.0 kcal·mol^{-1}），$\cdot O_2^-$首先攫取苄醇中 C_α—H 的质子，形成其阴离子形式并伴随·OOH 物种的生成；随后苄醇阴离子被光生空穴氧化为自由基，同时再生 $CsPbBr_3$ 催化剂。该质子攫取过程的能垒经计算为 28.2 kcal·mol^{-1}［图 2-45（b)］。此后，苄醇自由基与·OOH 通过无势垒过程发生自由基耦合形成中间体 **2-4IM2**，再经分子内氢转移（能垒 71.6 kcal·mol^{-1}）最终生成产物苯甲醛和副产物 H_2O_2。

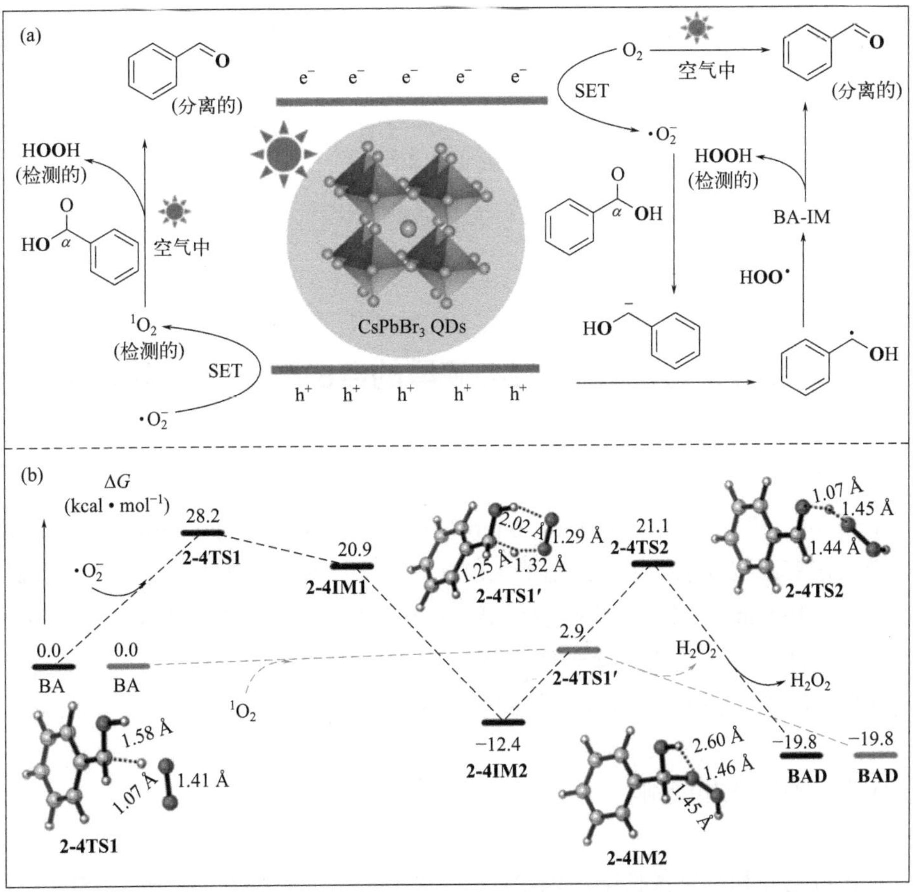

图 2-45 (a) $CsPbBr_3$ 光催化氧化醇的合理反应机理；(b) 计算自由能分布

此外，$\cdot O_2^-$可通过向空穴转移电子转化为 $^1O_2$，进而引发苄醇氧化为相应醛类。与$\cdot O_2^-$参与的逐步反应机制不同，DFT 计算表明 $^1O_2$ 诱导的苄醇氧化为协同反应过程，其中苯甲醛与 H_2O_2 同步生成（能垒仅 2.9 kcal·mol^{-1}），说明 $^1O_2$ 在苄醇氧化过程中起主导作用，这合理解释了高效醇类转化率与高反应选择性的实验结果。值得注意的是，通过过氧化物试纸（Merck, 1.10011.0001）检测到有副产物 H_2O_2 的存在，这些结果共同证实了所提出反应机理的可靠性。

2.4.8 小结

综上所述，本研究开发了一种简便、经济的光催化策略，利用低成本易得的 $CsPbBr_3$ 作为可循环使用的非均相光催化剂，在常温、空气条件下可高效实现醇类选择性氧化为相应醛 / 酮类化合物，同时实现高转化率（> 99%）与高选择性（> 99%）。该催化体系对多种醇类底物（包括伯 / 仲芳香醇及脂肪醇）均表现出优异的兼容性。机理研究表明，活性氧物种$\cdot O_2^-$与 $^1O_2$ 共同参与了转化过程。DFT 计算表明，$\cdot O_2^-$参与的醇氧化需经历两步反应（能垒 33.5 kcal·mol^{-1}），而 $^1O_2$ 诱导的氧化则为协同反应过程（能垒仅 2.9 kcal·mol^{-1}），证实 $^1O_2$ 在反应中起主导作用，这可能是当前催化体系实现高转化率（> 99%）与高选择性的关键原因。

2.5 $CsPbBr_3$光催化烯烃与硫醇的自由基加成-氧化反应

在 25 mL 硼硅酸盐玻璃反应管中，将烯烃（0.3 mmol）、二硫化物（0.1 mmol）和 $CsPbBr_3$（10 mg，6 mol%）分散于四氢呋喃（2 mL）中。所得混合物在室温空气氛围下，经蓝光 LEDs（深圳市新亮光电技术有限公司定制，$\lambda = 455\sim460$ nm）于约 5 cm 照射距离下搅拌反应。待原料完全转化（通过薄层色谱法监测）后，离心去除光催化剂，粗产物经快速硅胶柱色谱（乙酸乙酯 / 石油醚 =1/20，体积比）纯化，得到目标产物。

2.5.1 添加剂的影响

在可见光和有氧条件下，以苯乙烯（**2-5A1**）和二苯基二硫醚（**2-5B1**）为模型底物研究了烯烃的硫醇-氧共氧化（TOCO）反应（表 2-10）。实验数据表明，不同添加剂对产物 **2-5C1** 和 **2-5D1** 的分布具有显著调控作用。碘化钠表现出对 **2-5C1** 的高度选择性，在 1 eq. 使用时产率达 92%，且完全抑制 **2-5D1** 生成（表 2-10 中序号 1），这种选择性随碘化钠用量减少而降低（0.5 eq. 时 **2-5C1** 产率降至 16%）。相反，四丁基碘化铵则专一性地促进 **2-5D1** 形成（表 2-10 中序号 4），而完全抑制 **2-5C1** 生成。碳酸钾和亚硫酸氢钠等添加剂则导致产物混合，其中碳酸钾条件下 **2-5C1** 和 **2-5D1** 产率分别为 21% 和 34%，表明存在竞争反应路径。值得注意的是，无添加剂时两种产物产率相近（24%，33%），说明添加剂在调控反应选择性方面起关键作用。碘化钾虽然也促进 **2-5C1** 生成（表 2-10 中序号 3），但效果明显弱于碘化钠，表明阴离子特性对反应选择性有重要影响。这些结果说明通过精确选择添加剂种类和用量，可以实现对反应路径的有效调控。

表2-10　添加剂对反应的影响

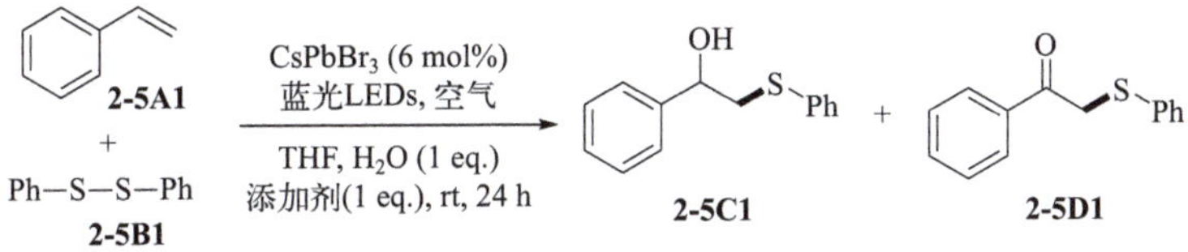

序号	添加剂	产率 /%	
		2-5C1	**2-5D1**
1	碘化钠（1 eq.）	92	0
2	碳酸钾	21	34
3	碘化钾	51	0
4	四丁基碘化铵	0	41
5	亚硫酸氢钠	微量	25
6	无	24	33
7	碘化钠（2 eq.）	31	0
8	碘化钠（0.5 eq.）	16	28

2.5.2　溶剂的影响

表 2-11 展现了溶剂效应对反应选择性的关键影响。四氢呋喃（THF）表现出对 **2-5C1** 的绝对选择性，产率高达 92% 且完全抑制 **2-5D1** 生成（表 2-11 中序号 1）。乙酸乙酯虽然也选择性生成 **2-5C1**（48%），但效率显著低于 THF（表 2-11 中序号 2），说明溶剂的电子给体性质对反应活性具有重要影响。值

得注意的是，1,2-二氯乙烷（DCE）导致产物分布反转，生成32%的**2-5D1**和15%的**2-5C1**（表2-11中序号3），表明其极性可能促进了不同反应路径。质子性溶剂甲醇几乎完全抑制反应（微量**2-5C1**），而1,4-二氧六环则使反应完全不能进行（表2-11中序号5）。这些结果证明，通过合理选择非质子性极性溶剂（如THF）可以有效调控反应的选择性，而质子性溶剂和特殊配位溶剂会显著抑制反应活性。

表2-11　溶剂对反应的影响

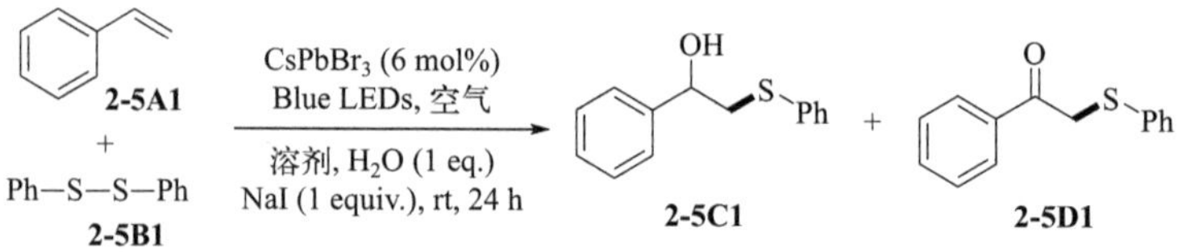

序号	溶剂	产率 /%	
		2-5C1	**2-5D1**
1	四氢呋喃	92	0
2	乙酸乙酯	48	0
3	1,2-二氯乙烷	15	32
4	甲醇	微量	0
5	1,4-二氧六环	0	0

2.5.3　其他因素的影响

此外，探索了其他条件对反应的影响，结果见表2-12。在无光照条件下反应完全不能进行（**2-5C1**和**2-5D1**产率均为0%），证实该反应为典型的光催化过程（表2-12中序号1）。无催化剂时仍能获得32%的**2-5C1**和7%的**2-5D1**（表2-12中序号2），说明存在非催化反应路径，但效率较低。气氛实验显示，氧气氛围显著促进**2-5D1**生成（51%），同时保持37%的**2-5C1**产率（表2-12中序号4），而氮气氛围几乎完全抑制反应（表2-12中序号3），表明氧气可能作为反应物参与形成了关键活性氧物种。特别值得注意的是，在乙酸乙酯溶剂中，氧气氛围结合无碘化钠的条件使反应完全转向生成**2-5D1**(68%)，且完全抑制**2-5C1**形成（表2-12中序号5），这与碘化钠存在时的产物分布形成鲜明对比，证明添加剂与反应气氛存在协同调控效应。这些结果表明，通过精确控制光照、催化剂、气氛三要素的组合，可以实现对反应路径的选择性调控。

表2-12　其他条件对反应的影响

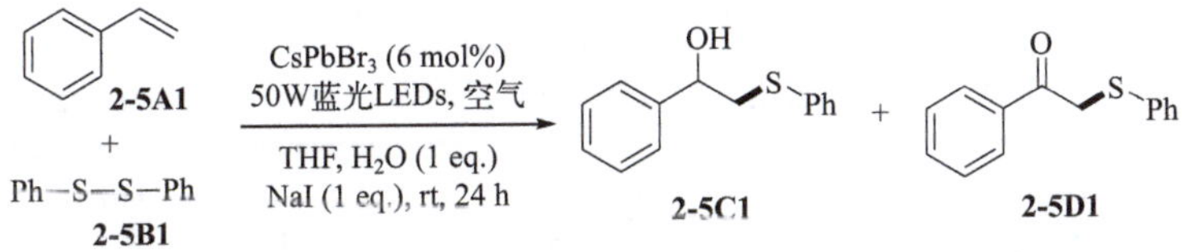

序号	其他条件	产率 /%	
		2-5C1	**2-5D1**
1	无光照	0	0
2	无催化剂	32	7
3	氮气	微量	0
4	氧气	37	51
5	乙酸乙酯（氧气，无碘化钠）	0	68

2.5.4　底物兼容性

在确定最优反应条件后，系统考察了不同官能团化的苯乙烯与二芳基二硫醚的底物适用范围（图 2-46）。首先研究了苯乙烯（**2-5A**）和二苯基二硫醚 **(2-5B1)** 中芳基电子效应对反应的影响：含供电子基团的底物能以 70%～81% 收率顺利生成产物 **2-5C2～7**。当使用 1-甲氧基-4-乙烯基苯、1-甲氧基-3-乙烯基苯和 1,2-二甲氧基-4-乙烯基苯为底物时，不受明显位阻效应影响，以 79%～81% 收率获得 **2-5C4～6**。而带有吸电子基团的苯乙烯则生成 *β*-羟基硫醚产物 **2-5C8～10**、**2-5C12～14**(61%～88% 收率）。1-氯-4-乙烯基苯（**2-5A8**）、1-氯-3-乙烯基苯（**2-5A9**）和 1-氯-2-乙烯基苯（**2-5A10**）与 1,2-二苯基二硫醚（**2-5B1**）反应时，分别以 86%、76% 和 75% 的收率得到 **2-5C8**、**2-5C9** 和 **2-5C10**，表明取代基位置对反应结果影响较小。含强吸电子基团的烯烃 **2-5A14** 能以 82% 收率生成 **2-5C14**。杂芳基 2-乙烯基吡啶（**2-5C15**）和共轭 2-乙烯基萘（**2-5C16**）也适用于该体系，分别获得 83% 和 93% 收率，进一步验证了该方案的普适性。

然后，又在最优条件下考察了多种二硫醚的适用性。苯环对位或间位带有甲基、氟、氯或溴取代基的二苯基硫醚与 **2-5A1** 反应，能以 61%～86% 收率

生成相应产物 **2-5C17～22**，其中弱吸电子基团导致收率略低。遗憾的是，以脂肪烯烃或脂肪族二硫醚为底物时未能获得目标产物。

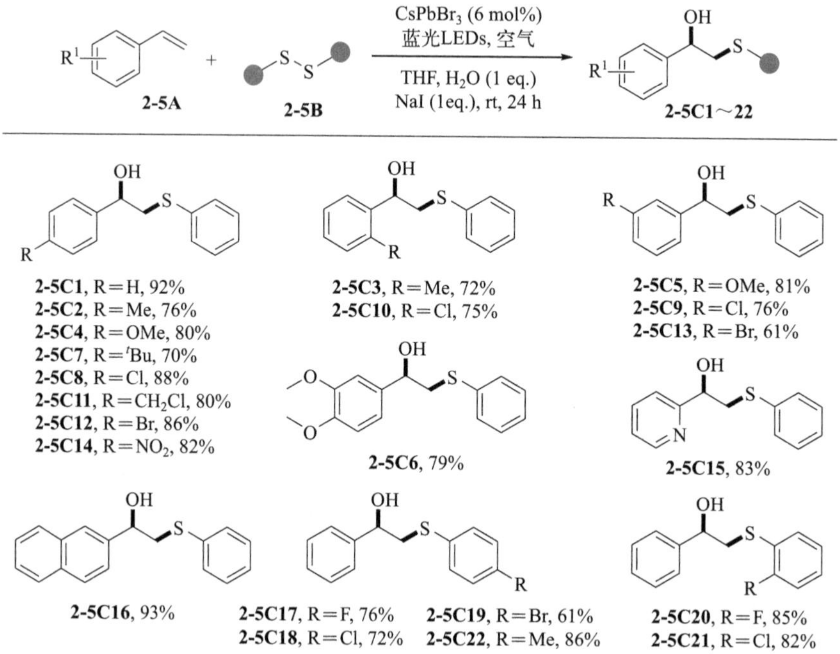

图 2-46　$CsPbBr_3$ 光催化苯乙烯与二芳基二硫醚反应的底物兼容性

与仲 *β*-羟基硫醚相比，叔 *β*-羟基硫醚的合成通常更具挑战性。令人欣喜的是，本方案中多种 *α*-取代苯乙烯能与 **2-5B1** 顺利反应，以良好至优异的收率获得相应叔 *β*-羟基硫醚（图 2-47）。当采用不同取代 1,1-二苯基乙烯与 1,2-二苯基二硫醚为底物时，获得 50%～89% 收率的 **2-5C23～37**。含供电子基团的二苯基乙烯比带吸电子基团的底物收率略高，例如 1-甲氧基-4-(1-苯基乙烯基) 苯（**2-5A25**）与二苯基二硫醚（**2-5B1**）反应得到 *β*-羟基硫醚 **2-5C25**（84% 收率），而 1-氟-4-(1-苯基乙烯基) 苯（**2-5A27**）则获得 70% 收率的 **2-5C27**。此外，苯环取代基吸电子能力减弱会导致收率降低：对位含 F、Cl、Br 等卤素的 1,1-二苯基乙烯与 **2-5B1** 反应，分别以 70%、62% 和 50% 收率生成 **2-5C28**、**2-5C29** 和 **2-5C30**。

与此同时，苯环邻、对位带有甲基、氟、氯或溴取代基的二苯基硫醚与 1,1-二苯基乙烯（**2-5A1**）反应，能以 69%～89% 收率得到相应产物 **2-5C33～37**。进一步拓展 *α*-取代苯乙烯范围发现，*α*-甲基苯乙烯在优化后的可见光条件下表现良好，以 78%～97% 收率获得目标产物 **2-5C38～42**。还考察了二硫醚的多样性：无论苯环上不同位置存在供电子基团还是吸电子基团，均能获得良好至优异的收率（**2-5C32**、**2-5C43～45**）。总体而言，在优化条件下，多种 *α*-取代苯乙烯与二硫醚反应都能高效生成叔 *β*-羟基硫醚产物，并展现出优异的区域选择性。

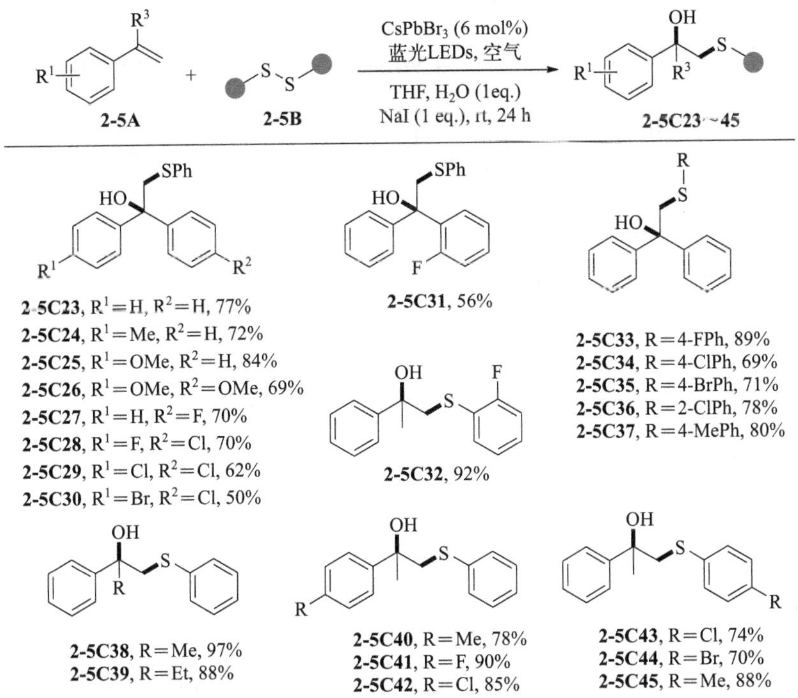

图 2-47　$CsPbBr_3$ 光催化取代 1,1-二苯基乙烯与 1,2-二苯基二硫醚反应的底物兼容性

基于上述令人鼓舞的结果，将研究拓展至 *β*-氧代硫醚的合成（图 2-48）。在无 NaI 参与的纯氧氛围中，苯乙烯（**2-5A1**）与二苯基二硫醚（**2-5B1**）反应以 68% 收率获得 *β*-氧代硫醚 **2-5D1**。以此为基础，采用不同苯乙烯和二硫醚为底物，根据取代基类型差异，成功以中等至良好收率制备了系列 *β*-氧代硫醚产物（图 2-48）。具体而言，苯环对位带有甲基、氯或溴取代基的苯乙烯与 **2-5B1** 反应，能以 60%～65% 收率生成相应产物 **2-5D2～4**。对甲苯基二硫醚与苯乙烯 **2-5A1** 反应获得 *β*-氧代硫醚 **2-5D8**（61%）。当采用 4,4′-二氯二苯基二硫醚和 4,4′-二溴二苯基二硫醚等含卤素二硫醚时，相应产物 **2-5D5** 和 **2-5D6** 的收率分别为 59% 和 67%。值得关注的是，以 2,2-二氯二苯基二硫醚为底物时能以 76% 收率生成目标产物 **2-5D7**。

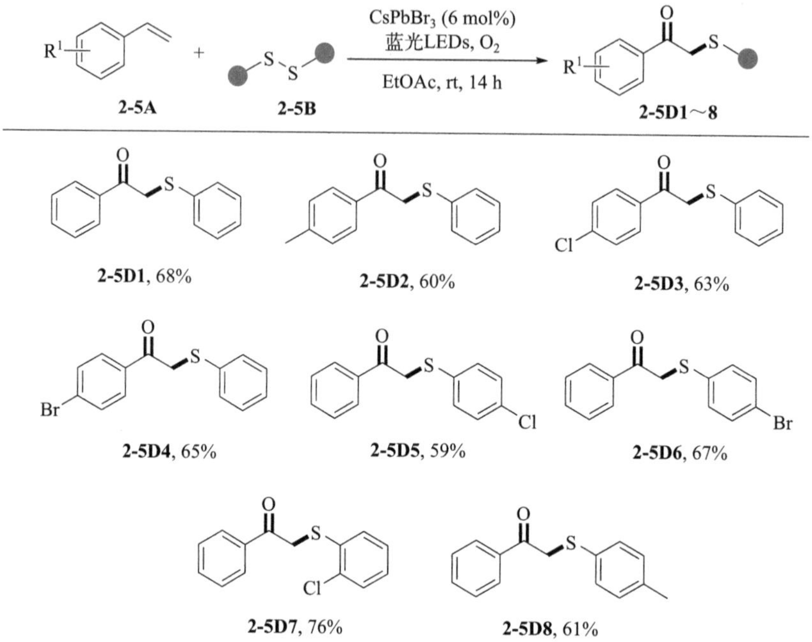

图 2-48　$CsPbBr_3$ 光催化取代苯乙烯与二芳基二硫醚反应的底物兼容性

2.5.5　放大实验及 $CsPbBr_3$ 的重复使用性

为验证所开发光催化选择性氧硫基化策略的实用价值，以 **2-5A1** 和 **2-5B1** 为底物在不同优化条件下进行了放大实验，目标产物 **2-5C1** 和 **2-5D1** 的分离收率分别达到 85% 和 60%（图 2-49）。此外，通过对 $CsPbBr_3$ 催化剂的循环使用评估发现：该光催化剂至少可重复使用 5 次且活性未见明显下降，这进一步证实卤化铅钙钛矿在烯烃高效光催化选择性氧硫基化反应中具有优异的稳定性。

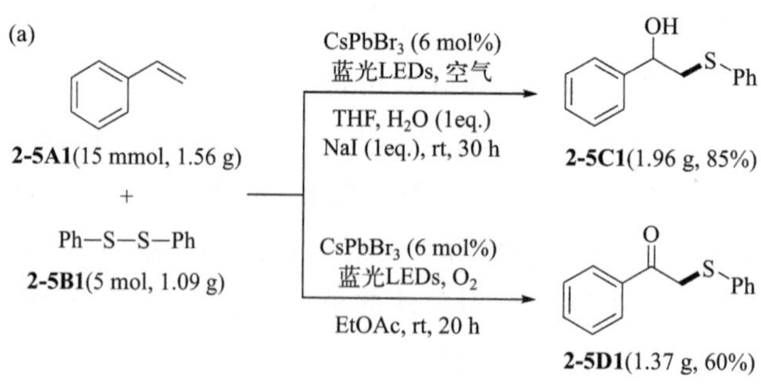

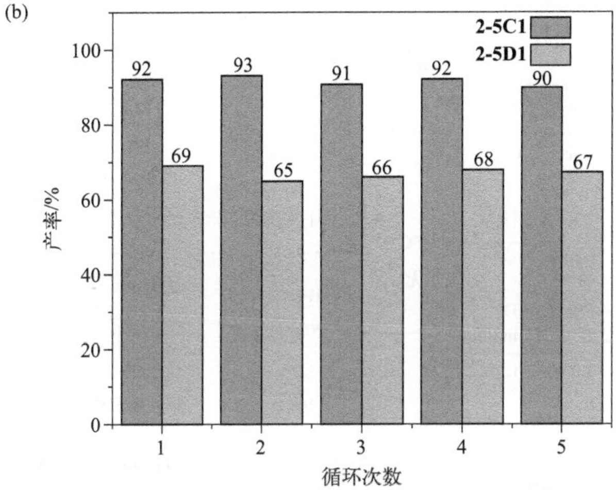

图 2-49 （a）克级反应；（b）光催化剂循环实验

2.5.6 反应机理推测

为探究反应机理，开展了一系列对照实验。首先，在标准反应条件下加入自由基捕获剂 2,6-二叔丁基-4-甲基苯酚（BHT）或 2,2,6,6-四甲基哌啶氮氧化物（TEMPO）时，产物 **2-5C1** 的生成被完全抑制［图 2-50（a）、（b）］。通过高分辨质谱（HRMS）成功检测到 TEMPO 捕获的硫自由基加合物 **2-5E**，以及硫自由基与苯乙烯加成产生的中间体 **2-5F**，证实了硫自由基及其加成过程在反应中的关键作用。

当加入空穴清除剂 *N,N*-二异丙基乙胺（DIPEA）时，反应同样受到显著抑制［图 2-50（c）］，表明光生载流子对反应起决定性作用。在优化条件下考察 *β*-羟基硫醚产物 **2-5C1** 的光化学稳定性时发现，48 h 后其仍能保持近定量回收［图 2-50（d）］，排除了 **2-5C1** 被光氧化为 *β*-羰基硫醚 **2-5D1** 的可能性。采用 ^{18}O 同位素标记实验证实，当加入 $H_2{}^{18}O$（1 eq.）时，$^{18}O/^{16}O$ 标记产物的比例仅为 1∶20［图 2-50（e）］，说明水分子参与了硫自由基与苯乙烯的加成过程。氘代实验进一步显示仅生成羟基氘代产物［图 2-50（f）］，确证产物中羟基氢源直接来自水分子。

基于对照实验结果，提出了可见光诱导烯烃选择性氧硫化反应生成 *β*-羟基硫醚（**2-5C**）和 *β*-羰基硫醚（**2-5D**）的可能机理（图 2-51）。反应起始于二苯基二硫化物（**2-5B**）的光解离，产生硫自由基物种 **2-5G**。该自由基与苯乙

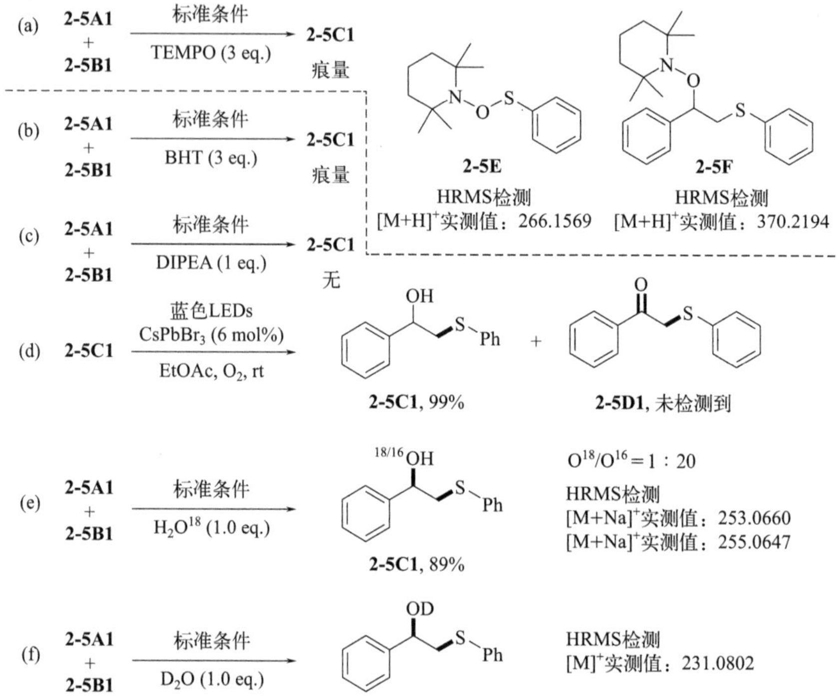

图 2-50 可见光诱导选择性氧磺酰化的对照实验

烯（**2-5A**）发生加成反应，生成更稳定的苄位自由基 **2-5H**。自由基 **2-5H** 的后续转化路径取决于反应体系中的氧含量和还原剂条件，从而形成两条不同的反应通道。路径一：β-羟基硫醚（**2-5C**）的形成［图 2-51（a）］，在低氧条件下，自由基 **2-5H** 通过单电子转移（SET）与硫自由基作用生成阳离子中间体 **2-5I**；然后水分子作为亲核试剂进攻 **2-5I**，以次要路径生成 β-羟基硫醚 **2-5C**。同时，

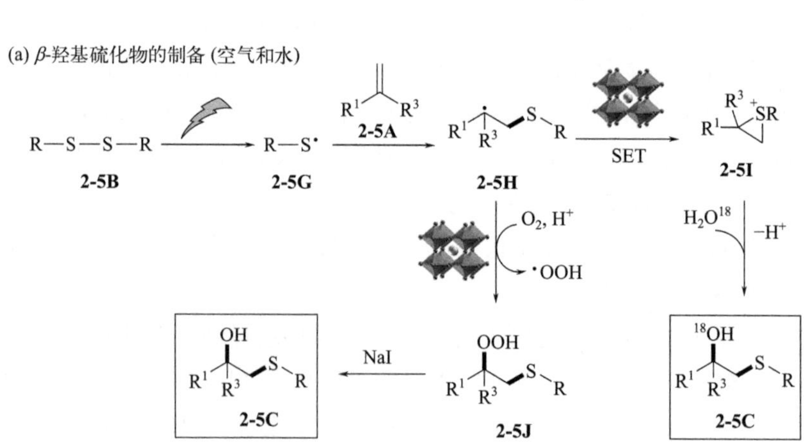

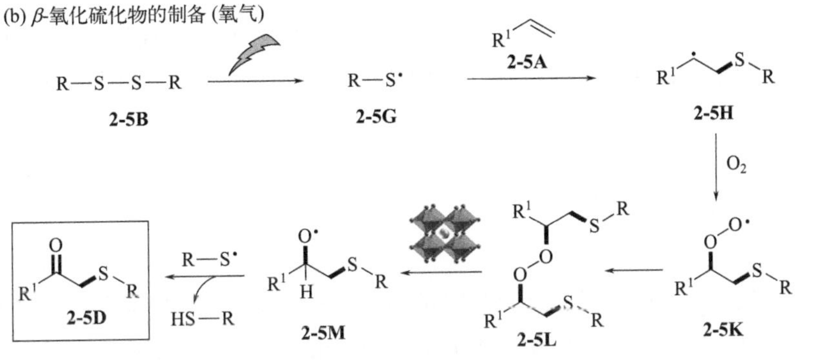

图 2-51　可见光诱导选择性氧磺酰化的可能机理

自由基 **2-5H** 也可与氧气反应形成氢过氧硫醚 **2-5J**（该物种经 $\cdot O_2^-$ 与 H^+ 结合产生），最终在 NaI 作用下还原为 **2-5C**。路径二：β-羰基硫醚（**2-5D**）的形成［图 2-51(b)］，在富氧条件下，自由基 **2-5H** 与氧气快速结合形成过氧自由基 **2-5K**，**2-5K** 通过自由基-自由基偶联生成过氧化物 **2-5L**，**2-5L** 发生光解产生烷氧自由基 **2-5M**，最终与硫自由基反应生成 β-羰基硫醚 **2-5D** 和苯硫酚。

2.5.7　小结

本研究成功开发了基于 $CsPbBr_3$ 纳米晶的可见光诱导烯烃选择性氧硫基化反应，为高效、高区域选择性地合成多取代 β-羟基硫醚和 β-氧代硫醚提供了新策略。该方法的创新性在于：通过调控还原剂存在下硫自由基的电子转移过程及分子氧的缓慢扩散，实现了对产物的精准控制。机理研究表明，反应涉及自由基-自由基偶联、亲核加成、氢原子攫取及还原等多重路径。该方法具有条件温和、操作简便、官能团兼容性好等优势。卤化铅钙钛矿凭借其耐空气氧化、成本低廉、易于制备和高活性等特点，在有机光催化反应中展现出巨大应用潜力。

2.6　$CsPbBr_3$/OCN光催化烯烃与硫醇的自由基加成反应

在 25 mL Schlenk 中，将烯烃（0.2 mmol）、硫醇（0.5 mmol）和 $CsPbBr_3$/OCN（15 mg）分散于乙酸乙酯（3 mL）中，所得混合物在室温、蓝色 LEDs（定

制，λ = 455～460 nm）照射下（照射距离约为 5 cm）搅拌反应。反应在氧气氛围下进行。待原料完全转化（通过薄层色谱法监测）后，通过离心去除光催化剂。粗产物经快速硅胶柱色谱（乙酸乙酯 / 石油醚 =1/5，体积比）纯化，得到目标产物。

2.6.1 催化剂的影响

为高效验证 Z 型异质结结构的光催化性能，选用苯乙烯（**2-5A1**，0.2 mmol）和 4-甲氧基苯硫酚（**2-6B1**，0.5 mmol）作为模型底物，在乙酸乙酯（EtOAc）溶剂中考察了催化剂对反应的影响（表 2-13）。在黑暗条件下则完全未检测到光产物（表 2-13 中序号 1），证实可见光照射是烯烃与硫醇发生磺氧化反应的必备条件。无催化剂参与时（表 2-13 中序号 2）反应无法进行。此外，以单独的 $CsPbBr_3$ 量子点或 OCN 作为催化剂，对该反应体系的催化作用均十分有限（表 2-13 中序号 3 和 4）。这些现象充分表明：相较于纯相 $CsPbBr_3$ 和 OCN，$CsPbBr_3$/OCN 复合材料对烯烃-硫醇磺氧化反应的光催化活性显著提升，这归因于其促进的电荷分离与传输效率。

表2-13 催化剂对反应的影响

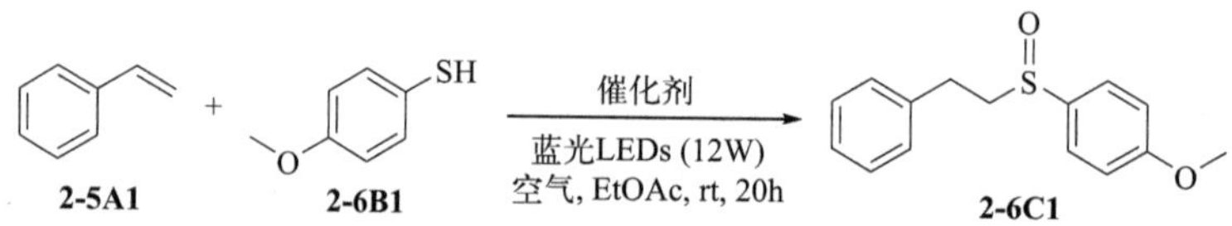

序号	催化剂	产率 /%
1	无光照	—
2	无催化剂	—
3	$CsPbBr_3$ 为催化剂	60
4	OCN 为催化剂	45
5	$CsPbBr_3$/OCN	70

2.6.2 溶剂的影响

此外，溶剂的极性和溶剂与反应体系的相容性对产率起决定性作用。由表 2-14 数据可知，乙酸乙酯和乙腈为溶剂时反应的产率较高（表 2-14 中序号 1 和 2），表明这两种溶剂能较好地促进反应进行。乙酸乙酯的适中极性和低毒性使其成为优良的反应介质，而乙腈的高极性可能有利于某些极性中间体的稳定。相比之下，二氯甲烷（21%）和 1,2-二氯乙烷（8%）的产率较低（表 2-14 中序号 7 和 8），可能与它们的低极性或对反应物 / 过渡态的溶解性不足有关。甲醇、1,4-二氧六环、四氢呋喃和二甲基亚砜仅得到微量产物，可能由于极性差异，影响反应活性或者关键中间体的稳定性。

表2-14　溶剂对反应的影响

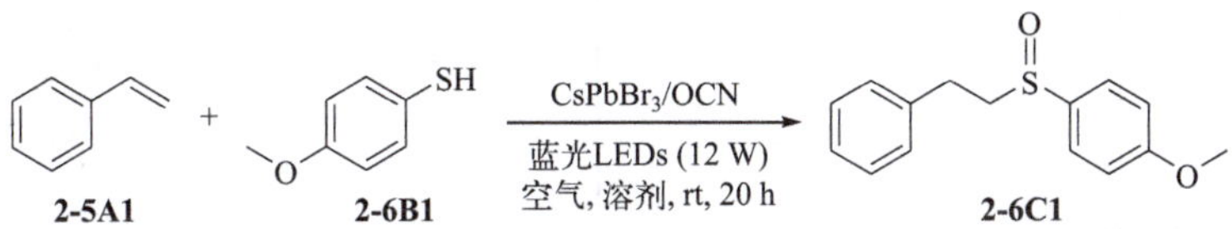

序号	溶剂	产率 /%
1	乙腈	40
2	乙酸乙酯	49
3	甲醇	微量
4	1,4-二氧六环	微量
5	四氢呋喃	微量
6	二甲基亚砜	微量
7	二氯甲烷	21
8	1,2-二氯乙烷	8

2.6.3　气体氛围和催化剂用量的影响

根据实验数据可以看出，反应气氛和催化剂用量对产物收率具有显著影响（表 2-15）。在固定催化剂用量（15 mg）条件下，对比氮气和氧气氛围，可见氧气作为反应气氛时产率可达 89%（表 2-15 中序号 3），而氮气氛围仅得微量产物（表 2-15 中序号 1），这表明氧气是该反应发生的关键因素，可能参与并促进了关键活性中间体的生成。进一步考察催化剂用量的影响，发现在氧气氛围中，随着 $CsPbBr_3$/OCN 催化剂用量从 5 mg 增加到 20 mg（表 2-15 中序号 4～6），产物收率呈现先显著升高后趋于平缓的变化趋势：5 mg 时收率仅 30%，10 mg 时提升至 65%，15 mg 达到最优收率 89%，继续增至 20 mg 时收率略微下降至 81%。这一现象说明催化剂存在最佳用量范围（15 mg 左右），过量催化剂可能导致副反应增加或光散射效应增强，反而降低反应效率。该结果为进一步优化反应条件提供了重要依据，建议选择氧气氛围并控制催化剂用量在 10～15 mg 范围内进行反应。

表2-15 气体氛围和催化剂用量对反应的影响

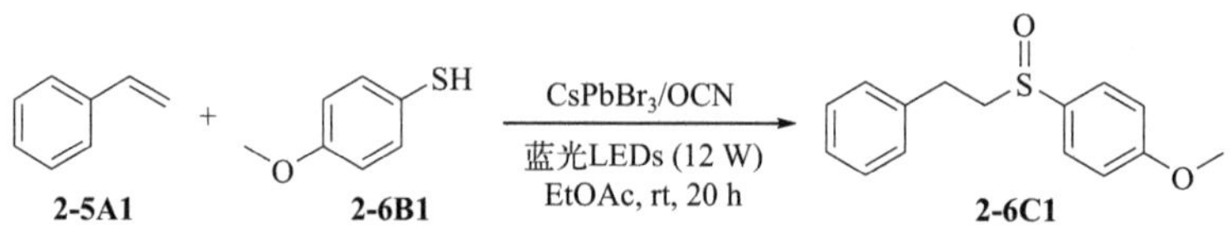

序号	气氛	催化剂 /mg	产率 /%
1	氮气	15	微量
2	空气	15	49
3	氧气	15	89
4	氧气	5	30
5	氧气	10	65
6	氧气	20	81

2.6.4 底物兼容性

在优化反应条件后，系统考察了芳基烯烃与芳基硫醇的可见光诱导磺氧化反应的普适性（图 2-52）。研究发现，带有供电子基团（EDGs）或吸电子基团（EWGs）的末端烯烃均能良好适配该反应，并获得中等至优异的收率（**2-6C2～11**）。对于苯环上连有甲基、甲氧基和叔丁基等 EDGs 的底物，相应产物 **2-6C2**、**2-6C4** 和 **2-6C5** 的收率分别为 77%、76% 和 74%。然而由于位阻效应，产物 **2-6C3** 的收率略有降低。此外，多种 EWGs 也能兼容该反应，特别是带有硝基和三氟甲基等强吸电子基团的底物，能以良好收率（67%～82%）获得目标产物（**2-6C6～10**）。值得注意的是，2-乙烯基吡啶等杂环芳烯在该反应中也表现良好，以 72% 收率得到预期产物 **2-6C11**，进一步验证了该方法的适用性。

此外，芳环上带有 EDGs 或 EWGs 的芳基硫醇也都是合适的底物，相应产物的收率呈良好至优异（**2-6C17～20**，79%～91%）。随后，进一步考察了 *α*-取代苯乙烯的适用范围。研究发现，在优化条件下 *α*-甲基苯乙烯能够顺利反应，以 36%～76% 的收率获得目标产物（**2-6C12～16**）。无论苯环上带有 EDGs 还是 EWGs，产物 **2-6C21** 和 **2-6C22** 都能取得良好收率。此外，在优化条件下使用 *α*-甲基芳烯时，所得非对映异构体的比例约为 1∶1。

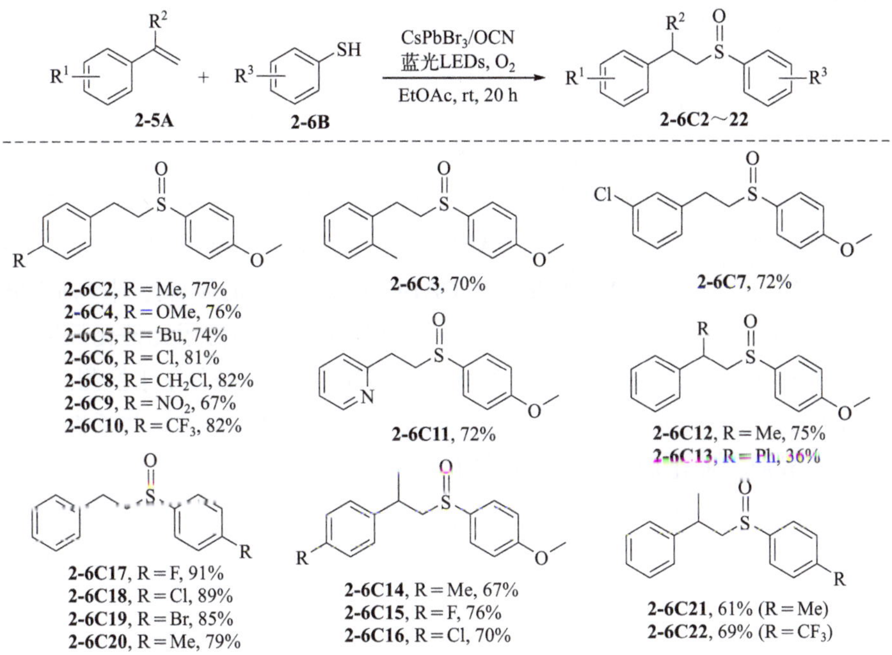

图 2-52　$CsPbBr_3$/OCN 光催化芳基烯烃和芳基硫醇反应底物兼容性

2.6.5　$CsPbBr_3$/OCN 的重复使用性

$CsPbBr_3$/OCN 复合材料作为一种高效的异质结光催化剂，可通过过滤或离心实现便捷分离。为评估其稳定性，进行了循环实验：经过连续 5 次反应循环后［图 2-53（a)］，产物收率未出现显著变化，充分证明了该 Z 型异质结的高度稳定性，这一结论可进一步通过 XRD 分析得到验证［图 2-53（b)］。

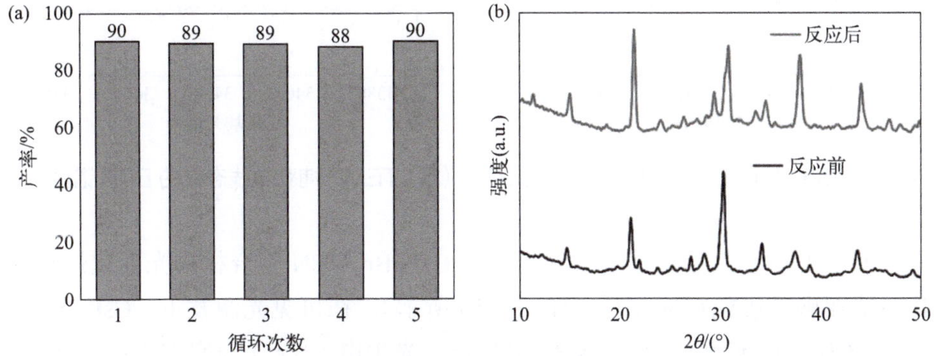

图 2-53　$CsPbBr_3$/OCN 催化剂的（a）循环稳定性测试和（b）XRD 衍射图谱

2.6.6 反应机理推测

为揭示光催化反应机制，向反应体系中引入自由基捕获剂 2,2,6,6-四甲基哌啶氮氧化物（TEMPO），结果仅检测到微量产物，表明反应涉及自由基过程［图 2-54（a）］。同时，分别采用对苯醌（*p*-BQ）、*N,N*-二异丙基乙胺（DIPEA）和 1,4-二氮杂二环［2.2.2］辛烷（DABCO）捕获超氧自由基（$\cdot O_2^-$）、空穴（h^+）和单线态氧（$^1O_2$），*p*-BQ、DIPEA 和 DABCO 的加入均能显著抑制产物 **2-6C1** 的生成［图 2-54（b）～（d）］，说明$\cdot O_2^-$、h^+ 和 $^1O_2$ 可能参与了光催化反应。电子顺磁共振（EPR）测试显示［图 2-55（a）、（b）］：黑暗条件下未检测到$\cdot O_2^-$和 $^1O_2$ 的信号，而在可见光照射下则观察到明显的特征峰，证实这些活性物种仅在光照射异质结催化剂表面时才会产生。

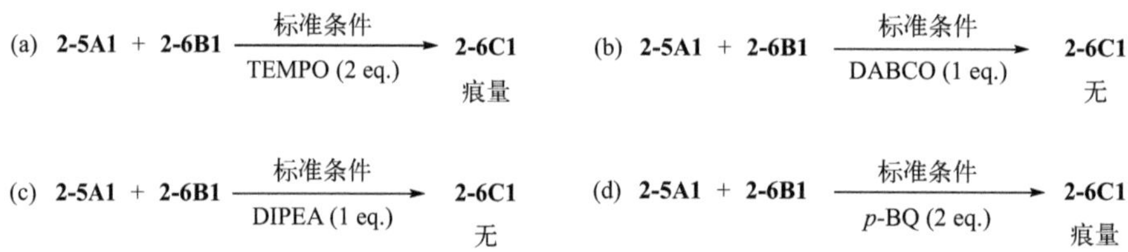

图 2-54 自由基和反应物种捕获实验

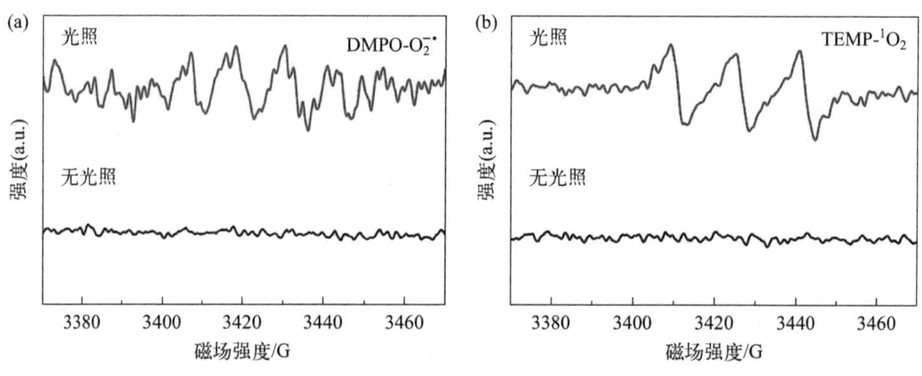

图 2-55 （a）DMPO 捕获超氧自由基及（b）TEMP 捕获单线态氧的 EPR 谱图

基于上述实验结果，本研究提出了 $CsPbBr_3$/OCN 复合材料光催化烯烃硫化生成亚砜的可能反应路径（如图 2-56 所示）：在可见光激发下，$CsPbBr_3$ 的导带（CB）和 OCN 的价带（VB）分别产生光生电子（e^-）与空穴（h^+）。随后，硫醇 **2-6B** 发生单电子转移（SET）形成自由基阳离子 **2-6D**，同时 $CsPbBr_3$ 表

面的光生电子将 O_2 高效还原为 $\cdot O_2^-$ 活性物种。该 $\cdot O_2^-$ 促使自由基阳离子 **2-6D** 去质子化，生成稳定的硫自由基 **2-6E**。接下来，硫自由基 **2-6E** 与烯烃 **2-5A** 发生加成反应，产生烷基自由基 **2-6F**。通过硫醇 **2-6B** 与烷基自由基 **2-6F** 之间的氢原子转移（HAT）过程，最终形成硫醚中间体 **2-6G**。该中间体被 $\cdot O_2^-$ 或 $^1O_2$ 光敏氧化后，即生成目标亚砜产物 **2-6C**。

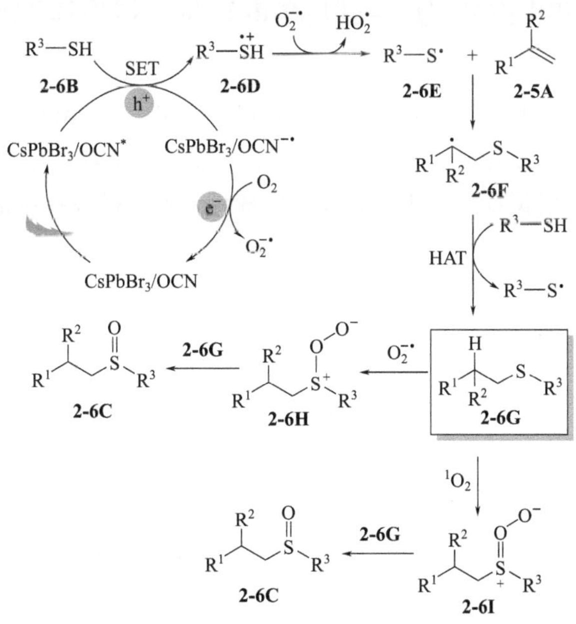

图 2-56　$CsPbBr_3$/OCN 光催化烯烃硫化生成亚砜的反应机理

2.6.7　小结

本研究成功构建了直接 Z 型 $CsPbBr_3$/OCN 异质结，并将其高效应用于烯烃与硫醇的选择性光催化磺氧化反应。在该 Z 型异质结结构中，两种半导体的能带匹配形成了内置电场，可驱动 OCN 导带（CB）的光生电子与 $CsPbBr_3$ 价带（VB）的光生空穴复合，从而在 $CsPbBr_3$ 导带富集强还原性电子，同时在 OCN 价带保留强氧化性空穴。这种创新型异质结光催化剂在烯烃-硫醇选择性磺氧化反应中表现出显著增强的活性，能在有氧条件下高效转化为高附加值亚砜类化合物，并获得中等至优异的收率及良好的官能团兼容性。光催化实验证实，$CsPbBr_3$/OCN 的催化性能远优于单一组分 $CsPbBr_3$ 和 OCN。与已报道的有机光催化剂相比，该复合材料展现出四大优势：卓越的光催化效率；突出的结构稳定性；简便的操作流程；符合绿色化学理念——包括高原子经济性、环境友好能源以及温和的反应条件。该研究不仅深化了对直接Z型异质结光催化机制的理解，更为有机合成高附加值化学品提供了新的技术路径。

2.7 $CsPbBr_3/Au/g-C_3N_4$光催化C—H氧化反应

在25 mL Schlenk瓶中，将甲苯（0.2 mmol）、$CsPbBr_3$/30Au/CN催化剂（15 mg）与3.0 mL1,2-二氯乙烷混合，在氧气氛围、室温条件下，使用50 W蓝色LEDs灯（457 nm）照射搅拌反应10 h。反应完成后，通过硅胶柱色谱分离产物并计算收率。

2.7.1 溶剂的影响

为验证异质结催化剂的活性，以甲苯（**2-7A1**）为模型底物，在室温、蓝光LEDs照射下，采用$CsPbBr_3$/30Au/CN复合材料作为光催化剂，于1,2-二氯乙烷（DCE）溶剂中开展研究。该条件下苯甲酸（**2-7B1**）收率达95%（表2-16中序号1）。溶剂效应研究表明：极性溶剂及其他非极性溶剂参与反应时效果较差，产物收率显著降低（表2-16中序号2～6）。

表2-16 溶剂对反应的影响

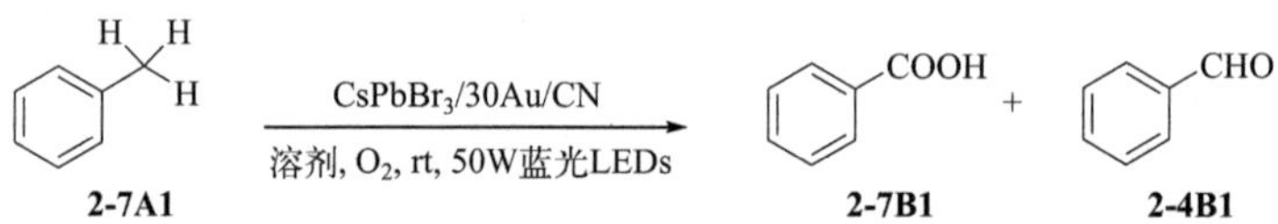

序号	溶剂	产率/%	
		2-7B1	**2-4B1**
1	1,2-二氯乙烷	95	微量
2	四氢呋喃	0	20
3	乙酸乙酯	微量	46
4	甲醇	0	0
5	1,4-二氧六环	0	微量
6	二氯甲烷	75	16

2.7.2 催化剂的影响

当使用金掺杂氮化碳（30Au/CN）作为光催化剂时（表 2-17 中序号 2），该多步 C—H 氧化反应未能获得产物。此外，$CsPbBr_3$ 量子点及 $CsPbBr_3$/CN 复合材料对本反应体系的催化效果较差（表 2-17 中序号 3 和 4）。这些结果表明：相较于纯相 $CsPbBr_3$ 和 CN，$CsPbBr_3$/30Au/CN 复合材料对甲苯 C—H 键光催化氧化活性显著提升，这归因于金纳米粒子（Au NPs）有效促进了电荷分离与传输。此外，优化了 $CsPbBr_3$/Au/CN 中金纳米粒子的负载量（表 2-17 中序号 5～8），结果发现 $CsPbBr_3$/30Au/CN 在 C—H 键光氧化中表现出最优性能，进一步验证了所设计催化剂的优势。

表2-17　催化剂对反应的影响

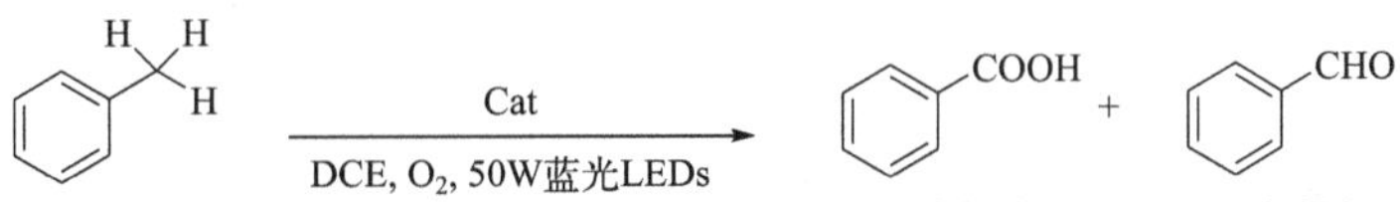

2-7A1　　**2-7B1**　　**2-4B1**

序号	催化剂	产率 /%	
		2-7B1	**2-4B1**
1	$CsPbBr_3$/30Au/CN	95	微量
2	30Au/CN	0	0
3	$CsPbBr_3$	69	17
4	$CsPbBr_3$/CN	微量	28
5	$CsPbBr_3$/10Au/CN	61	21
6	$CsPbBr_3$/20Au/CN	58	35
7	$CsPbBr_3$/40Au/CN	23	62
8	$CsPbBr_3$/50Au/CN	20	57

2.7.3 其他因素的影响

光源和气体氛围对该光催化氧化的影响很大（表 2-18），该反应在氧气条件下可以得到 95% 产率的苯甲酸，但在空气条件下（表 2-18 中序号 3），有 33% 产率的苯甲醛生成，说明该反应需要充足的氧气。无光条件下（表 2-18 中序号 2），反应不能发生。此外，也探讨了其他氧化剂的影响，在氮气条件下，以过氧化氢作为氧化剂（表 2-18 中序号 4），反应也没有发生。以上实验结果证实，可见光照射与高浓度氧气是苄位逐步氧化的必要条件。

表2-18 光源和气体氛围对反应的影响

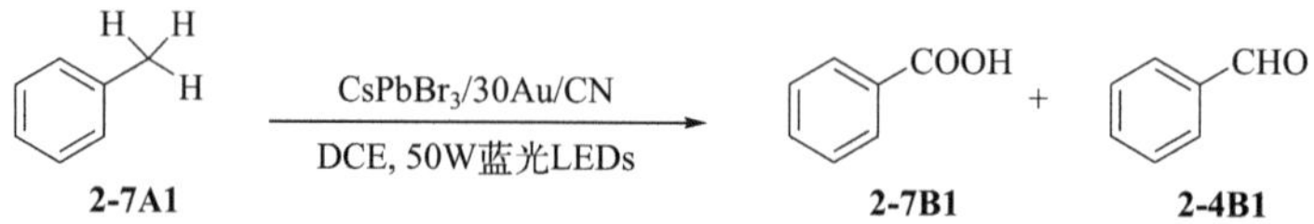

序号	其他因素	产率 /%	
		2-7B1	**2-4B1**
1	氧气	95	痕量
2	黑暗条件下	0	0
3	空气	64	33
4	氮气条件下，过氧化氢作为氧化剂	0	0

2.7.4 甲苯氧化的时间依赖性实验

利用气相色谱-质谱联用仪（GC-MS）对甲苯在 10 h 内的氧化反应过程进行了监测，结果显示，在反应 3 h 以内，主要氧化产物为苯甲醛 **2-4B1**；当反应时间超过 5 h，苯甲醛进一步被氧化成苯甲酸 **2-7B1**；当反应足够的时间（大于 10 h），甲苯最终全部被氧化为苯甲酸（图 2-57）。

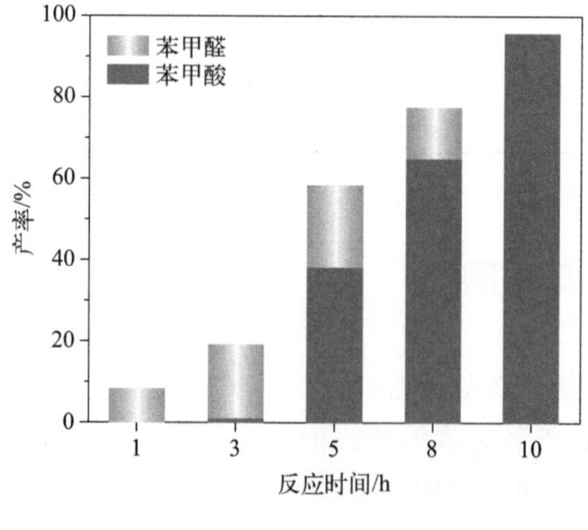

图 2-57 时间对甲苯光氧化反应的影响

2.7.5 芳烃底物兼容性

在确定最优反应条件后，系统研究了伯苄位化合物的阶梯式氧化反应（图 2-58）。首先考察了对位取代甲基苯的 C—H 氧化反应：带有硝基（**2-7B7**）、三氟甲基（**2-7B8**）、酯基（**2-7B10**）和氰基（**2-7B9**）等吸电子基的烷基苯均能以优异收率获得目标产物——这在常温常压、氧气作为氧化剂的温和条件下较罕见。其他官能团如卤素（**2-7B3～4**）、甲基（**2-7B2**）、甲氧基（**2-7B6**）等取代底物（**2-7B11～15**）也表现出中等至优异的收率。杂环底物（**2-7B16～18**）参与反应时，尽管存在配位毒化效应，苯并噁唑（**2-7B16**）、噻吩（**2-7B17**）和吡啶（**2-7B18**）仍能获得中等至良好收率。含降尿酸功效磺酰胺基的丙磺舒（**2-7B19**）以中等收率获得。以上结果进一步证实了该方法的实用性。

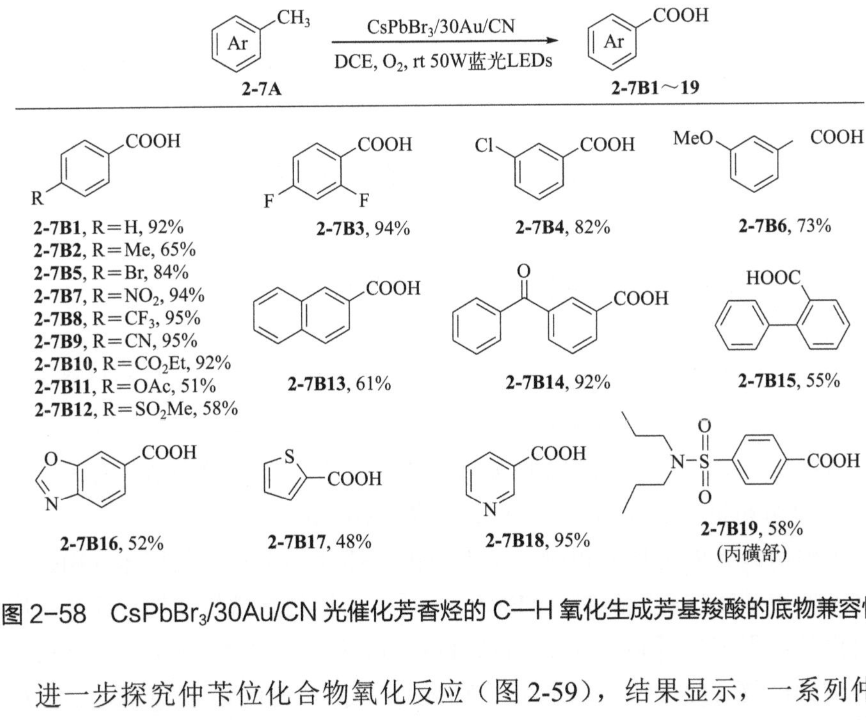

图 2-58　$CsPbBr_3$/30Au/CN 光催化芳香烃的 C—H 氧化生成芳基羧酸的底物兼容性

进一步探究仲苄位化合物氧化反应（图 2-59），结果显示，一系列仲芳烃（包括芳基-烷基酮 **2-7B20**、**2-7B21**、**2-7B23**、**2-7B24**、**2-7B26**，二芳基酮 **2-7B22**、**2-7B27**，芴酮 **2-7B25**）均呈现中等至良好收率，这些物质在光电材料与药物合成中具有重要价值。值得注意的是，叔苄位 C—H 氧化也取得突破：4-异丙基硝基苯成功转化为目标产物（**2-7B28**）且收率良好，环状叔苄位化合物则能生成具有药物与天然产物合成价值的醇类产物（**2-7B29**、**2-7B30**）。这些结果充分证明了该Z型异质结光催化体系的优越性。

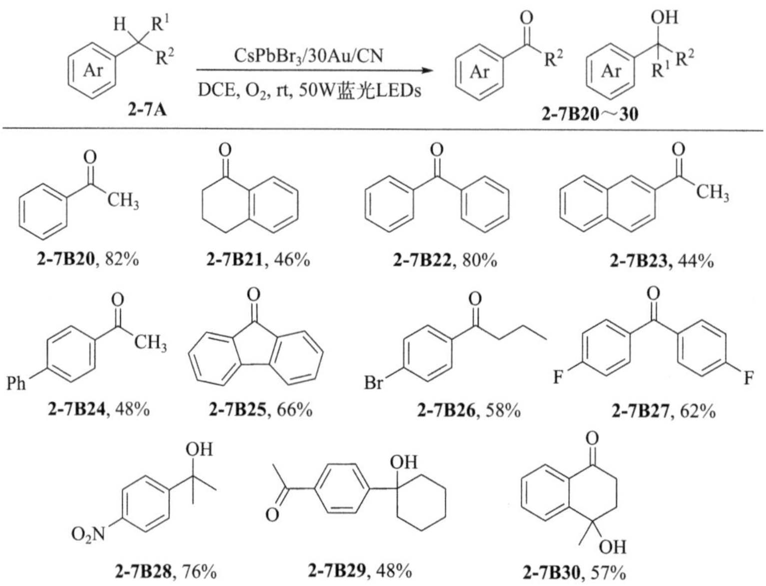

图2-59　$CsPbBr_3$/30Au/CN光催化芳香烃的C–H氧化生成酮和醇的底物兼容性

2.7.6　$CsPbBr_3$/30Au/CN的重复使用性

作为一种高效的三相异质结光催化剂，$CsPbBr_3$/30Au/CN复合材料可通过过滤或离心轻松分离。通过循环实验评估其稳定性，发现：连续5次循环后［图2-60（a）］，产物收率未出现显著变化，表明该Z型异质结具有高度稳定性，XRD分析进一步证实了这一结论［图2-60（b）］。

为阐明该光催化反应机制，引入自由基捕获剂丁基羟基甲苯（BHT）和2,2,6,6-四甲基哌啶氮氧化物（TEMPO）后，仅检测到微量产物，证实反应涉及自由基过程［图2-60（c）］。当以H_2O_2为氧化剂、在N_2氛围中进行反应时未检测到产物。此外，分别采用对苯醌（*p*-BQ）、硝酸银（$AgNO_3$）、*N*,*N*-二异丙基乙胺（DIPEA）、1,4-二氮杂二环［2.2.2］辛烷（DABCO）和异丙醇（IPA）捕获超氧自由基（$\cdot O_2^-$）、电子、空穴、单线态氧（$^1O_2$）和·OH。如图2-60（c）所示，*p*-BQ、$AgNO_3$或DIPEA的加入能显著抑制**2-7B1**生成，证明$\cdot O_2^-$、电子和空穴参与了光催化反应，而单线态氧与H_2O_2可能不参与氧化过程。电子顺磁共振（EPR）谱图显示［图 2-60（d）］：黑暗条件下无$\cdot O_2^-$信号，可见光照射后出现明显特征峰，证实$\cdot O_2^-$仅在光照射催化剂表面时才会生成。

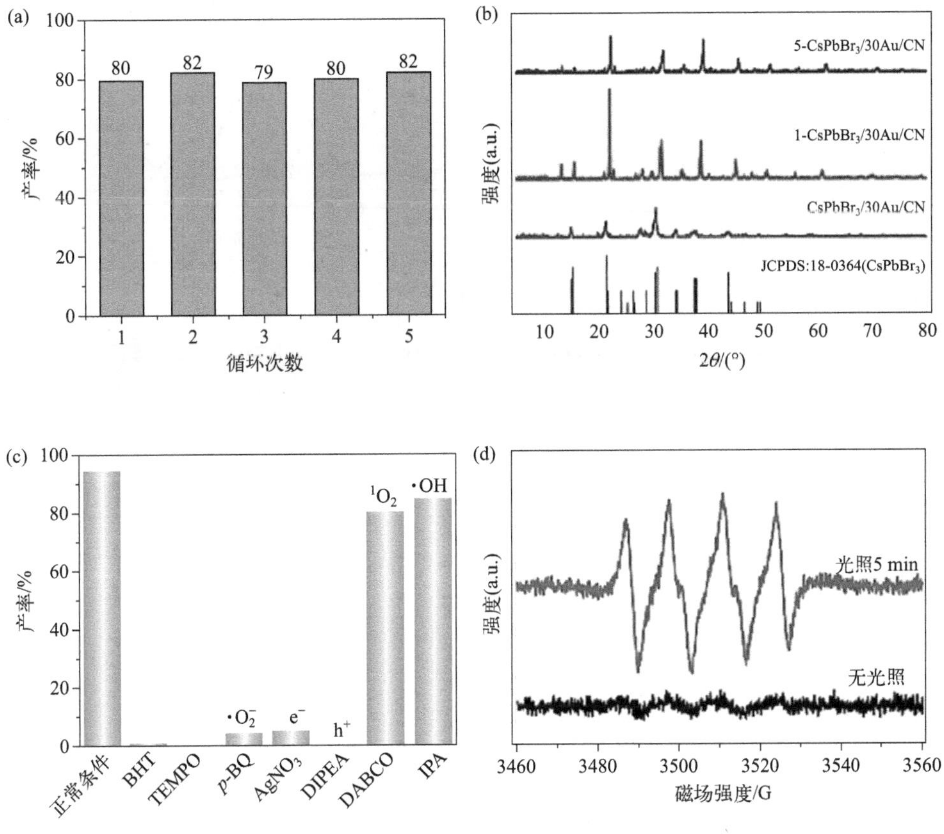

图 2-60 （a）$CsPbBr_3$/30Au/CN 的循环使用测试；（b）X 射线衍射图谱；（c）活性物种的捕获实验；（d）5,5-二甲基吡咯啉-*N*-氧化物（DMPO）捕获超氧自由基的电子顺磁共振（EPR）光谱

2.7.7 反应机理推测

图 2-61（a）展示了 $CsPbBr_3$ 量子点与 CN 纳米片的 $(\alpha h\nu)^2$-$h\nu$ 曲线。通过 Kubelka-Munk 函数计算得出，$CsPbBr_3$ 量子点和 CN 纳米片的带隙分别为 2.30 eV 和 2.76 eV。结合 XPS 价带谱测定［图 2-61（b）］，$CsPbBr_3$ 量子点的价带位置为 1.29 eV（vs SHE），而纯 CN 的价带位置为 2.20 eV。根据公式 $E_{CB}=E_{VB}-E_g$ 可推算其导带位置。

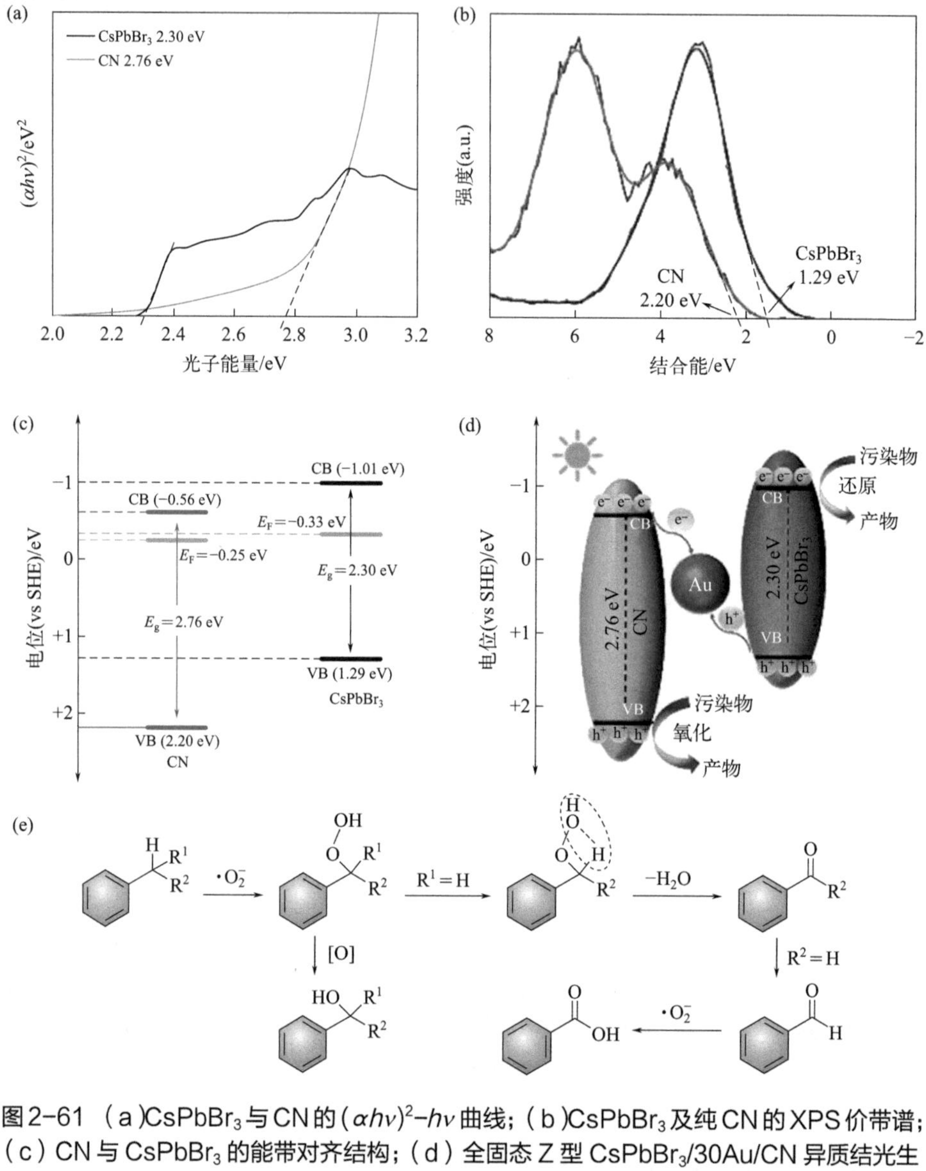

图2-61 （a）CsPbBr$_3$与CN的$(\alpha h\nu)^2$−$h\nu$曲线；（b）CsPbBr$_3$及纯CN的XPS价带谱；（c）CN与CsPbBr$_3$的能带对齐结构；（d）全固态Z型CsPbBr$_3$/30Au/CN异质结光生载流子分离示意图

为阐明Z型异质结的载流子传输机制，采用紫外光电子能谱（UPS）表征了材料的价带与功函数。如图2-62所示，CsPbBr$_3$和CN的价带能级［$E_{VB} = h\nu - E_{cutoff} + E_{fermi}$，$E_{cutoff}$为UPS谱图的截止边（光电子动能为零时的结合能），E_{fermi}为费米能级，即价带顶］分别为−5.71 eV和−6.65 eV，功函数（$W_F = h\nu - E_{cutoff}$）经21.22 eV激发能校正后确定为4.17 eV和4.25 eV。综合XPS价带谱、

UPS 功函数谱与紫外-可见漫反射光谱（UV-vis DRS）分析，最终构建的能带结构如图 2-61（c）所示。结合自由基捕获实验，推断 $CsPbBr_3$/CN 异质结的电荷转移机制：当 $CsPbBr_3$ 与 CN 接触时，费米能级平衡导致能带结构调整，形成直接 Z 型异质结。但与 $CsPbBr_3$/30Au/CN 相比，$CsPbBr_3$/CN 因缺乏金纳米颗粒（Au NPs）作为电子桥，其电子-空穴分离效率较低，对应甲苯氧化产率也显著降低。鉴于 $CsPbBr_3$/30Au/CN 展现出更宽的可见光响应范围（UV-vis DRS）和更高效的电荷转移能力（PL/TRPL），其优异的光催化性能应归因于表面等离子体共振（SPR）效应与 Z 型异质结的协同作用：Au NPs 既作为电子传输通道，又通过 SPR 效应拓宽可见光响应范围。因此，$CsPbBr_3$/30Au/CN 更可能构成全固态 Z 型异质结结构。

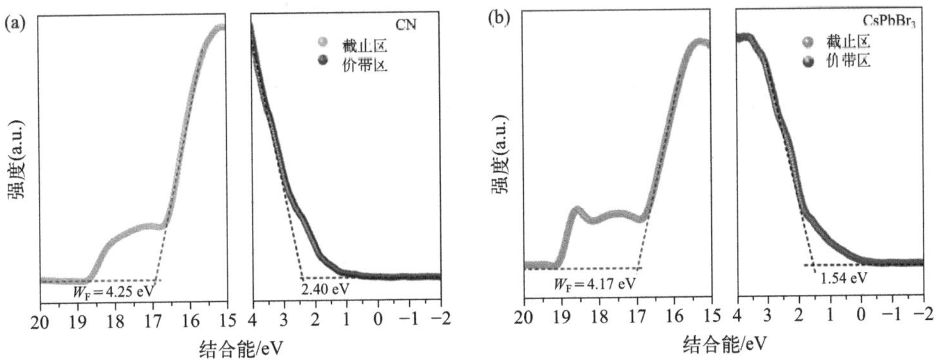

图 2-62 （a）$CsPbBr_3$ 与（b）CN 的紫外光电子能谱（UPS）

图 2-61（d）详细展示了 $CsPbBr_3$/30Au/CN 可能的光催化机理。在光照条件下，CN 纳米片与 $CsPbBr_3$ 量子点中的电子被激发至各自的导带（CB），同时在价带（VB）留下空穴。根据文献报道，$O_2/\cdot O_2^-$ 的氧化还原电位约为−0.33 eV（vs SHE）。自由基捕获实验证实，h^+ 与 $\cdot O_2^-$ 是 $CsPbBr_3$/30Au/CN 复合材料中生成的主要活性物种。结合图 2-61（a）能带分析结果，提出 $CsPbBr_3$/30Au/CN 的光催化过程遵循全固态 Z 型机制：$CsPbBr_3$ 导带上的光生电子（而非 CN 导带电子）与 O_2 反应生成 $\cdot O_2^-$；CN 价带空穴可氧化芳香烃生成芳基甲酸；CN 的光生电子与 $CsPbBr_3$ 的空穴通过金纳米颗粒（Au NPs）实现转移与复合。

2.7.8 小结

本研究成功构建了三相全固态 Z 型 $CsPbBr_3$/30Au/CN 光催化剂，其中金纳米粒子（Au NPs）作为电子介质桥接了氮化碳纳米片（CN）与 $CsPbBr_3$ 量子点（QDs）。这种新型异质结光催化剂在芳烃的阶梯式 C—H 氧化反应中展现出卓越活性，能够在有氧条件下高效转化为高附加值羧酸、酮类和醇类化合物，并获得中等至优异的收率，同时表现出良好的官能团兼容性。光催化实验表明，相较于 $CsPbBr_3$、CN 及 Au/CN 复合材料，$CsPbBr_3$/30Au/CN 具有最优异的 C—H 氧化能力。Au NPs 被引入作为连接 $CsPbBr_3$ 与 CN 的桥梁，构建了三相全固态 Z 型体系，不仅促进了电荷载流子的传输与分离，还显著增强了光生电荷的氧化还原能力。能带电位计算、光氧化实验、光致发光（PL）光谱、瞬态光电流响应及时间分辨荧光光谱（TRPL）分析共同验证了上述结论。该研究为三相全固态 Z 型光催化剂提供了更深入的理论认知，并拓展了其在有机合成高附加值化学品生产中的应用前景。

2.8 $CsPbBr_3$/P25光催化芳香醇的氧化反应

所有光催化反应均在 25 mL 石英玻璃管中进行，采用蓝光 LEDs 装置（λ = 425～430 nm）作为光源并配备冷却风扇。典型实验过程如下：将 15 mg 光催化剂悬浮于含有 0.3 mmol 苄醇（BA）的 3 mL 乙腈溶液中，在磁力搅拌条件下进行反应。反应体系在 50 W 蓝光 LEDs 照射下进行。苄醇（BA）转化率和苯甲醛（BAD）选择性通过以下公式计算：

$$转化率 /\% = (C_0 - C_t)/C_0 \times 100\%$$

$$选择性 /\% = C_{BAD}/(C_0 - C_{BA}) \times 100\%$$

其中，C_0 和 C_t 分别表示苄醇（BA）的初始浓度和反应 t h 后的浓度；C_{BA} 和 C_{BAD} 分别表示反应后苄醇和苯甲醛的浓度。浓度通过高效液相色谱（HPLC，岛津 LC-10A）测定，检测条件为：C_{18} 色谱柱（Welch，4.6 mm×250 mm，5 μm），流动相为甲醇 / 水（体积比 50/50），流速 1.0 mL·min^{-1}，紫外检测器波长 254 nm，柱温 30℃。

2.8.1 催化剂的影响

在确认成功构建 $CsPbBr_3$/P25 异质结构后，随即评估了其在醇类选择性氧化中的光催化性能。以常温可见光照射下苄醇（**2-4A1**）氧化为苯甲醛（**2-4B1**）作为模型反应，结果表明（表 2-19）：20%$CsPbBr_3$/P25 复合材料展现出 82% 的

2-4A1 转化率和 86% 的 **2-4B1** 选择性（收率 71%），其催化性能显著优于单一组分（P25 和 $CsPbBr_3$ 分别仅获得 21% 和 58% 收率，表 2-19 中序号 1～3）。对照实验证实该转化反应必须具备催化剂（表 2-19 中序号 4）。鉴于 P25 是锐钛矿与金红石的混晶，分别制备了 20%$CsPbBr_3$/ 锐钛矿和 20%$CsPbBr_3$/ 金红石复合材料作为对比催化剂，但仅检测到 34% 和 12% 的 **2-4A1** 转化率（表 2-19 中序号 5 和 6），这与 HRTEM 结果一致，证实 $CsPbBr_3$/P25 中两种晶型 TiO_2 均与 $CsPbBr_3$ 存在相互作用。10% $CsPbBr_3$/P25 和 20%$CsPbBr_3$/P25 催化的反应表现出相近的 **2-4A1** 转化率（83% 和 82%）与 **2-4B1** 选择性（84% 和 86%），而 15%$CsPbBr_3$/P25 复合材料展现出最优催化活性（95% 转化率，88% 选择性，表 2-19 中序号 7 和 8）。延长光照时间可提高 **2-4A1** 转化率，但会伴随选择性轻微下降。**2-4B1** 的最佳生成速率达 1.91 $mmol \cdot g^{-1} \cdot h^{-1}$，优于前述 $CsPbBr_3$/TiO_2 复合材料及同类半导体光催化剂，因此后续研究均采用 15%$CsPbBr_3$/P25 作为光催化剂。

表2-19　催化剂对反应的影响

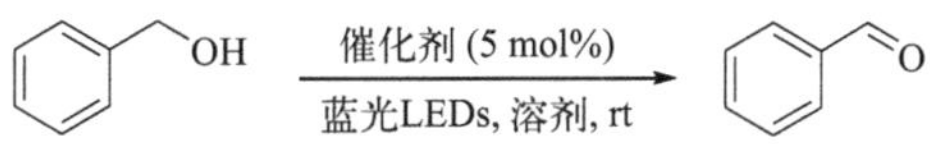

2-4A1　　2-4B1

序号	催化剂	转化率 /%	选择性 /%	产率 /%
1	20%$CsPbBr_3$/P25	82	86	71
2	P25	22	98	21
3	$CsPbBr_3$	77	75	58
4	—	—	—	—
5	20%$CsPbBr_3$/ 锐钛矿	34	＞99	34
6	20%$CsPbBr_3$/ 金红石	12	＞99	12
7	10%$CsPbBr_3$/P25	83	84	70
8	15%$CsPbBr_3$/P25	95	88	84

2.8.2　溶剂的影响

如表 2-20 所示，以 20%$CsPbBr_3$/P25 为催化剂条件下，虽然采用乙酸乙酯、环己烷和 1,2-二氯乙烷等低极性溶剂替代乙腈可提高选择性，但会导致苄醇 **2-4A1** 转化率急剧下降（表 2-20 中序号 2～4）。

表2-20 溶剂对反应的影响

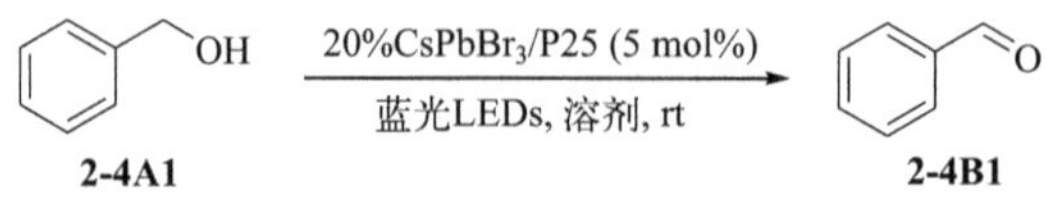

序号	溶剂	转化率 /%	选择性 /%	产率 /%
1	乙腈	82	86	71
2	乙酸乙酯	32	92	29
3	环己烷	49	95	46
4	1,2-二氯乙烷	46	＞99	46

2.8.3 底物兼容性

在伯醇的氧化反应中（图 2-63），带有供电子基团（EDGs）的苄醇类底物的醛类产物（**2-8B2～4**）收率（72%～93%）普遍高于吸电子基团（EWGs）修饰的苄醇类底物（**2-8B8～13**，收率 14%～55%）。深入分析表明，EWGs 取代苄醇的低收率源于反应转化速率迟缓，而不是醛的过度氧化——这一结论得到优异选择性（82%～97%）的佐证。肉桂醇（**2-8A14**）和二元醇（**2-8A15**，

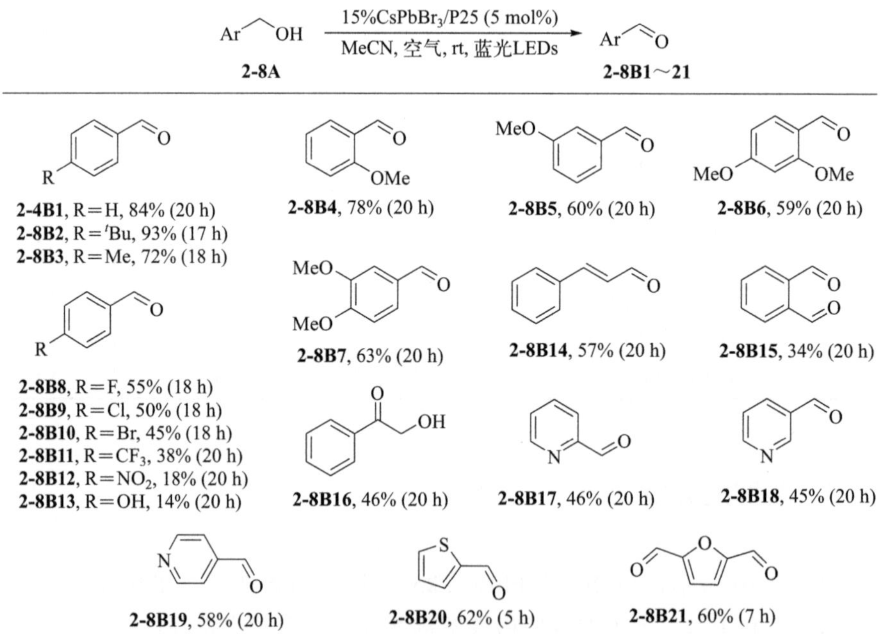

图 2-63 20%$CsPbBr_3$/P25 光催化芳基甲伯醇氧化反应的底物兼容性

2-8A16）可转化为相应醛类（**2-8B14～16**），收率适中（34%～57%），但其选择性低于其他醇类，这归因于：① **2-8B14** 中 C═C 键的进一步氧化断裂；② **2-8A15～16** 的单羟基选择性氧化；③产物 **2-8B14～16** 的过度氧化。系列杂环醛（**2-8B17～21**）以中等收率顺利制得，其中 **2-8B20** 和 **2-8B21** 分别仅需 5 h 和 7 h 即可完成转化，效率显著优于其他醛类。

与伯醇氧化形成鲜明对比的是，所有测试的仲醇均能以＞97% 的超高选择性生成相应酮类产物（图 2-64，**2-8B22～32**），且不受电子效应影响。其中，苯基烷基酮（**2-8B22～27**）的收率高于二苯基酮（**2-8B28～30**），这可能源于苯基的空间位阻效应导致后者生成速率减缓。当二苯醇含强吸电子基时（如 **2-8B29** 收率 50%），其收率明显低于供电子基修饰的同类底物（如 **2-8B28** 收率 76%，**2-8B30** 收率 56%），该现象与伯醇氧化规律一致。

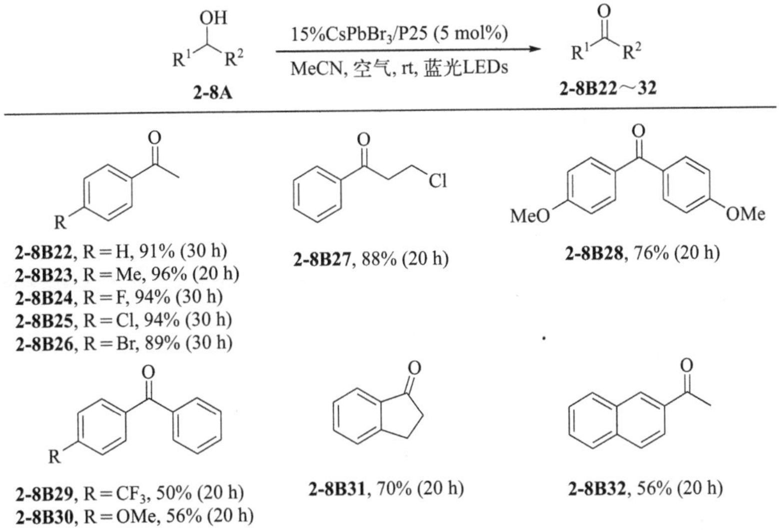

图 2-64　15%$CsPbBr_3$/P25 光催化芳基仲醇氧化反应的底物兼容性

2.8.4　反应机理推测

为阐明 $CsPbBr_3$/P25 复合材料的光催化机理，通过添加不同活性物种捕获剂进行了一系列对照实验：硝酸银（$AgNO_3$，捕获电子 e^-）、草酸铵（AO，捕获空穴 h^+）、异丙醇（^{i}PrOH，捕获·OH）、三氯溴甲烷（$CBrCl_3$，捕获醇阳离子自由基）、丁基羟基甲苯（BHT，捕获·O_2^- 和自由基）以及 2,2,6,6-四甲基哌啶氮氧化物（TEMPO，捕获自由基）。如图 2-65（a）所示，当加入 $AgNO_3$、BHT 和 TEMPO 时，苄醇的转化率显著降低，表明电子和$\cdot O_2^-$在醇氧化反应中起决定性作用。虽然 $CBrCl_3$ 和 ^iPrOH 的加入未影响苄醇转化率，但苯甲醛的选择性分别从 88% 降至 8% 和 51%，证明苄醇阳离子自由基（BACR）是生成苯甲醛的关键活性物种，而·OH 也参与了非决速步骤的氧化过程。此外，AO 的加入导致苄醇转化率从 95% 急剧下降至 65%，表明空穴同样也是重要的活性物种。综上可知，电子、空穴、$\cdot O_2^-$、·OH 及 BACR 均在光催化醇氧化过程中发挥重要作用。EPR 信号的成功检测进一步佐证了这一结论［图 2-65（b）］，但通过 TEMP-$^1O_2$ 加合物的超精细耦合常数（α_N = 16.2 G）仅检测到微量单线态氧（$^1O_2$），表明其并非该氧化反应的主要活性氧物种。

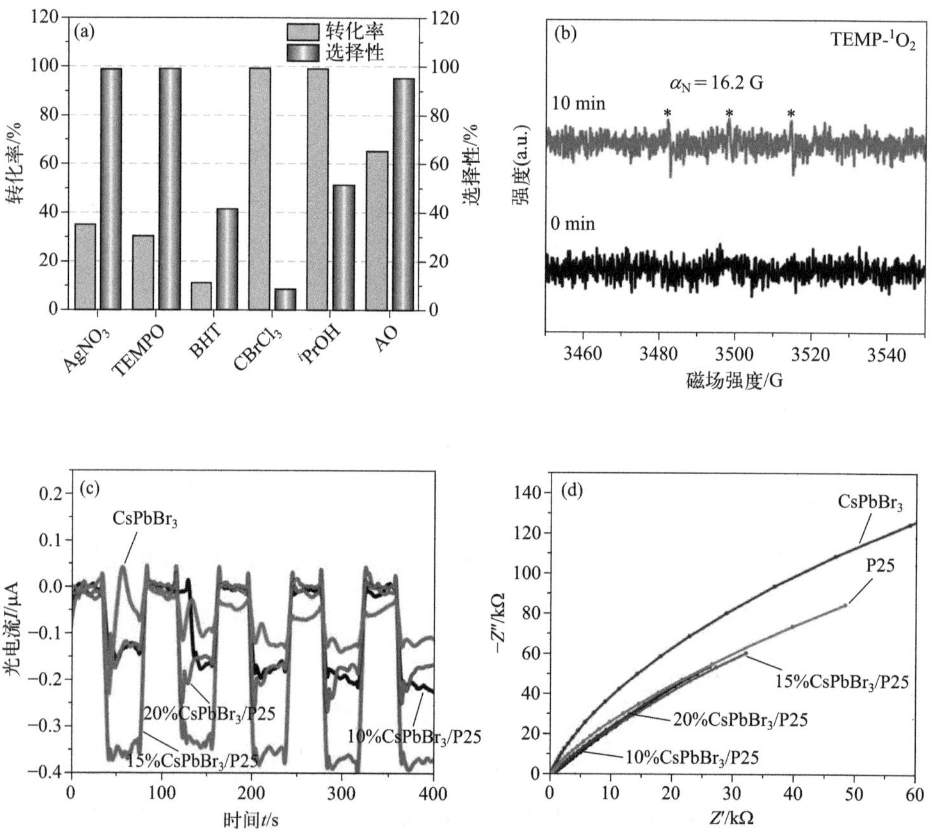

图 2-65 （a）对照实验结果；（b）单线态氧（$^1O_2$）检测的 EPR 谱；（c）$CsPbBr_3$/P25 复合材料及其原始组分的 I–t 曲线与；（d）奈奎斯特图

为揭示 $CsPbBr_3$/P25 复合材料光催化活性的决定性因素，本研究通过多种表征技术对其光电性能进行了系统研究。*I-t* 曲线显示［图 2-65（c）］，$CsPbBr_3$/P25 复合材料的瞬态光电流信号显著强于单一组分，其中 15%$CsPbBr_3$/P25 表现出最优异的载流子分离效率。相比之下，纯 P25 及 $CsPbBr_3$ 分别与锐钛矿（15%$CsPbBr_3$/ 锐钛矿）、金红石（15%$CsPbBr_3$/ 金红石）的复合体系由于瞬态光电流信号较弱，显示出较差的载流子分离能力。电化学阻抗谱（EIS）分析表明［图 2-65（d）］，$CsPbBr_3$/P25 异质结构的奈奎斯特曲线弧半径明显小于单一组分，证实其电荷传输效率得到提升。特别是 15%$CsPbBr_3$/P25 表现出最低的电荷转移电阻。这些结果与光催化性能数据共同证明：光生载流子的分离效率是调控 $CsPbBr_3$/P25 复合材料光催化活性的决定性因素。

基于上述分析，提出了 $CsPbBr_3$/P25 光催化剂选择性氧化苯甲醇（BA）生成苯甲醛（BAD）的反应机理。如图 2-66 所示，在可见光照射下，$CsPbBr_3$/P25 复合材料中的光生载流子遵循 S 型异质结转移路径：P25 导带上的光生电子与 $CsPbBr_3$ 价带空穴复合后，使得 $CsPbBr_3$ 导带保留强还原性电子，而 P25 价带留存强氧化性空穴。这些电子被 O_2 捕获形成$\cdot O_2^-$（EPR 检测证实），空穴则被反应体系中的微量 H_2O 和 BA 猝灭，分别产生$\cdot OH$ 和苯甲醇自由基（BACR，GC-MS 检测证实）［图 2-67（a）］。新生成的$\cdot OH$ 通过夺取 BA 的氢原子形成苯甲醇阳离子（BAC），随后与$\cdot O_2^-$反应最终生成 BAD 和氢过氧自由基［HOO·，EPR 检测，见图 2-67（b）］。此外，BAD 还可通过苯甲醇阳离子自由基与$\cdot O_2^-$直接反应生成。

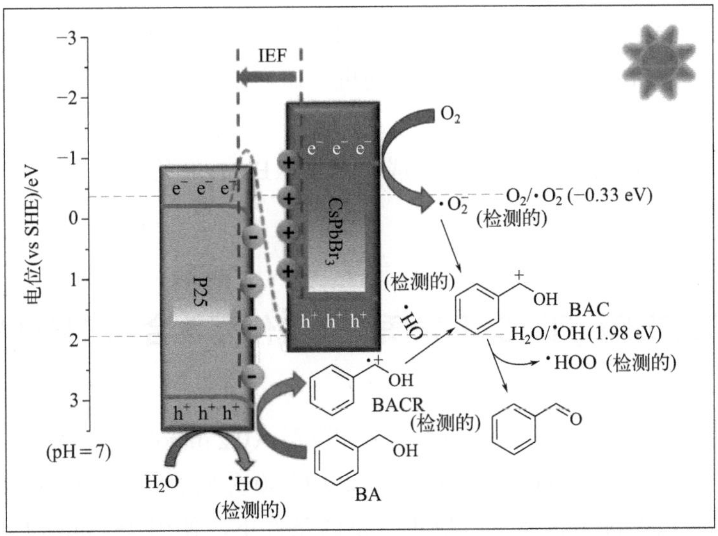

图 2-66　$CsPbBr_3$/P25 复合材料光催化醇氧化反应机理示意图

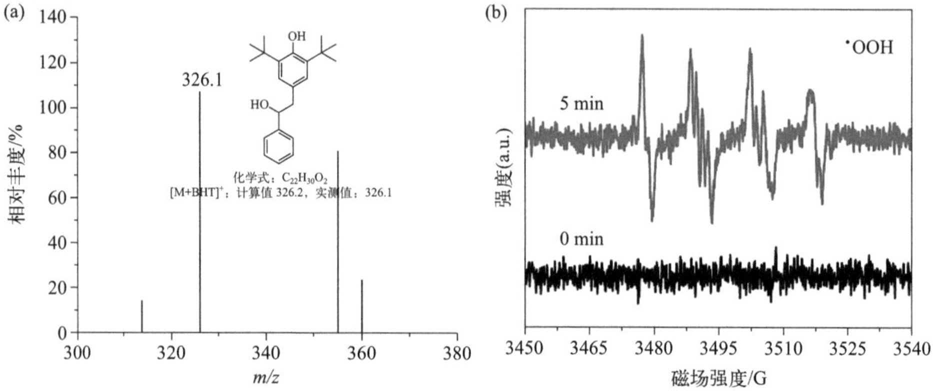

图 2-67 （a）苯甲醇自由基（BACR）与 BHT 加合物的 GC-MS 谱图；（b）氢过氧自由基（HOO·）的 EPR 谱图

2.8.5 小结

本研究通过原位合成法成功构建了具有内置电场的 S 型 $CsPbBr_3$/P25 异质结复合材料，其电子转移方向为从 $CsPbBr_3$ 到 P25。系统的结构表征表明：P25 的引入促进了 $CsPbBr_3$ 与 P25（锐钛矿相与金红石相共存）之间异质界面的形成，从而显著提升了电荷分离与传输效率。该 $CsPbBr_3$/P25 复合材料展现出优异的光催化性能，其最优苯甲醛（BAD）生成速率达 1.91 $mmol\cdot g^{-1}\cdot h^{-1}$。此外，所开发的光催化体系对多种醇类底物（32 例）均表现出良好耐受性，能以较高的收率获得相应醛 / 酮产物。深入的机理研究揭示：光生载流子的分离效率是决定 $CsPbBr_3$/P25 复合材料光催化活性的关键因素，其中光生电子-空穴对及活性氧物种（$\cdot O_2^-$ 和·OH）共同构成了苄醇（BA）氧化为苯甲醛（BAD）的主要活性物种。

2.9 $CsPbBr_3/Ti_3C_2T_x$异质结光催化高效合成二硫化物

在 10 mL 玻璃管中，将 4-甲氧基苯甲硫醇（0.2 mmol）、$CsPbBr_3/10\text{-}Ti_3C_2T_x$ 复合材料（10 表示 10 mg，表 2-21 中，20 和 30 分别表示 20 mg 和 30 mg）与 3.0 mL 乙酸乙酯混合，在空气氛围、室温条件下，使用 457 nm LED（50 W）光源照射并搅拌反应 20 min。反应完成后，通过硅胶板分离产物并计算产率。

2.9.1 催化剂的影响

表 2-21 系统考察了不同催化剂体系对 4-甲氧基苯甲硫醇氧化反应的催化效果。如表 2-21 所示，$CsPbBr_3/10\text{-}Ti_3C_2T_x$ 复合材料展现出最优异的催化性能，产率高达 99%，较单一组分 $CsPbBr_3$（36%）和 $Ti_3C_2T_x$（21%）分别提升了 2.7 倍和 4.7 倍（表 2-21 中序号 2 和 3）。这种显著的协同效应源于复合材料中 $CsPbBr_3$ 与 $Ti_3C_2T_x$ 形成的异质结结构，有效促进了光生载流子的分离与转移。值得注意的是，催化剂负载量对反应效率具有重要影响。当 $Ti_3C_2T_x$ 含量从 10 mg 增加至 30 mg 时，产率由 99% 递减至 83%（表 2-21 中序号 5），可能过量 MXene 纳米片导致活性位点屏蔽或光散射增强。对比实验证实，无催化剂条件下反应产率仅为 16%（表 2-21 中序号 6），凸显了催化剂在光催化反应中的关键作用。这些结果明确表明：通过精确调控 $CsPbBr_3$ 与 $Ti_3C_2T_x$ 的复合比例，可显著优化催化体系的性能，其中 10 mg-$Ti_3C_2T_x$ 负载量在本反应体系中达到最佳平衡。

表2-21　催化剂对反应的影响

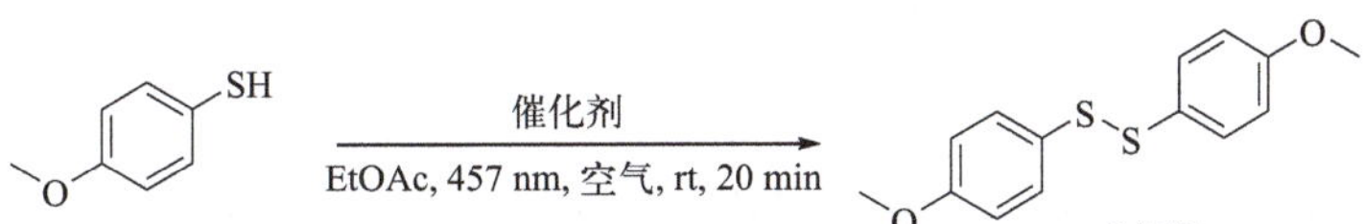

2-6B1　　2-9C1

序号	催化剂	产率 /%
1	$CsPbBr_3/10\text{-}Ti_3C_2T_x$	99
2	$CsPbBr_3$	36
3	$Ti_3C_2T_x$	21
4	$CsPbBr_3/20\text{-}Ti_3C_2T_x$	95
5	$CsPbBr_3/30\text{-}Ti_3C_2T_x$	83
6	无催化剂	16

2.9.2 其他因素的影响

表 2-22 揭示了多因素对反应效率的显著影响。在无光照条件下仅检测到微量产物（表 2-22 中序号 1），证实该反应为典型的光驱动过程，需要光催化剂在特定波长激发下产生活性物种。反应氛围的影响表现为：氮气氛围（19%）较空气氛围（对照 99%）产率急剧下降，说明氧气分子可能作为电子

受体参与催化循环，这一现象符合光催化氧化反应的特征机制。溶剂效应研究表明，溶剂极性对反应具有决定性作用：非极性二氯甲烷（71%）和1,2-二氯乙烷（62%）体系产率明显低于极性溶剂四氢呋喃（83%）和乙腈（80%）。这种差异可能源于：①极性溶剂更有利于稳定极性过渡态；②影响催化剂分散性；③改变底物溶剂化程度。这些发现为光催化反应体系的优化提供了重要依据：需综合考虑反应氛围的氧化性及溶剂的极性/配位能力。

表2-22　其他因素对反应的影响

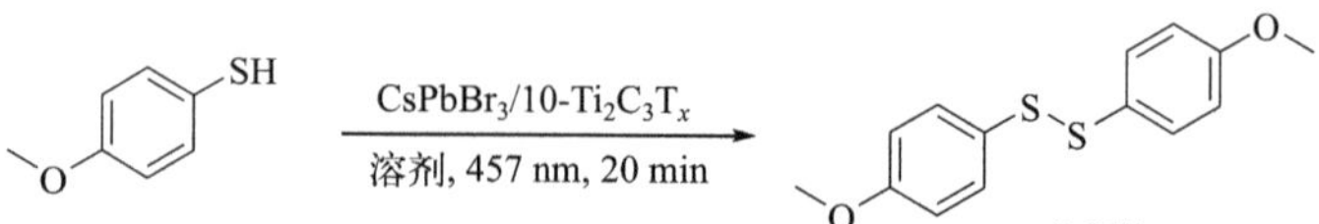

序号	其他因素	产率/%
1	无光照	微量
2	氮气	19
3	二氯甲烷	71
4	1,2-二氯乙烷	62
5	四氢呋喃	83
6	乙腈	80
7	乙酸乙酯	99

2.9.3　底物兼容性

为验证该方法的普适性，在优化反应条件下测试了一系列硫醇化合物的反应效果（图2-68）。实验表明，无论是（杂）芳基硫醇还是烷基硫醇都能顺利形成二硫化物。其中，含有吸电子基团（**2-9C2～4**）、供电子基团（**2-9C5～8**）的芳香族硫醇以及杂环硫醇（**2-9C12**）表现尤为突出，均能以高效率获得良好至优异的产率。特别值得注意的是，该催化体系对羟基、氨基等活性基团展现出良好的耐受性（**2-9C6**和**2-9C7**分别获得94%和97%产率），即使存在空间位阻的底物仍能保持优异产率（**2-9C9～11**）。在成功制备对称二硫化物后，进一步探索不对称二硫化物的合成。令人欣喜的是，芳基硫醇之间的交叉反应（其中一种硫醇含供电子或吸电子取代基）能顺利生成不对称二硫化物（**2-9C14～18**），产率达51%～67%。而芳基硫醇与脂肪族硫醇的反应也能以50%～89%的产率获得目标产物（**2-9C19～22**）。上述结果充分证明了

$CsPbBr_3/10\text{-}Ti_3C_2T_x$ 纳米复合材料在有机合成中的广泛适用性和实用价值。

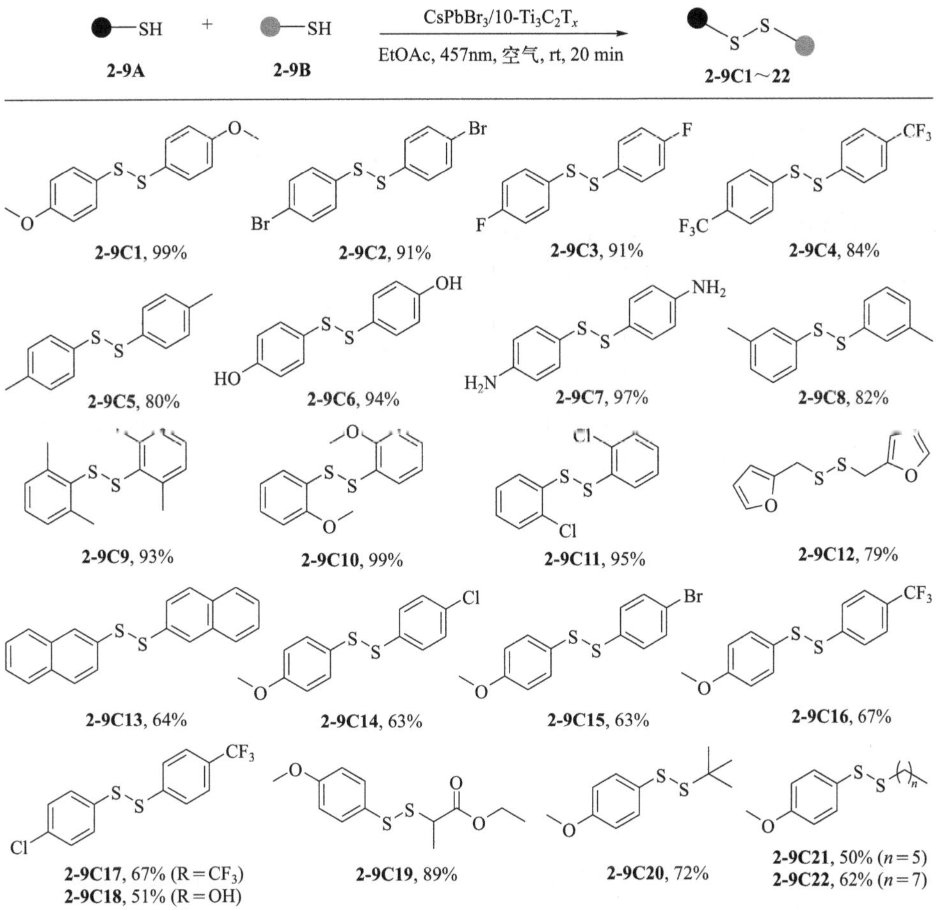

图 2-68 $CsPbBr_3/10\text{-}Ti_3C_2T_x$ 光催化二硫化合物合成的底物兼容性

2.9.4 放大实验及 $CsPbBr_3/Ti_3C_2T_x$ 的重复使用性

为验证所开发方法的实际应用潜力，系统评估了克级制备性能和纳米复合材料的循环稳定性。如图 2-69（a）所示，在优化条件下进行 4-甲氧基苯甲硫醇 **2-6B1**（8.0 mmol）的放大反应，仍能以 92% 的高产率获得产物 **2-9C1**（1.03 g）。作为高效的三相异质结光催化剂，$CsPbBr_3/10\text{-}Ti_3C_2T_x$ 纳米复合材料可通过简单过滤或离心实现分离。循环实验表明［图 2-69（b）］，连续使用 5 次后产率未出现显著下降，证实了该纳米复合材料的高稳定性，该结论进一步得到 XRD 分析结果的支持［图 2-69（c）］。

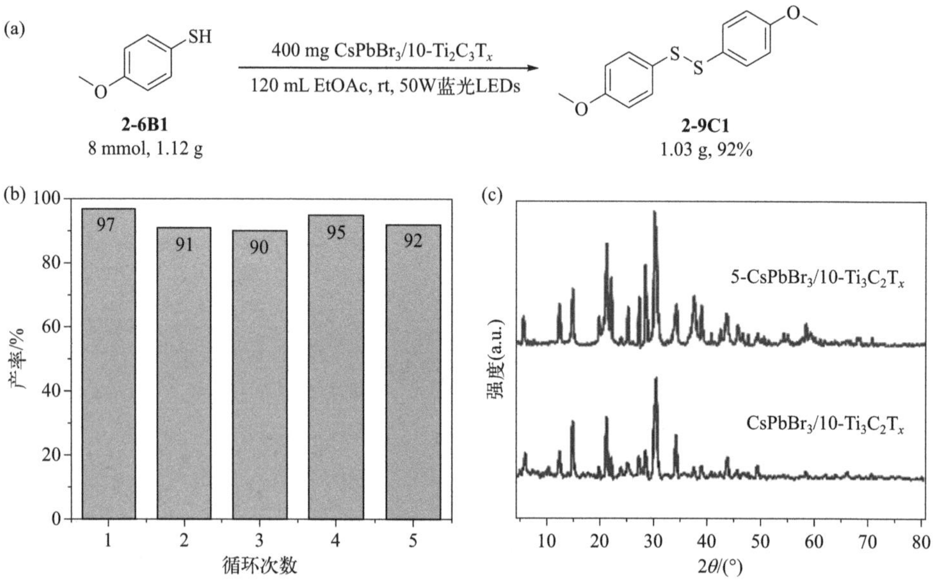

图 2-69 （a）放大实验；（b）$CsPbBr_3/10-Ti_3C_2T_x$ MXenes 材料的循环测试；（c）X 射线衍射图谱

2.9.5 反应机理推测

此外，本研究采用碘化钾（KI）、硝酸银（$AgNO_3$）、对苯醌（*p*-BQ）、1,4-二氮杂二环［2.2.2］辛烷（DABCO）和异丙醇（IPA）分别作为空穴（h^+）、电子（e^-）、超氧自由基（$\cdot O_2^-$）、单线态氧（$^1O_2$）和羟基自由基（·OH）的捕获剂。如图 2-70（a）所示，添加 KI、CCl_4 和 *p*-BQ 可显著抑制产物 **2-9C1** 的生成，表明光催化反应过程中有 e^-、h^+ 和$\cdot O_2^-$的参与。该结果同时提示单线态氧与·OH 可能未参与氧化过程。图 2-70(b) 展示了 $CsPbBr_3$ 量子点的 $(\alpha h\nu)^2$-$h\nu$ 曲线及 XPS 价带谱。通过 Kubelka-Munk 函数计算得出 $CsPbBr_3$ 量子点的带隙为 2.32 eV，其价带位置相对于标准氢电极（SHE）为 1.47 eV。

为了更深入地理解硫醇偶联反应中活性物种的作用机制，本研究采用电子顺磁共振（EPR）技术，以 5,5-二甲基-1-吡咯啉-*N*-氧化物（DMPO）和 2,2,6,6-四甲基哌啶氮氧化物（TEMPO）作为捕获剂进行分析。如图 2-71（a）所示，在黑暗条件下未检测到明显信号；而在光照条件下观察到四个特征峰，

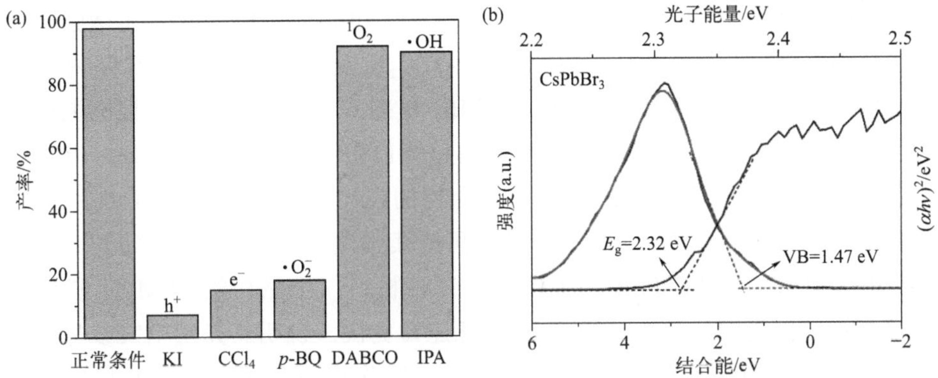

图 2-70 （a）活性物种捕获实验；（b）$CsPbBr_3$ 纳米晶的 $(\alpha h\nu)^2$–$h\nu$ 曲线及 XPS 价带谱

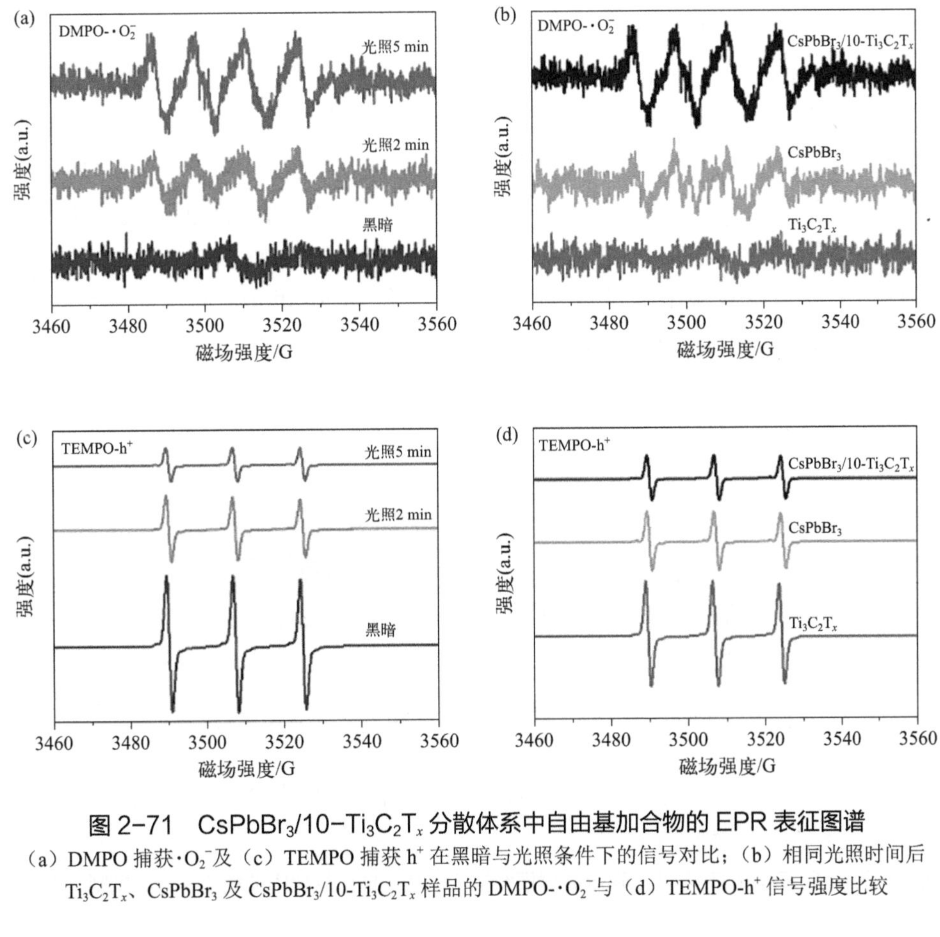

图 2-71 $CsPbBr_3/10\text{-}Ti_3C_2T_x$ 分散体系中自由基加合物的 EPR 表征图谱

（a）DMPO 捕获$\cdot O_2^-$及（c）TEMPO 捕获 h^+ 在黑暗与光照条件下的信号对比；（b）相同光照时间后 $Ti_3C_2T_x$、$CsPbBr_3$ 及 $CsPbBr_3/10\text{-}Ti_3C_2T_x$ 样品的 DMPO-$\cdot O_2^-$与（d）TEMPO-h^+ 信号强度比较

与 DMPO-$\cdot O_2^-$加合物的特征峰相符，且信号强度随光照时间延长而增强［图 2-71（b）］。值得注意的是，$CsPbBr_3/10\text{-}Ti_3C_2T_x$ 复合材料在相同时间内产生的$\cdot O_2^-$信号强度显著高于单一组分 $CsPbBr_3$ 和 $Ti_3C_2T_x$，这与光催化性能测试结果一致，表明该复合材料具有更高效的超氧自由基生成能力。此外，EPR 检测发现黑暗条件下存在 TEMPO-h^+ 加合物的三个特征峰［图 2-71（c）］，其强度在光照后明显减弱，且随光照时间持续强度降低［图 2-71（d）］。对比 $CsPbBr_3$、$Ti_3C_2T_x$ 和 $CsPbBr_3/10\text{-}Ti_3C_2T_x$ 三种材料，虽然初始 TEMPO-h^+ 信号强度相近，但光照后复合材料的 h^+ 消耗速率更快，说明其光生空穴参与反应的效率更高。EPR 结果证实：h^+ 与$\cdot O_2^-$的协同作用驱动了硫醇偶联反应，而 $CsPbBr_3/10\text{-}Ti_3C_2T_x$ 异质结构因其优异的光生载流子分离效率，显著提升了这一催化过程。

基于上述分析，提出如图 2-72 所示的反应机理：在可见光照射下，$CsPbBr_3$ 纳米晶（NCs）的导带和价带分别产生光生电子和空穴。由于单层 $Ti_3C_2T_x$ MXene 优异的导电性及其与 $CsPbBr_3$ NCs 的紧密接触，光生电子能够从 $CsPbBr_3$ 导带快速迁移至 $Ti_3C_2T_x$ MXene。这一过程不仅抑制了 $CsPbBr_3$ 表面的电荷复合，更显著提升了材料体相中的电荷分离与传输效率。光生电子在 $Ti_3C_2T_x$ 表面的快速迁移有效促进了 O_2 还原为$\cdot O_2^-$的过程。与此同时，$CsPbBr_3$ 价带上留存的光生空穴利用率也得到显著提升，可高效催化硫醇底物氧化为硫醇自由基阳离子，进而与$\cdot O_2^-$反应生成二硫化物。二维 $Ti_3C_2T_x$ MXene 的超薄特性大幅缩短了载流子向材料表面的迁移距离，而 $CsPbBr_3$ NCs 与 MXene 的紧密界面进一步加速了电荷转移过程。

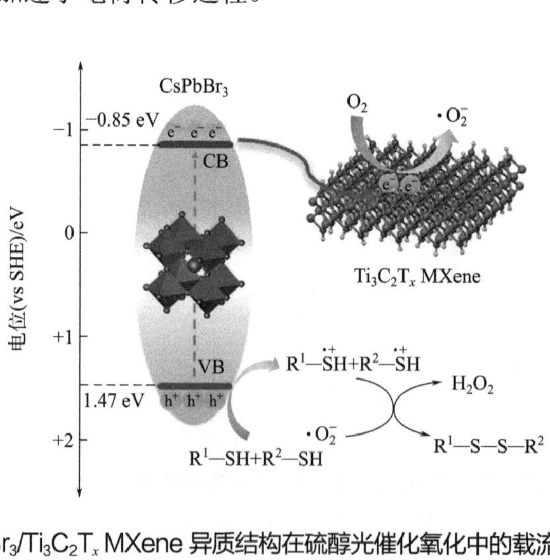

图 2-72　$CsPbBr_3/Ti_3C_2T_x$ MXene 异质结构在硫醇光催化氧化中的载流子分离机制示意图

2.9.6 小结

综上所述，本研究开发了一种基于单层 $Ti_3C_2T_x$ MXene 纳米片原位生长的全无机 $CsPbBr_3$ 钙钛矿异质结构建策略。通过无配体辅助的合成方法，实现了晶粒尺寸均一、结晶性优异的 $CsPbBr_3$·NCs 在 MXene 纳米片表面的均匀负载，并形成了钙钛矿纳米晶与 MXene 间具有强相互作用的紧密界面接触。作为光催化剂，该异质结构在 20 min 内即可高效催化硫醇氧化生成多种对称与不对称二硫化物，产物生成速率达 29700 $\mu mol \cdot g^{-1} \cdot h^{-1}$，显著优于已报道的典型催化剂。此外，单层 MXene 纳米片的引入显著提升了 $CsPbBr_3$ 纳米晶的光稳定性。综合表征结果表明，得益于 $CsPbBr_3$ 与高导电性 $Ti_3C_2T_x$ MXene 间形成的紧密异质界面，光生载流子的分离与传输效率大幅提高，载流子复合被有效抑制，从而赋予了材料优异的光催化性能。本研究为钙钛矿基复合材料的设计提供了新平台，并展示了其在光催化有机合成领域的巨大应用潜力。

参考文献

[1] Zhou H, Chen Q, Li G, et al. Interface engineering of highly efficient perovskite solar cells[J]. Science, 2014, 345: 542-546.

[2] Lü W Z, Li L, Xu M C, et al. Improving the stability of metal halide perovskite quantum dots by encapsulation[J]. Advanced Materials, 2019, 31: 1900682.

[3] Li X M, Wu Y, Zhang S L, et al. $CsPbX_3$ quantum dots for lighting and displays: Room-temperature synthesis, photoluminescence superiorities, underlying origins and white light-emitting diodes[J]. Advanced Functional Materials, 2016, 26: 2435-2445.

[4] Liu Y, Li F S, Li Q Q, et al. Emissions at perovskite quantum dot/film interface with halide anion exchange[J]. ACS Photonics, 2018, 5: 4504-4512.

[5] Park S, Chang W J, Lee C W, et al. Photocatalytic hydrogen generation from hydriodic acid using methylammonium lead iodide in dynamic equilibrium with aqueous solution[J]. Nature Energy, 2016, 2: 16185.

[6] Ha S T, Su R, Xing J, et al. Metal halide perovskite nanomaterials: Synthesis and applications[J]. Chemical Science, 2017, 8: 2522-2536.

[7] Li X, Cao F, Yu D, et al. All inorganic halide perovskites nanosystem: synthesis, structural features, optical properties and optoelectronic applications[J]. Small, 2017, 13: 1603996.

[8] Akkerman Q A, Raino G, Kovalenko M V, et al. Genesis challenges and opportunities for colloidal lead halide perovskite nanocrystals[J]. Nature Materials, 2018, 17: 394.

[9] Bai S, Yuan Z, Gao F, et al. Colloidal metal halide perovskite nanocrystals: Synthesis characterization and applications[J]. Journal of Materials Chemistry C, 2016, 4: 3898-3904.

[10] Atourki L, Vega E, Man B, et al. Role of the chemical substitution on the structural and luminescence properties of the mixed halide perovskite thin $MAPbI_{3-x}Br_x$ ($0 \leqslant x \leqslant 1$) films[J]. Applied Surface Science, 2016, 371: 112-117.

[11] Otto T, Muller M, Mundra P, et al. Colloidal nanocrystals embedded in macrocrystals: Robustness, photostability, and color purity[J]. Nano Letters, 2012, 12: 5348-5354.

[12] Hanske C, Hill E H, Vila-Liarte D, et al. Solvent-assisted self-assembly of gold nanorods into hierarchically organized plasmonic mesostructures[J]. ACS Applied Materials & Interfaces, 2019, 11: 11763-11771.

[13] Shao H, Bai X, Pan G, et al. Highly efficient and stable blue-emitting $CsPbBr_3$@ SiO_2 nanospheres through low temperature synthesis for nanoprinting and wled[J]. Nanotechnology, 2018, 29: 285706.

[14] Loiudice A, Saris S, Oveisi E, et al. $CsPbBr_3$ QD/AlO_x inorganic nanocomposites with exceptional stability in water light and heat[J]. Angewandte Chemie International Edition, 2017, 56: 10696-10701.

[15] Liao J F, Xu Y F, Wang X D, et al. $CsPbBr_3$ nanocrystal/MO_2 (M=Si, Ti, Sn) composites: Insight into charge-carrier dynamics and photoelectrochemical applications[J]. ACS Applied Materials & Interfaces, 2018, 10: 42301-42309.

[16] Liu S, He M, Di X, et al. $CsPbX_3$ nanocrystals films coated on YAG: Ce^{3+} pig for warm white lighting source[J]. Chemical Engineering Journal, 2017, 330: 823-830.

[17] Xin Y, Zhao H, Zhang J, et al. Highly stable and luminescent perovskite-polymer composites from a convenient and universal strategy[J]. ACS Applied Materials & Interfaces, 2018, 10: 4971-4980.

[18] Zhou Q, Bai Z, Lu W G, et al. In situ fabrication of halide perovskite nanocrystal-embedded polymer composite films with enhanced photoluminescence for display backlights[J]. Advanced Materials, 2016, 28: 9163-9168.

[19] Li Z J, Hofman E, Li J, et al. Photoelectrochemically active and environmentally stable $CsPbBr_3/TiO_2$ core/shell nanocrystals[J]. Advanced Functional Materials, 2018, 28: 1704288.

[20] Zhang P, Zhang G D, Liu L, et al. Anisotropic optoelectronic properties of melt-grown bulk $CsPbBr_3$ single crystal[J]. The Journal of Physical Chemistry Letters, 2018, 9: 5040-5046.

[21] Stoumpos C C, Malliakas C D, Peters J A, et al. Crystal growth of the perovskite semiconductor $CsPbBr_3$: A new material for high-energy radiation detection[J]. Crystal Growth & Design, 2013, 13: 2722-2727.

[22] Li J C, Du X Y, Niu G G, et al. Rubidium doping to enhance carrier transport in $CsPbBr_3$ single crystals for high-performance X-ray detection[J]. ACS Applied Materials & Interfaces, 2020, 12: 989-996.

[23] Duan J L, Zhao Y Y, Wang Y D, et al. Hole-boosted $Cu(Cr,M)O_2$ nanocrystals for all-inorganic $CsPbBr_3$ perovskite solar cells[J]. Angewandte Chemie International Edition, 2019, 58: 16147-16151.

[24] Zhu X, Lin Y, Martin J S, et al. Lead halide perovskites for photocatalytic organic synthesis[J]. Nature Communications, 2019, 10: 2843.

[25] Mondal S, Banerjee S, Bera S, et al. $CsPbBr_3$ perovskite polyhedral nanocrystal photocatalysts for decarboxylative alkylation via C_{sp^3}—H bond activation of unactivated ethers[J]. ACS Catalysis, 2024, 14: 6633-6643.

第3章

无铅钙钛矿 $Cs_2AgBiBr_6$ 及其复合材料光催化氧化反应

3.1 引言

尽管钙钛矿光电器件取得了显著进展，但铅基钙钛矿仍面临两大关键问题：稳定性不足与铅毒性。具体而言，卤化铅钙钛矿薄膜对环境条件（氧气和水分）、持续光照及高温极为敏感，导致材料快速降解。虽然研究者已投入大量努力提升钙钛矿太阳能电池（PeSCs）的稳定性，但其使用寿命仍远未达到商用光伏组件 25 年的质保要求。而对于钙钛矿发光二极管（PeLEDs），其工作稳定性更为堪忧——由于离子迁移、电化学反应及界面反应等问题，目前报道的大多数器件寿命（T_{50}）普遍局限在数十至数百小时 [1]。铅毒性则是商业化道路上的另一重大障碍。铅作为一种具有生物累积性的隐蔽危害物，可能导致不可逆的健康损害。尽管现有技术通过精密封装器件、采用铅吸附材料捕获铅离子并严格回收，但仍无法完全确保铅元素不会泄漏至环境中。

为解决上述问题，研究者们致力于开发无铅钙钛矿材料，以期在保持铅基钙钛矿优异光电性能的同时实现高稳定性和无毒化。由于铅基钙钛矿的卓越性能源于 Pb^{2+} 的 $6s^2$ 孤对电子特性，同主族的二价锡（Sn^{2+}）和锗（Ge^{2+}）最初被用作铅替代元素。然而，Sn/Ge 基钙钛矿因 Sn^{2+} 和 Ge^{2+} 易氧化为 +4 价而稳定性极差，且 Sn 在环境中的生物毒性可能超过 Pb[2]。新的解决方案是采用“单价 + 三价”金属阳离子协同替代 Pb^{2+}，构建化学通式为 $A_2B^+B^{3+}X_6$ 的有序双钙钛矿结构。该策略在保持三维钙钛矿框架的同时引入组分多样性，展现出显著优势。通过组合不同 A 位（K、Rb、Cs）、B^+ 位（Li、Na、K、Rb、Cs、Ag）、B^{3+} 位（Al、Ga、In、Sb、Bi、Sc、Y）及 X 位（F、Cl、Br、I）元素，目前已有超过 100 种双钙钛矿材料通过理论预测被证实具有热力学稳定性，这些材料的结构容差因子和八面体因子均处于合理范围内 [3]。双钙钛矿材料兼具结构 / 功能多样性与高稳定性等显著优势，成为极具前景的无铅光电材料体系，在太阳能电池、LEDs、辐射探测等众多光电应用领域展现出广阔的应用潜力。

在众多双钙钛矿材料中，$Cs_2AgBiBr_6$ 表现尤为突出——其不仅具备与铅基钙钛矿相似的光电特性（包括三维晶体结构、较长载流子寿命及较小有效质量），还兼具高环境稳定性和低毒性的显著优势。目前，$Cs_2AgBiBr_6$ 太阳能电池已实现超过 3% 的光电转换效率（PCE），其单晶材料更展现出优异的 X 射线探测性能（可检测剂量率低至 59.7 $nGy \cdot s^{-1}$），这标志着该材料在光伏与辐射探测领域的双重应用潜力 [4,5]。$Cs_2AgBiBr_6$ 在室温下呈现立方双钙钛矿结构

（空间群 *Fm3m*，晶格参数 11.27 Å）[6]，其晶体学特征与铅基钙钛矿高度相似，这种典型的岩盐有序结构由 $[AgBr_6]^{5-}$八面体和 $[BiBr_6]^{3-}$八面体通过顶角连接三维网络构成，Cs^+ 则填充于骨架空隙之中（图 3-1）。八面体结构构型（包括体积变化与畸变 / 倾斜）对钙钛矿材料的电子结构具有决定性影响，进而调控其光电性能。其中，键长与键角的变化是导致结构畸变的主要因素。

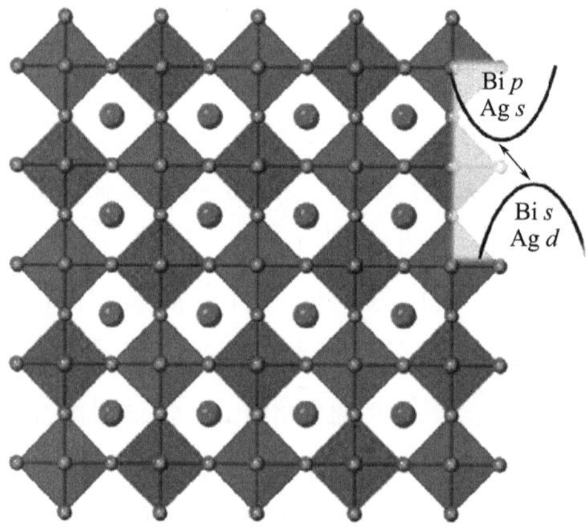

图 3-1　有序双钙钛矿 $Cs_2AgBiBr_6$[6]

$Cs_2AgBiBr_6$ 材料的合成工艺（包括单晶、薄膜、纳米晶及量子点）具有操作简便的特点。目前，块体钙钛矿单晶的制备主要采用冷却诱导结晶法、逆温结晶法、反溶剂气相结晶法和缓慢溶剂挥发法等技术。若精确调控前驱体化学计量比，通过一步溶液沉积法（旋涂或喷涂）即可获得高质量 $Cs_2AgBiBr_6$ 薄膜 [7]。相比之下，真空蒸镀法制备的薄膜常因卤素损失导致点缺陷增多。研究显示，采用热注射法和配体辅助再沉淀法可制备形貌均一、高纯度、高结晶度的 $Cs_2AgBiBr_6$ 纳米晶与量子点 [8,9]，其显著的量子限域效应使这类纳米材料在发光领域颇具潜力。Yang 团队 [10] 近期发表的论文对相关合成方法进行了系统评述。需要特别强调的是，$Cs_2AgBiBr_6$ 的化学计量比、原子排布、化学键合、能级结构、结晶度、电导率及载流子迁移率等特性均与制备方法密切相关。

$Cs_2AgBiBr_6$ 最吸引人的特性之一是其相较于铅基材料具有更为优异的稳定性。全无机 $Cs_2AgBiBr_6$ 表现出优异的耐湿性、耐光性和热稳定性；晶体在环境大气中长达 240 天均无分解迹象，甚至化学键也保持不变 [11]。此外，当晶体在 50℃下用卤素灯（0.75 个太阳强度）照射 30 天，或在 100℃下加热 72 h，均未检测到分解迹象，且仅在温度高于 430℃时才观察到质量损失 [12]。通过相热力学稳定性图评估和实验结果均证实，作为一种四元化合物，$Cs_2AgBiBr_6$ 可形成单相结构，不存在任何竞争性的二元或三元相。虽然 $Cs_2AgBiBr_6$ 在室温下通常以面心立方结构的 *Fm3m* 空间群结晶，但当降低温度、调节材料尺寸、使用高压处理或在晶格中引入新元素时，可能会发生相变（立方相、四方相、单斜相和三斜相）。

$Cs_2AgBiBr_6$ 作为一种极具潜力的无铅双钙钛矿材料，凭借其高稳定性、无毒以及优异的光电性能，在多个领域展现出广阔的应用前景。在太阳能电池领域，尽管其间接宽带隙限制了光电转换效率，但通过材料优化和器件工程，如 Sb 合金化、界面修饰等方法，有望进一步提升性能。在光 /X 射线探测方面，它具有高灵敏度和低检测限，例如 X 射线探测器的检测限可达 59.7 $nGy \cdot s^{-1}$，且通过表面钝化等手段可进一步改善其性能。此外，其低维衍生物展现出铁电特性，如 $(CPA)_4AgBiBr_8$ 在室温下具有铁电性，自发极化强度达 3.2 $\mu C \cdot cm^{-2}$，为铁电存储和传感器应用提供了可能 [13]。同时，Fe^{3+} 掺杂的 $Cs_2AgBiBr_6$ 表现出磁性，为自旋电子学应用奠定了基础 [6,14]。在光催化、发光器件等领域，通过掺杂稀土离子如 Yb^{3+}、Eu^{3+}，可实现近红外发光，拓展了其在生物成像和光电器件中的应用 [15]。

$Cs_2AgBiBr_6$ 还为能源相关的光催化领域提供了新机遇。基本的光催化机制包括吸收光子以产生电子和空穴、电荷分离并迁移至反应位点，以及由光诱导的电子和空穴介导的化学氧化 / 还原反应 [16]。除了光催化材料的传统标准（高吸光性、高效电荷分离和适当的氧化还原能力）外，$Cs_2AgBiBr_6$ 在不同催化条件下（如强酸性 / 碱性溶液和高还原性 / 氧化性气氛）具有更强的操作化学稳定性 [17]。典型地，$Cs_2AgBiBr_6$ 纳米晶体可将 CO_2 转化为太阳能燃料（如 CO 和 CH_4），在 6 h 内实现 105 $\mu mol \cdot g^{-1}$ 的总电子消耗量，且未检测到 H_2 副产物 [18]。除了 CO_2 还原，$Cs_2AgBiBr_6$ 在染料降解和 H_2 生成中也有成功应用 [19-21]。由于其电性能对湿度的高依赖性，$Cs_2AgBiBr_6$ 薄膜还可作为湿度传感器，表现出快速的响应时间（1.78 s）和恢复时间（0.45 s）[22]。

3.2　无铅钙钛矿 $Cs_2AgBiBr_6$ 及其复合材料的制备及表征

3.2.1　$Cs_2AgBiBr_6$ 微米晶的制备及结构表征

$Cs_2AgBiBr_6$（CABB）的合成：将 2.130 g CsBr（10.0 mmol）、0.940 g AgBr

（5.0 mmol）和 2.245 g $BiBr_3$（5.0 mmol）加入装有 50 mL 48% 氢溴酸（HBr）的 100 mL 圆底烧瓶中。将混合物加热至 110℃反应 2 h，随后冷却至室温。溶液中析出橙色粉末，经 8000 $r·min^{-1}$ 离心 5 min，并在 70℃减压干燥 4 h，得到 CABB 产物。将 CABB 产物溶解于 DMSO 中，配制成 50 $mmol·L^{-1}$ 的透明溶液。取 1 mL 该透明溶液加入 10 mL 二氯甲烷（DCM）中，析出沉淀后，以 8000 $r·min^{-1}$ 离心 5 min，并于 70℃减压干燥过夜，最终获得 CABB 纳米颗粒。

对所制备的 $Cs_2AgBiBr_6$ 进行结构表征，结果如图 3-2 所示。SEM 分析表明，所制备的 $Cs_2AgBiBr_6$ 微晶（MCs）具有立方双钙钛矿结构［图 3-2（a）］。EDX 面扫分析显示，所有元素（Br、Bi、Cs 和 Ag）在材料中均匀分布，表明 $Cs_2AgBiBr_6$ 的物相分布均一［图 3-2（c）］。通过粉末 X 射线衍射（XRD）测试进一步证实了立方晶相，所有布拉格衍射峰位置均与文献报道吻合良好［图 3-2（b）］。高分辨透射电子显微镜（HRTEM）观测结果显示，$Cs_2AgBiBr_6$ 呈立方体形貌，正交晶格条纹的间距 d 为 0.306 nm，表明样品具有高结晶度［图 3-2（d）］。

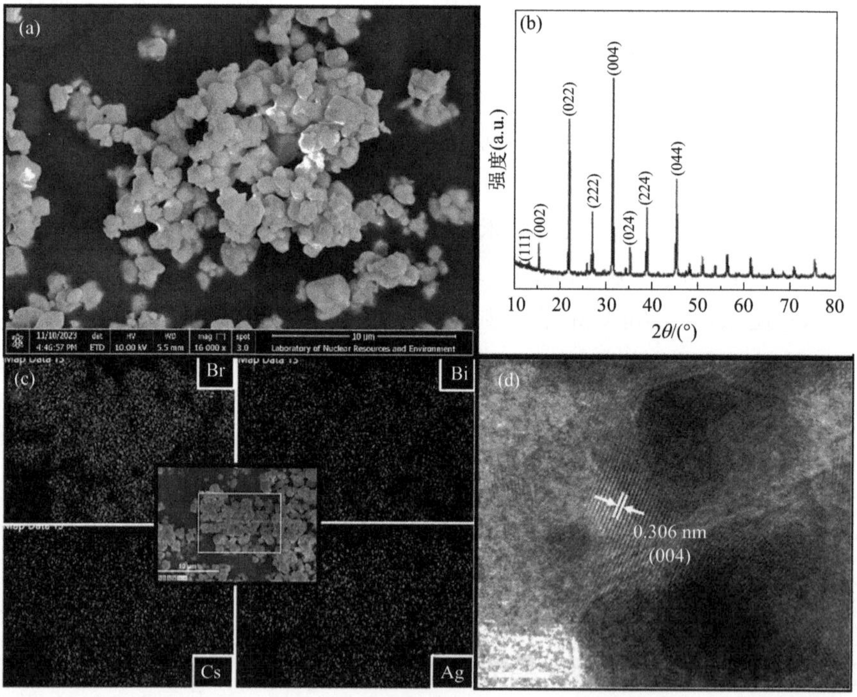

图 3-2 （a）SEM 图；（b）粉末 XRD 图谱；（c）SEM 图及相应的 EDX 面扫图谱；（d）HRTEM 图

粉末样品的紫外-可见吸收光谱显示，在 600～700 nm 范围内存在弱吸收区，在 450～550 nm 范围内吸收强度急剧上升［见图 3-3（a）］，表明其带隙约为 2.07 eV［图 3-3（b）］。

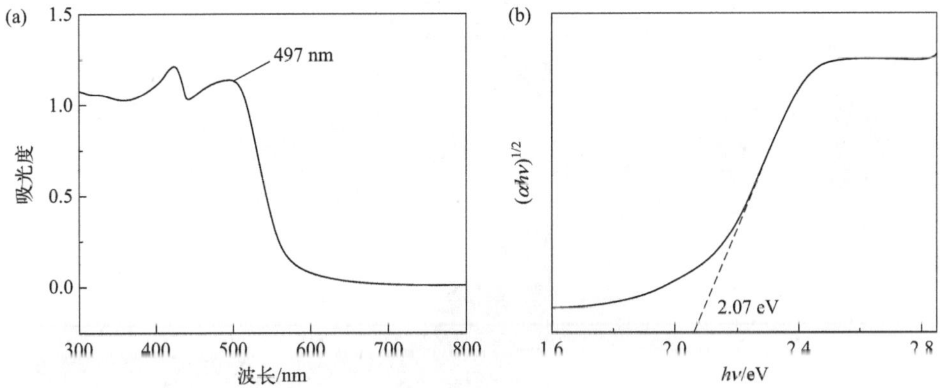

图 3-3　紫外-可见吸收光谱（a）及对应的 Tauc 曲线（b）

3.2.2　$Cs_2AgBiBr_6$ 纳米晶的制备及结构表征

将 203.5 mg Cs_2CO_3、10 mL 十八烯（ODE）和 0.625 mL 油酸（OA）加入 100 mL 三颈圆底烧瓶中，在 120℃下真空处理 1 h，随后在 N_2 氛围中加热至 150℃，直至形成澄清的油酸铯溶液。

另取一个 100 mL 三颈圆底烧瓶，加入 90 mg $BiBr_3$、34 mg $AgNO_3$、2 mL OA、2 mL OLA（油胺）、8 mL ODE 和 0.2 mL HBr，在 120℃下真空处理至少 1 h 以去除溶剂中的残余气体和水分。待 $AgNO_3$ 和 $BiBr_3$ 完全溶解后，在 N_2 氛围下将反应混合物升温至 200℃，并在剧烈搅拌下迅速注入 1.6 mL 预热的油酸铯溶液。反应 5 s 后，立即将烧瓶置于冰水浴中快速冷却至室温。将粗产物溶液在 7000 $r \cdot min^{-1}$ 下离心 5 min 以分离纳米晶，沉淀物用二氯甲烷重新分散，并在 8000 $r \cdot min^{-1}$ 下再次离心 5 min，重复洗涤一次后收集沉淀，弃去上清液。最后将产物在 70℃下干燥 30 min，得到 $Cs_2AgBiBr_6$ 纳米晶。

$Cs_2AgBiBr_6$ 纳米晶（CABB-1）通过热注射法合成，而 $Cs_2AgBiBr_6$ 微晶（CABB-2）则采用室温反溶剂结晶法实现了克级制备。为揭示所制备 $Cs_2AgBiBr_6$ 的结构与形貌特征，首先进行了 SEM 表征（图 3-4）。SEM 结果显示，$Cs_2AgBiBr_6$ 微晶呈不规则形状，由微米级颗粒组成［图 3-4（a）］；而 $Cs_2AgBiBr_6$ 纳米晶表面均匀但晶界模糊，并存在大量孔隙［图 3-4（b）和（c）］。

能量色散X射线（EDX）面扫分析证实所有元素（Cs、Ag、Bi和Br）在材料中均匀分布，表明$Cs_2AgBiBr_6$纳米晶具有均一的物相分布。

图3-4 （a）$Cs_2AgBiBr_6$微晶的SEM图；（b）、（c）$Cs_2AgBiBr_6$纳米晶的SEM图及对应的Cs、Ag、Bi、Br元素EDX面扫图谱

通过TEM进一步研究了$Cs_2AgBiBr_6$纳米晶的形貌和尺寸分布。图3-5（a）显示纳米晶具有界限分明的立方体形貌且分布均匀，尺寸统计表明其平均粒径为6.95 nm。图3-5（b）的高分辨TEM（HRTEM）图像显示纳米晶结晶度良好，0.28 nm的清晰晶格条纹对应于（004）晶面。采用粉末XRD对$Cs_2AgBiBr_6$的晶相进行表征。根据Scherrer公式，纳米晶的晶粒尺寸越小，X射线衍射峰宽化越显著。图3-6（a）展示了$Cs_2AgBiBr_6$纳米晶与微晶的XRD谱图，二者均与立方钙钛矿结构标准卡片相匹配。通过XRD图谱分析可以发现，由于晶粒尺寸更大，$Cs_2AgBiBr_6$微晶（CABB-2）显示出更窄的衍射峰。其主要衍射峰位于14.04°、16.12°、22.62°、27.81°、32.23°、35.98°、39.57°和45.99°，分别对应（111）、（002）、（022）、（222）、（004）、（024）、（224）和（044）晶面。

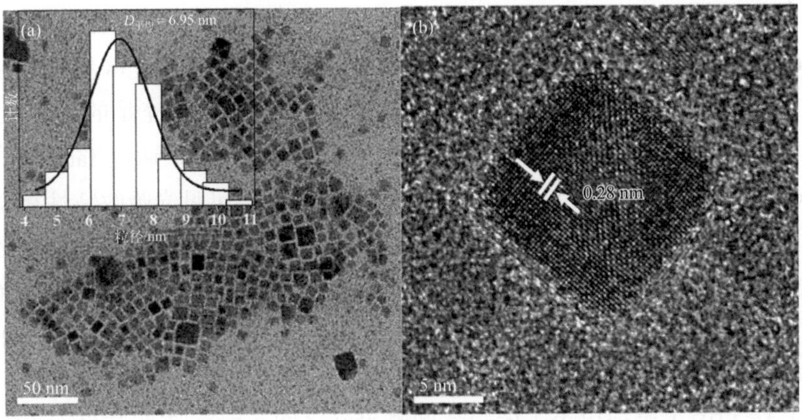

图 3-5 （a）TEM 图；（b）HRTEM 图

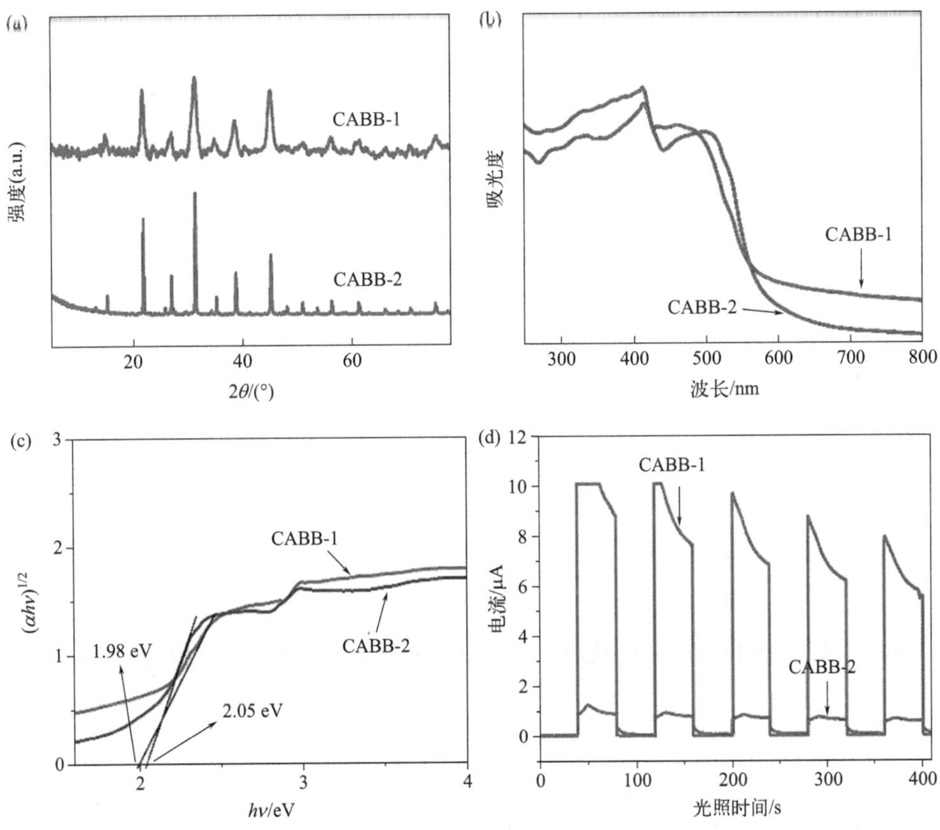

图 3-6　$Cs_2AgBiBr_6$ 的（a）粉末 XRD 图谱；（b）紫外-可见漫反射吸收光谱；（c）$(\alpha h\nu)^{1/2}$-$h\nu$ 关系曲线；（d）CABB-1 和 CABB-2 在含 0.1 mol·L^{-1} 六氟磷酸四丁基铵（$TBAPF_6$）电解质的二氯甲烷溶液中，相对于 Ag/AgCl 电极在 0.5 V 电压下测试的瞬态光电流响应

对 $Cs_2AgBiBr_6$ 的能带结构进行研究，紫外-可见漫反射吸收光谱［图 3-6（b)］显示 CABB-1 纳米晶具有更宽的可见光吸收范围。其在可见光区更强的吸收表明，$Cs_2AgBiBr_6$ 纳米晶（CABB-1）能有效利用太阳光产生充足的光生电子-空穴对，这对提升光催化活性至关重要。如图 3-6（c）所示，通过 Tauc 曲线计算得出 CABB-1 的带隙为 1.98 eV，较窄的带隙与其宽谱可见光吸收特性相符。通过光电流响应和电化学阻抗谱（EIS）测试对比研究了 CABB-1 和 CABB-2 的电荷分离与传输性能。光电流测试表明［图 3-6（d)]，在可见光（>420 nm）照射下，CABB-1 的光电流响应强度显著高于 CABB-2，说明其在光催化过程中具有更优异的光生载流子分离与传输效率。这一结论通过 EIS 测试得到进一步验证：CABB-1 表现出更小的阻抗圆弧半径（图 3-7），表明其界面电荷转移电阻更低，导电性优于 CABB-2。

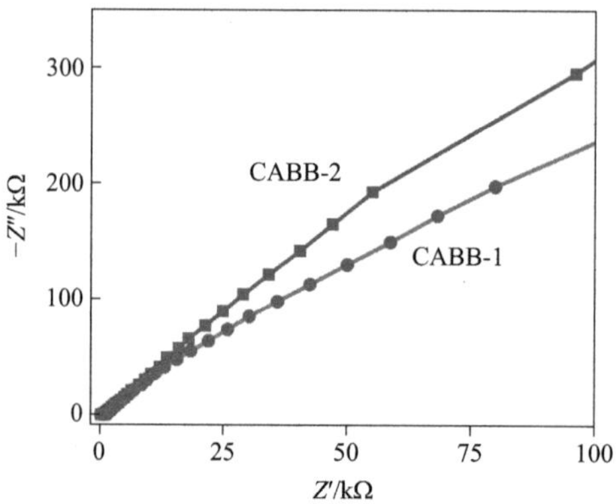

图 3-7　电化学阻抗谱

3.2.3　$Cs_2AgBiBr_6$/Au/UiO-66 纳米复合材料的制备及结构表征

（1）UiO-66 的制备

取 0.18 g 四氯化锆（$ZrCl_4$）和 0.128 g 对苯二甲酸，40 mL *N,N*-二甲基甲酰胺（DMF）于 100 mL 小烧杯中，持续搅拌至完全溶解，随后加入 5 mL 乙酸，搅拌 5 min。随后将该溶液加入 100 mL 容量的聚四氟乙烯内衬高压反应釜中，120℃下加热 24 h。待冷却后在 7000 $r\cdot min^{-1}$ 下离心 5 min，收集沉淀，用 DMF 洗涤 3 次后再用无水乙醇洗涤 2 次，70℃减压干燥 3 h 得到 UiO-66 粉末。

（2）Au/UiO-66 的制备

取 UiO-66（0.1 g）加入 18 mL 水中，再加入 2 mL 乙醇，超声 30 min 至完全分散。然后加入 1 mL 的 $HAuCl_4$ 溶液（7 mg·mL^{-1}），搅拌至完全分散。随后将溶液转入 50 mL 容量的希莱克（Schlenk）管中，抽真空-充氮气置换 5 次，使得管内充满氮气。将希莱克管在 50 W 495 nm 的紫外光下照射 60 min，随后离心，取沉淀，水洗 2 次后再用无水乙醇洗 1 次，70℃减压干燥 3 h 得到 Au/UiO-66 粉末。

（3）CABB/Au/UiO-66 的制备

取 30 mg $Cs_2AgBiBr_6$ 和 70 mg UiO-66 于锥形瓶中，加入 40 mL 正己烷，超声 30 min。离心后收集沉淀，超声分散在 20 mL 正己烷中，再次离心，重复 2 次离心后，在 70℃下减压干燥 3 h 得到 CABB/Au/UiO-66 粉末。

在合成异质结材料之后，通过粉末 XRD 对样品的结构进行了检测，测试结果如图 3-8（a）所示。在 XRD 谱图中，CABB 和 UiO-66 所有衍射峰的位置都与标准峰相吻合，带有标记的衍射峰位于 31.4°和 37.8°，分别对应于 CABB 的（004）晶面和 Au 的（200）晶面。在复合材料中能够同时观察到 UiO-66 和 CABB 的特征峰，表明在复合过程中二者的结构均保持稳定，同时也说明了 CABB/Au/UiO-66 复合材料的成功制备。通过紫外-可见漫反射光谱研究了 CABB、UiO-66、Au/UiO-66、CABB/Au/UiO-66 的光吸收性能，从图 3-8（b）可以看出与 UiO-66 相比，复合后材料的光吸收边发生红移，光吸收范围扩大。根据 Kubelka-Munk（K-M）公式作（$\alpha h\nu)^{1/2}$-$h\nu$ 图，如图 3-8（c）和（d）所示，UiO-66 和 CABB 的间接带隙分别为 3.80 eV 和 2.04 eV。

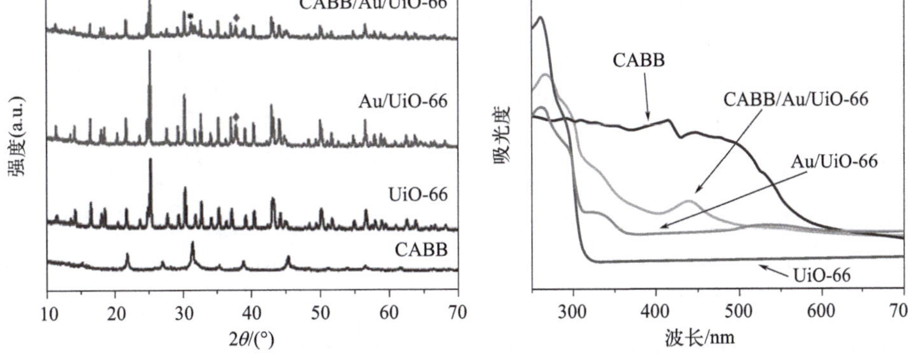

图 3-8

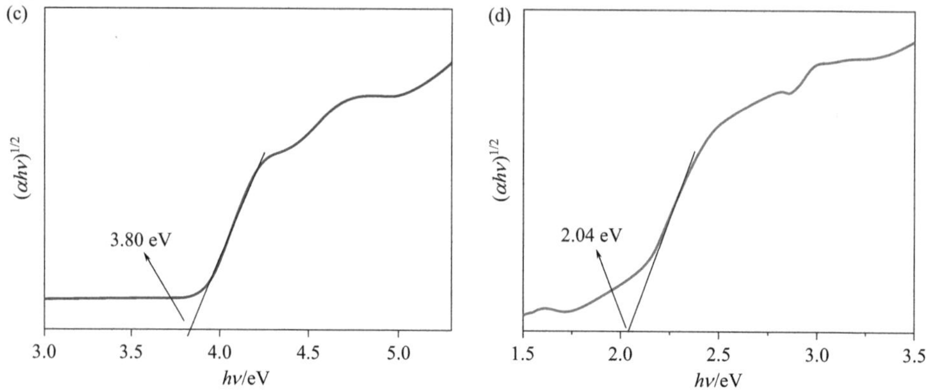

图 3-8　CABB、UiO-66、Au/UiO-66 和 CABB/Au/UiO-66 的（a）粉末 XRD 谱图；（b）紫外-可见漫反射光谱；（c）UiO-66 的（$\alpha h\nu$）$^{1/2}$-$h\nu$ 图；（d）CABB 的（$\alpha h\nu$）$^{1/2}$-$h\nu$ 图

通过电化学表征研究了 CABB/Au/UiO-66 复合材料的电荷分离和转移能力。在图 3-9（a）的瞬态光电流图中，单体和复合材料的光电流信号均通过 40 s 的开关程序进行监测，复合材料 CABB/Au/UiO-66 对应的光电流信号响应高于 CABB 和 Au/UiO-66，说明材料复合后提高了光生电子和空穴的分离能力。在电化学阻抗图谱中，圆弧的半径越小，阻抗越小，光生载流子的分离效率越高。图 3-9（b）中复合材料 CABB/Au/UiO-66 对应的圆弧半径小于单体 CABB 和 Au/UiO-66，进一步说明形成异质结后 CABB/Au/UiO-66 的光生载流子分离效率得到了提高。

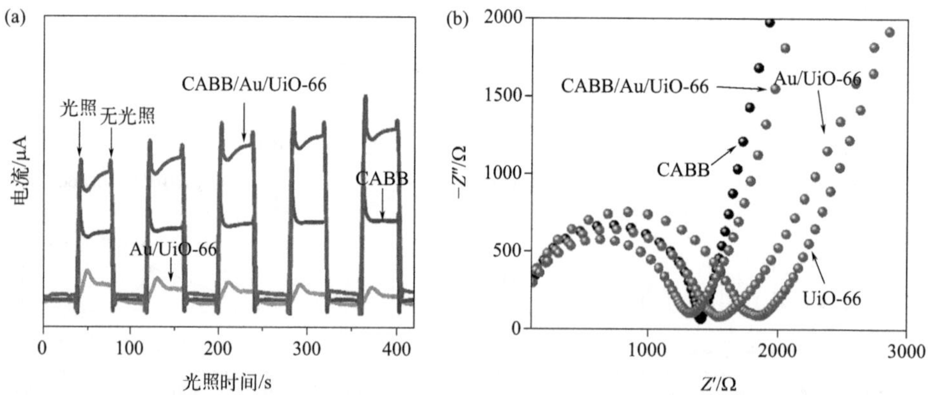

图 3-9（a）CABB、Au/UiO-66 和 CABB/Au/UiO-66 的瞬态光电流响应；（b）UiO-66、CABB、Au/UiO-66 和 CABB/Au/UiO-66 的电化学阻抗图

接下来用 SEM、TEM 和 HRTEM 对材料进行了微观形貌表征。

从图 3-10（a）、（b）可以看出 UiO-66 呈现规则的八面体形貌。在负载 Au 纳米颗粒之后，UiO-66 的形貌未有明显改变，如图 3-10（c）所示。在图 3-10（d）中可以看出在与 Au/UiO-66 复合后，CABB 表现出较好的分散性，并且 UiO-66 的形貌得到了很好的保留。UiO-66 表面均匀附着 CABB 纳米颗粒，表明 CABB 和 Au/UiO-66 之间存在紧密接触，这将有利于光生载流子的分离和迁移。

图 3-10 （a）、（b）UiO-66 的 SEM 图；（c）Au/UiO-66 的 SEM 图；（d）CABB/Au/UiO-66 的 SEM 图

图 3-11 所示为 CABB、Au/UiO-66、CABB/Au/UiO-66 的透射电子显微镜图片。由图 3-11（a）可知 CABB 纳米颗粒的形状为方块状颗粒，从粒径分布图可以看出 CABB 的平均粒径约为 7.75 nm。由图 3-11（b）可以看出 Au/UiO-66 表面存在较为大块的金纳米颗粒。如图 3-11（c）所示，复合材料表面粗糙的部分为 CABB 纳米颗粒和 Au 纳米颗粒，并且在图 3-11（d）高分辨率的透射电镜图中可以看到晶格间距为 0.235 nm 和 0.284 nm 的清晰晶格条纹，分别对应于 Au 的（111）晶面和 CABB 的（004）晶面。上述结果从微观角度证实了复合材料 CABB/Au/UiO-66 的成功制备。

图 3-12 是 CABB/Au/UiO-66 的透射电镜能谱扫描谱图，图中显示了方块状的元素分布区域，组成复合材料的 Cs、Ag、Bi、Br、Zr、C、O、Au 元素

分布均匀，进一步证实了 Au 纳米颗粒和 CABB 纳米颗粒在 UiO-66 表面的均匀分布。

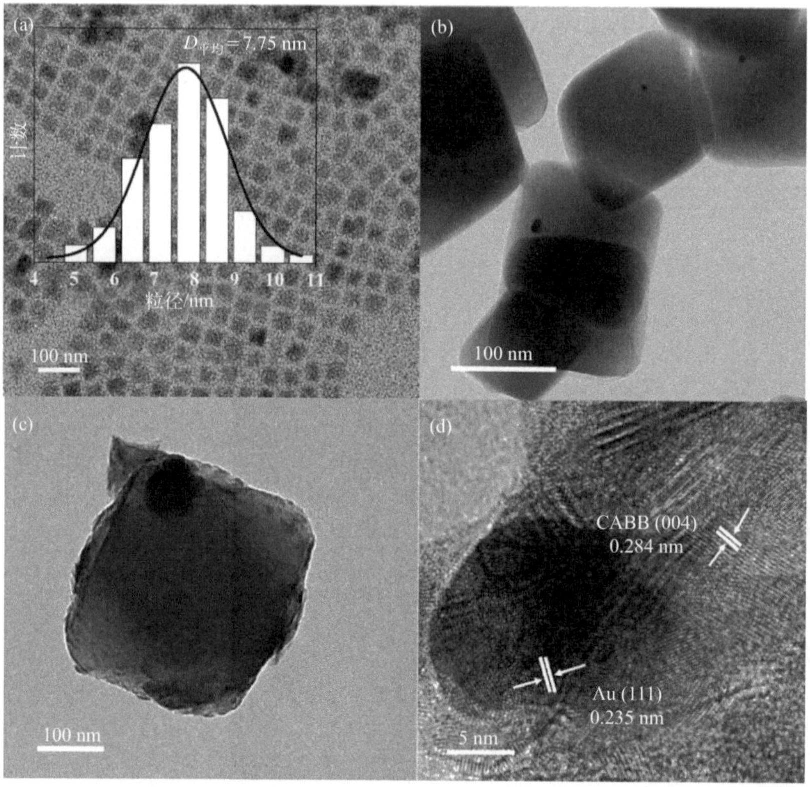

图 3-11 （a）CABB 的 TEM 图；（b）Au/UiO-66 的 TEM 图；（c）CABB/Au/UiO-66 的 TEM 图；（d）CABB/Au/UiO-66 的 HRTEM 图

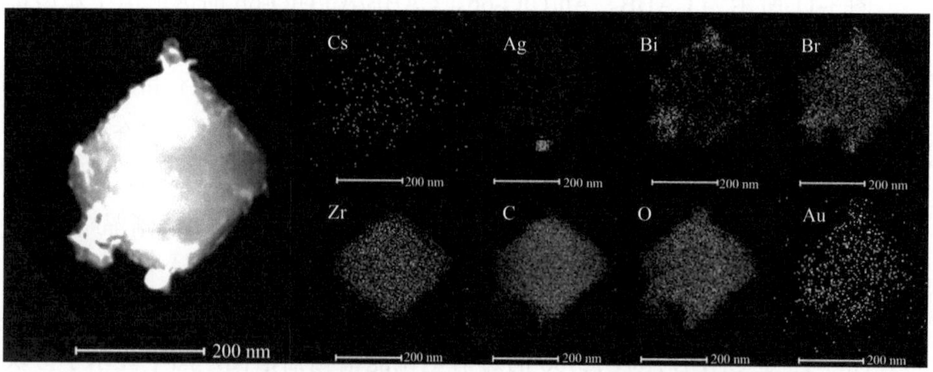

图 3-12 CABB/Au/UiO-66 的透射电镜能谱扫描谱图

通过 X 射线光电子能谱仪（XPS）分析了制备的材料在形成 CABB/Au/UiO-66 复合材料前后结合能的变化，XPS 图谱均采用 284.80 eV 处的 C 1s 峰进行校正。如图 3-13 所示，与 CABB 相比，复合材料 CABB/Au/UiO-66 中 Cs 3d、Ag 3d、Bi 4f 和 Br 3d 的特征峰对应的结合能峰值均有明显的正偏移，表明复合材料中 CABB 的电子密度降低。如图 3-13（d）所示，Au/UiO-66 的 C 1s 谱包含 285.2 eV 和 289.2 eV 两个特征峰，分别对应于 UiO-66 中对苯二甲酸的 C═O 键和 O─C═O 键。如图 3-13（f）所示，CABB/Au/UiO-66 的 Zr 3d 谱中位于 182.77 eV 和 185.21 eV 处的两个特征峰分别归属于 Zr $3d_{5/2}$ 和 Zr $3d_{3/2}$。如图 3-13（h）所示，Au/UiO-66 中的 Au 4f 谱中 83.98 eV 和 87.67 eV 处的特征

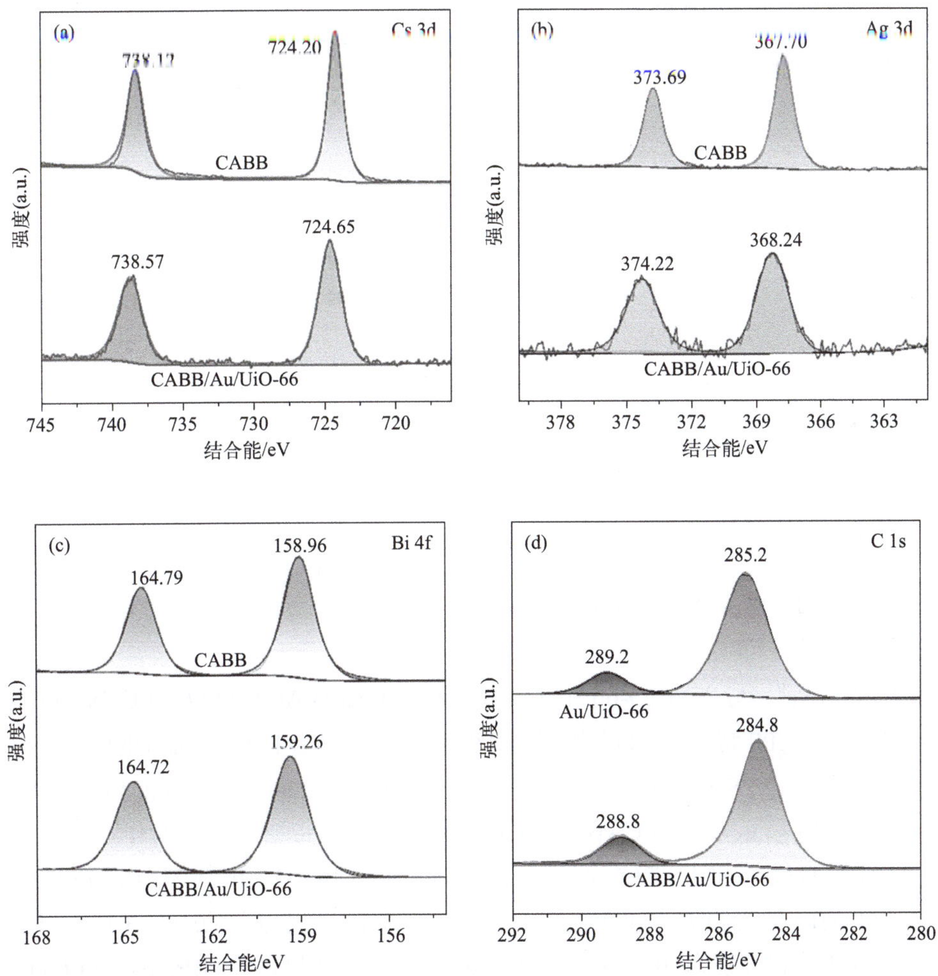

图 3-13

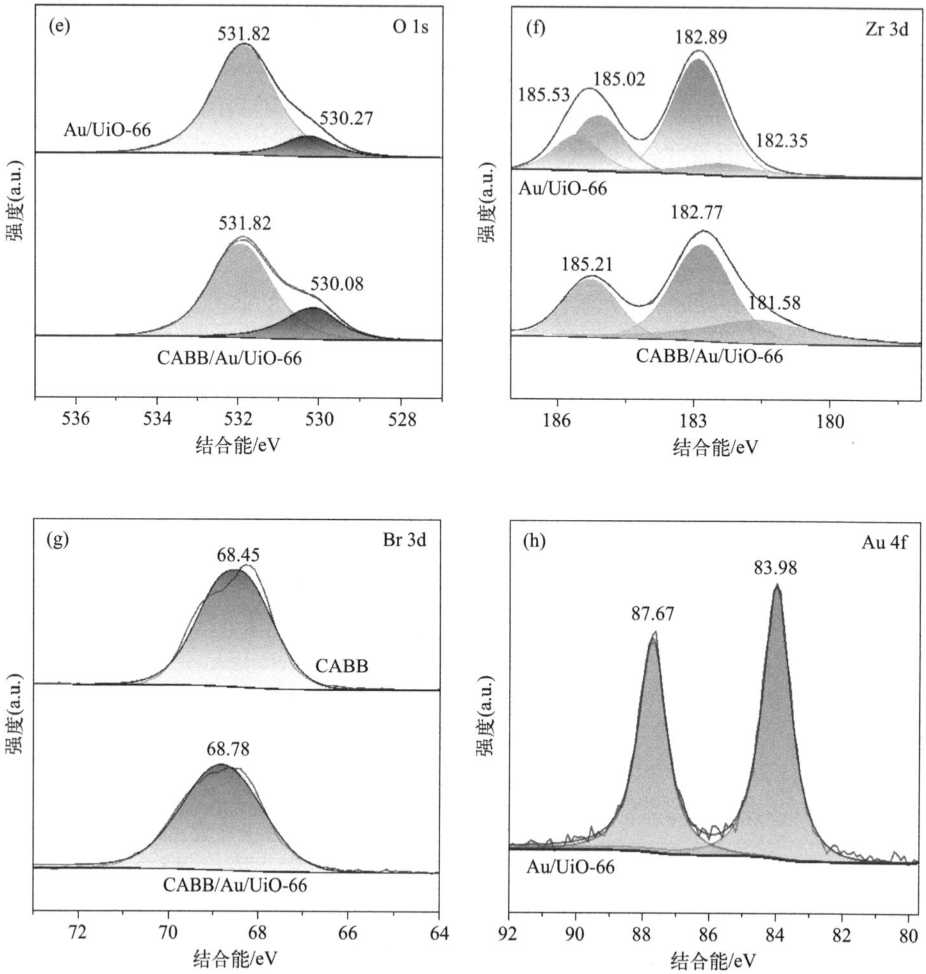

图 3-13　复合材料 CABB/Au/UiO-66 的 X 射线光电子能谱图

（a）Cs 3d；（b）Ag 3d；（c）Bi 4f；（d）C 1s；（e）O 1s；（f）Zr 3d；（g）Br 3d；（h）Au 4f

峰对应于 Au^0。与 Au/UiO-66 相比，复合材料 CABB/Au/UiO-66 中 C 1s、O 1s 和 Zr 3d 的 XPS 特征峰均有明显的负偏移，表明复合材料中 Au/UiO-66 的电子密度增加。XPS 测试表明界面处 CABB 与 UiO-66 之间存在较强的相互作用。

图 3-14 所示分别为 CABB 和 UiO-66 的 XPS 价带谱，由斜率作切线得到 CABB 和 UiO-66 的价带位置分别为 1.23 eV 和 3.16 eV。由图 3-14 已知 UiO-66 和 CABB 的带隙 E_g，根据经验公式 $E_{VB} = E_{CB} + E_g$ 计算得到 CABB 和 UiO-66 的导带位置分别为−0.81 eV 和−0.64 eV。结合复合材料 CABB/Au/UiO-66 的电子密度变化，可推断出复合材料 CABB/Au/UiO-66 为 Z 型异质结。

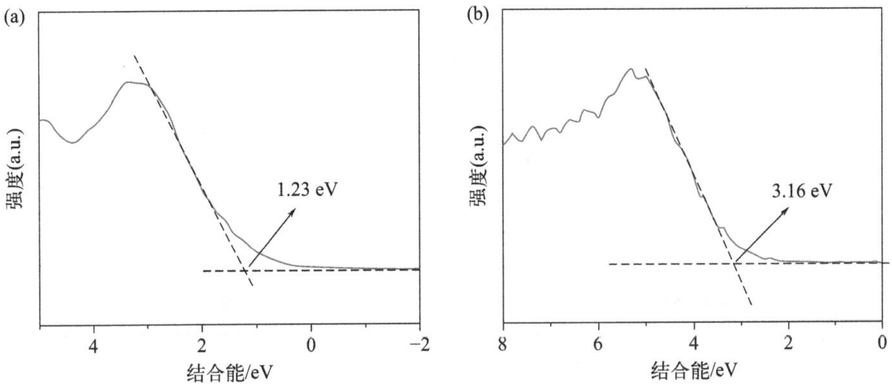

图3-14　CABB（a）和UiO-66（b）的XPS价带谱

3.3　$Cs_2AgBiBr_6$微米晶光催化吲哚C−3位硫/硒氰化反应

将吲哚**3-3A1**（0.2 mmol，1 eq.）、硫氰酸铵**3-3B**（0.4 mmol，2 eq.）和$Cs_2AgBiBr_6$（10 mg，5 mol%）在1,4-二氧六环（2 mL）中的悬浮液加入10 mL石英玻璃管中，反应混合物在室温空气氛围下，经457 nm蓝光LEDs(照射距离约5 cm）照射搅拌反应。通过薄层色谱（TLC）监测至吲哚完全转化后，离心分离光催化剂，粗产物经快速硅胶柱色谱（乙酸乙酯/石油醚=1/3，体积比）纯化，获得目标产物。

3.3.1　溶剂及底物配比的影响

实验数据表明，原料配比和溶剂选择对反应产率具有显著影响（表3-1）。当固定使用1,4-二氧六环作为溶剂时，增大**3-3B**的投料比例从1∶1提高到1∶2.5，产率从71%显著提升至98%（表3-1中序号1～3），说明**3-3B**过量有利于反应进行。在最佳配比（1∶2）条件下考察溶剂效应发现，1,4-二氧六环表现最优（97%），非极性溶剂1,2-二氯乙烷产率最低（48%），而中等极性溶剂（乙腈、四氢呋喃、乙酸乙酯）产率介于71%～78%之间（表3-1中序号4～8）。值得注意的是，质子性溶剂无水乙醇会严重抑制反应（30%）。时间实验显示（表3-1中序号9和10），在1,4-二氧六环中反应18 h产率达90%，延长至20 h产率可提升至97%，表明该溶剂不仅能提供最佳反应环境，还具有良好反应动力学特性。这些结果说明，采用 1∶2 的原料配比和 1,4-二氧六环溶剂组合，可同时保证高反应效率和高产物收率。

表3-1　底物配比及溶剂对反应的影响

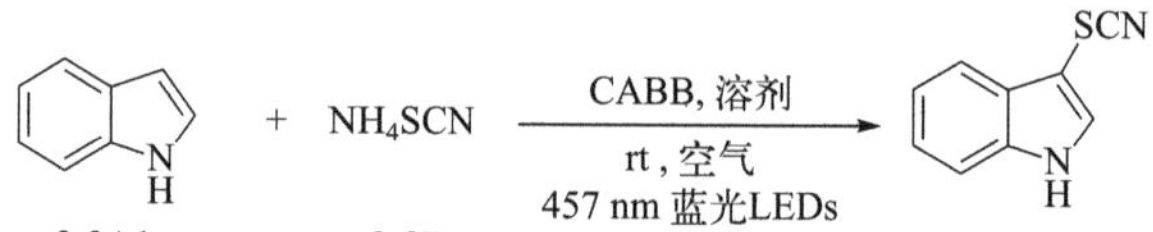

3-3A1　3-3B　3-3C1

序号	$n_{3\text{-}3A1}$ ∶ $n_{3\text{-}3B1}$	溶剂	产率 /%
1	1∶1	1,4-二氧六环	71
2	1∶2.5	1,4-二氧六环	98
3	1∶2	1,4-二氧六环	97
4	1∶2	1,2-二氯乙烷	48
5	1∶2	乙腈	71
6	1∶2	无水乙醇	30
7	1∶2	四氢呋喃	76
8	1∶2	乙酸乙酯	78
9	1∶2	1,4-二氧六环	90（18 h）
10	1∶2	1,4-二氧六环	97（20 h）

3.3.2　光源和气体的影响

表 3-2 揭示了光源和反应气氛对产率的协同影响。在空气氛围下，蓝光照射表现出最优异的催化效率（97%），显著高于白光（36%）和绿光（32%），这与 $Cs_2AgBiBr_6$ 在蓝光区（约 460 nm）的吸收特性直接相关（表 3-2 中序号 1～3）。无光条件下反应完全不能进行（表 3-2 中序号 4），证实了该反应的光驱动本质。气氛实验显示，蓝光照射时，氧气氛围维持了高反应活性（96%），而氮气氛围则严重抑制反应（表 3-2 中序号 6），表明氧气分子可能作为反应物参与形成了关键活性氧物种。值得注意的是，虽然氧气氛围与空气氛围的产率相当（96% 和 97%），但考虑到操作安全性，实际应用中推荐选择空气氛围更为适宜。这些结果说明，通过匹配催化剂的光吸收特性（选择蓝光光源）和维持氧化性气氛（空气 / 氧气），可以最大化反应效率。

表3-2　光源和气体氛围对反应的影响

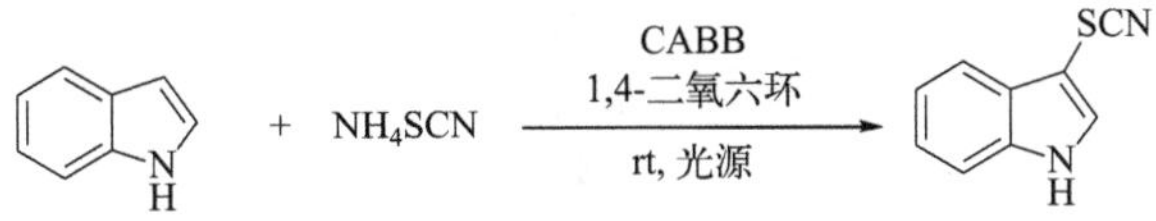

3-3A1　3-3B　3-3C1

序号	光源	气体氛围	产率 /%
1	绿光	空气	32
2	白光	空气	36
3	蓝光	空气	97
4	无光条件下	空气	0
5	蓝光	氧气	96
6	蓝光	氮气	6

3.3.3　催化剂的影响

表 3-3 证明了催化剂种类对反应效率的关键调控作用。双钙钛矿催化剂 CABB 展现出最优异的催化性能，产率高达 97%（表 3-3 中序号 1），这归因于其独特的 CABB 双金属中心协同作用。相比之下，单一组分催化剂（溴化银 30%、三溴化铋 36%）的催化效率显著降低（表 3-3 中序号 3 和 4），说明双金属位点的协同效应至关重要。值得注意的是，$CsPbBr_3$ 虽然同属钙钛矿结构，但产率（82%）仍低于 CABB，这可能源于 Bi(Ⅲ) 比 Pb(Ⅱ) 具有更强的路易斯酸性。无催化剂条件下 29% 的背景产率表明该反应存在非催化路径（表 3-3 中序号 2），但效率有限。这些结果不仅证实了 CABB 作为高效催化剂的优越性，更揭示了双金属中心协同活化底物的催化机制，为新型催化剂设计提供了重要参考——构建具有双活性位点的复合金属催化剂可能是提升反应效率的有效策略。

表3-3　催化剂对反应的影响

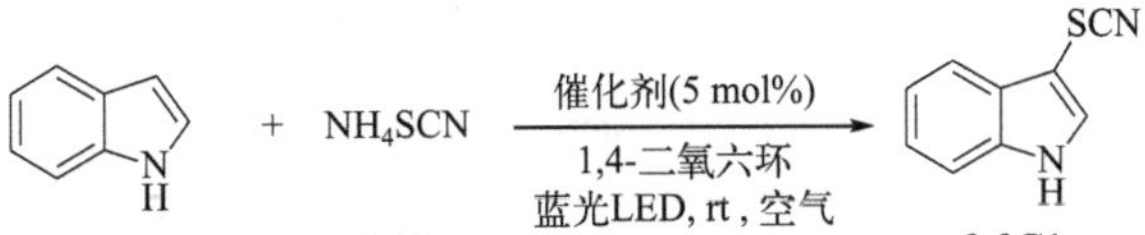

3-3A1　3-3B　3-3C1

序号	催化剂	产率 /%
1	CABB	97
2	无催化剂	29

续表

序号	催化剂	产率/%
3	溴化银	30
4	三溴化铋	36
5	$CsPbBr_3$	82

3.3.4 底物兼容性

在优化反应条件下，对该方法的底物适用性进行了系统考察（图 3-15）。烷基和芳基取代的吲哚衍生物与 NH_4SCN 反应，均能以良好至优异的收率获

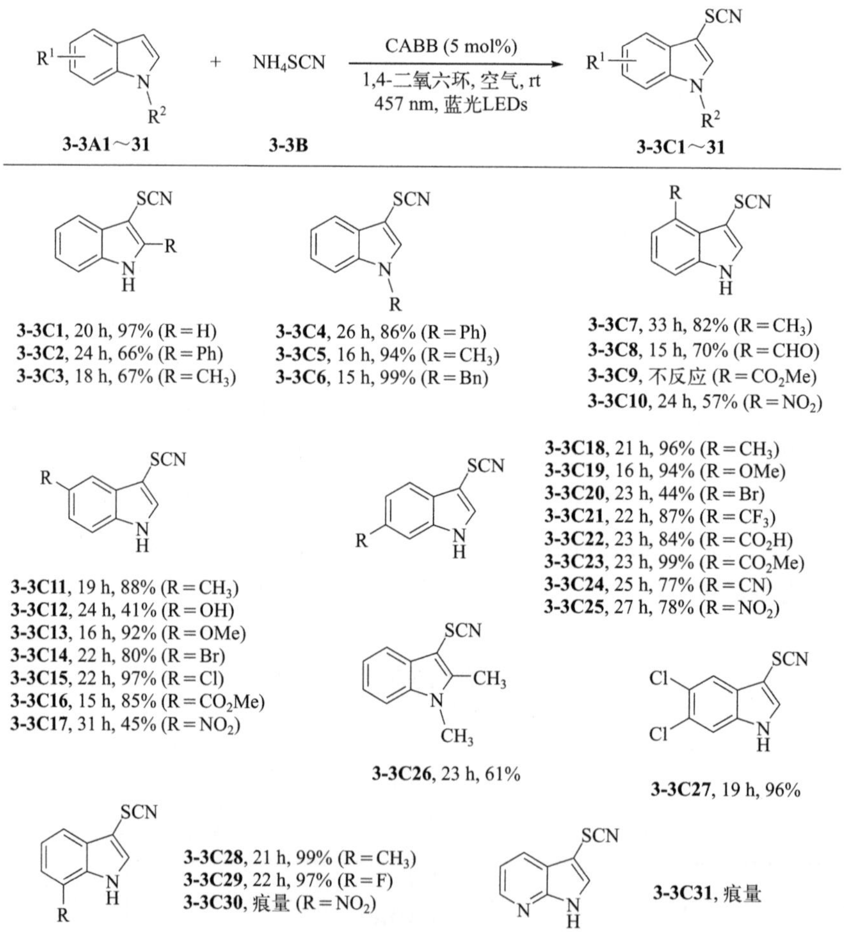

图 3-15 $Cs_2AgBiBr_6$ 光催化吲哚类底物 C-3 位硫氰化反应底物兼容性

得 C-3 位硫氰化产物（**3-3C1～7**）。含活性羟基的底物也能参与反应，产物 **3-3C12** 收率达 41%。供电子甲氧基取代的吲哚表现出良好兼容性，反应 16 h 可得 92% 收率（**3-3C13**）。值得注意的是，含卤素原子的底物在标准条件下均能顺利反应，产物 **3-3C14**、**3-3C15**、**3-3C20**、**3-3C27** 和 **3-3C29** 均取得良好结果。缺电子基团取代的底物表现尤为突出（**3-3C22～24**），最高收率达 99%（**3-3C23**）。特别需要指出的是，醛基在可见光诱导的有机反应中易被氧化为羧酸，但在本催化体系中能稳定存在。令人意外的是，4-酯基和 7-硝基取代的吲哚在标准条件下几乎不反应（**3-3C9** 和 **3-3C30**）。此外，强吸电子基取代的吲哚同样能获得相当的收率（**3-3C17**、**3-3C21**、**3-3C25**）。但是当 7-氮杂吲哚作为底物参与反应时，只检测到痕量目标产物（**3-3C31**）。

含硒化合物的便捷合成对开发具有重要生物活性的有机硒分子至关重要。基于吲哚光催化硫氰化反应的成功经验，进一步探索了光催化硒氰化反应。沿用可见光催化硫氰化的类似条件（添加 5 mol% 乙酸作为促进剂），在室温条件下以 1,4-二氧六环为溶剂，使用 KSeCN（1.5 eq.）作为单一试剂与 1*H*-吲哚反应，能以中等至良好收率获得系列硒氰化产物 **3-3E1～12**（图 3-16）。结果显示：缺电子吲哚衍生物（如 4-甲酰基、4/6-酯基及 6-三氟甲基取代吲哚）同样能高效转化为相应产物（**3-3E8**、**3-3E10～12**）。值得注意的是，当以吲哚-6-羧酸为底物时，硒氰化收率显著降低至 56%（**3-3E9**）。而电中性烷基、芳基及卤素取代的吲哚则表现优异，均能以高收率获得目标产物（**3-3E1～7**）。

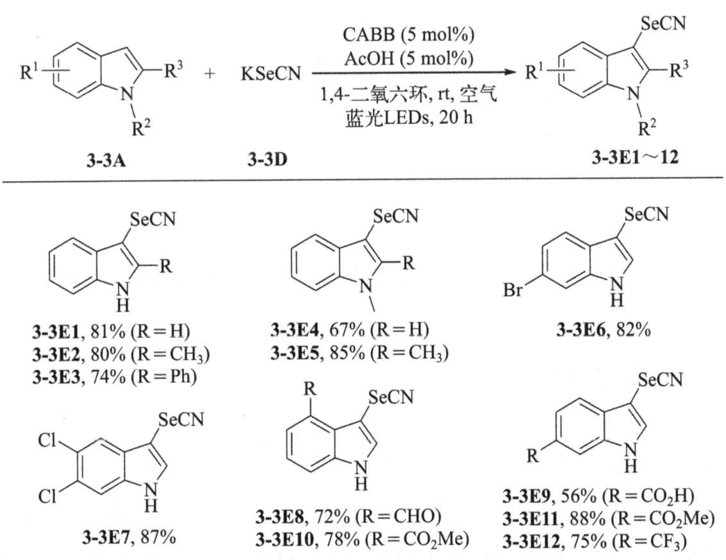

图 3-16　$Cs_2AgBiBr_6$ 光催化吲哚类底物 C-3 位硒氰化反应底物兼容性

3.3.5 放大实验及 $Cs_2AgBiBr_6$ 微米晶的重复使用性

除光催化活性和底物耐受性外，催化剂的克级制备与循环稳定性仍是关键评价参数（图 3-17）。在最优条件下，使 **3-3A1**（10.0 mmol）与 NH_4SCN（2 eq.）反应，能以 93% 收率获得目标产物 **3-3C1**。以 $Cs_2AgBiBr_6$ 作为光催化剂进行的循环实验表明：该催化剂可重复使用五个反应周期而催化效率未见显著下降（图 3-17）；收率的轻微降低源于催化剂的部分分解（图 3-18），从循环后的粉末 XRD 图谱可以看出，有少量的银特征峰。这些结果充分证明了无铅双钙钛矿微晶作为非均相光催化剂具有优异的可循环使用性能。

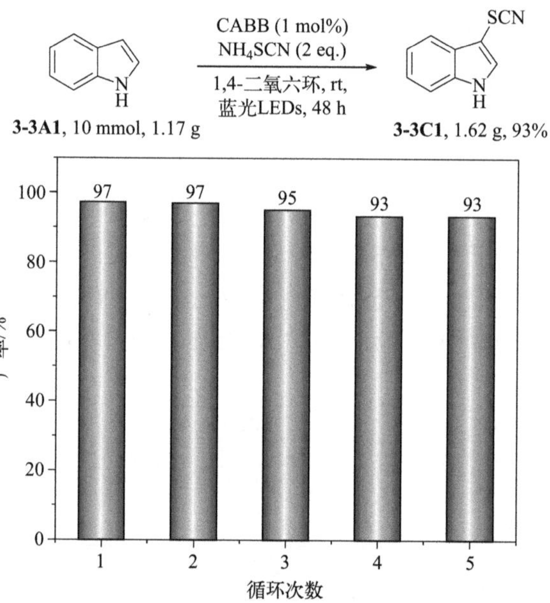

图 3-17 $Cs_2AgBiBr_6$ 在 C-3 硫氰化反应中的放大合成及循环利用实验

3.3.6 反应机理推测

为深入探究反应机理，进行了以下对照实验［图 3-19（a)］：在体系中分别加入 2 eq. 的 2,2,6,6-四甲基哌啶氮氧化物（TEMPO）、对苯醌（*p*-BQ）和 1,4-二氮杂二环［2.2.2］辛烷（DABCO）。TEMPO 的加入显著抑制了反应进程，表明吲哚 C-3 位官能团化涉及自由基过程。鉴于钙钛矿微晶（MCs）催化体系

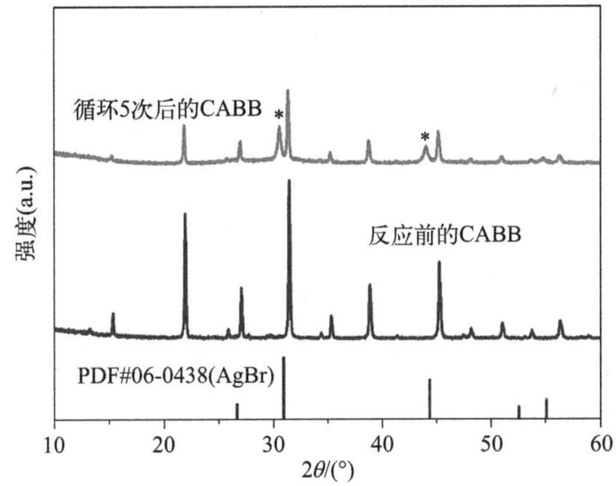

图 3-18　$Cs_2AgBiBr_6$（CABB）反应前后的粉末 XRD 图谱

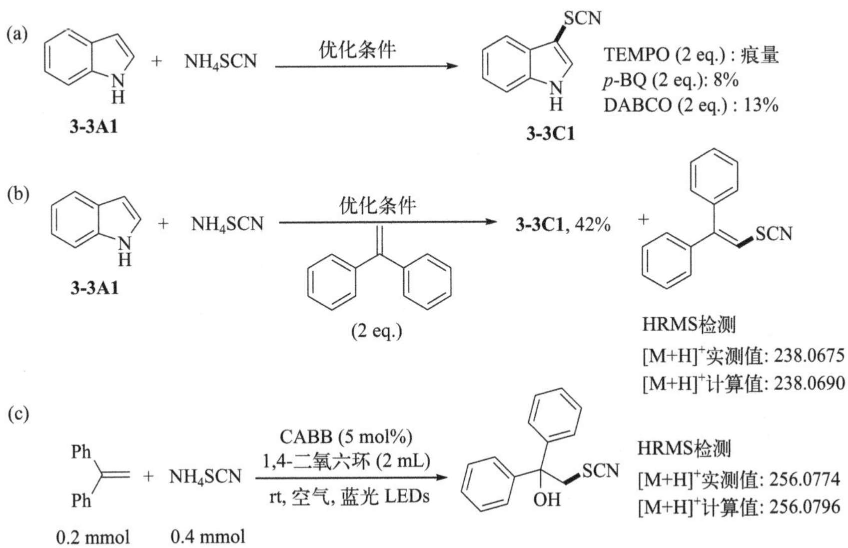

图 3-19　可见光诱导 C-3 硫氰化的控制实验

中活性氧物种（ROS）的关键作用，当加入单线态氧（$^1O_2$）捕获剂 DABCO 和超氧自由基（$\cdot O_2^-$）猝灭剂 *p*-BQ 时，产物 **3-3C1** 的产率分别降至 8% 和 13%，证实 $^1O_2$ 和 $\cdot O_2^-$ 参与了反应。在优化条件下，**3-3A1** 与 NH_4SCN 和 1,1-二苯基乙烯（2.0 eq.）反应得到 **3-3C1**（产率 42%），并通过高分辨质谱（HRMS）检测到中间体 (2-硫氰基乙烯-1,1-二基) 二苯［图 3-19（b）］。对照实验显示，**3-3A1** 不存在时，NH_4SCN（4.0 mmol）与 1,1-二苯基乙烯（2.0 mmol）反应主要生成 2-硫氰基-1,1-二苯基乙醇［图 3-19（c）］。Stern-Volmer 猝灭实验证实

NH_4SCN 与 CABB 之间存在电子转移过程（图 3-20）。上述结果表明该反应涉及硫中心自由基的参与。

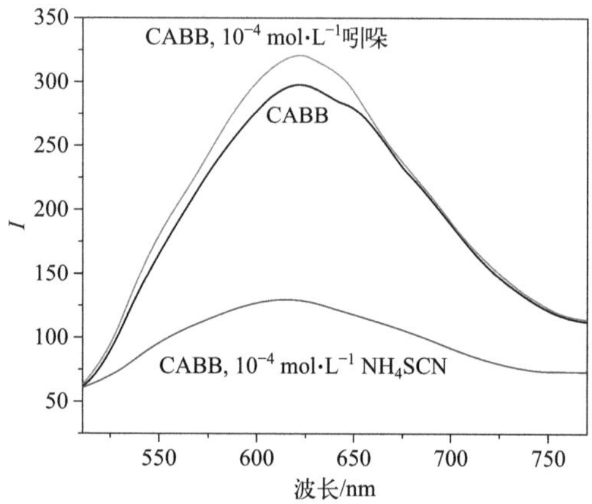

图 3-20 荧光猝灭实验

通过对比实验数据，发现催化剂、光源和氧气在化学转化过程中起关键作用，据此提出如图 3-21 所示的反应机理：在可见光和氧气氛围下，硫氰根离子（SCN^-）易被钙钛矿微晶（MCs）产生的活性氧物种（ROS）或空穴氧化为硫氰自由基（·SCN）；该自由基随后对 1*H*-吲哚 C-3 位进行亲电加成，形成自由基中间体 **3-3A**，后者在 ROS 作用下进一步氧化为中间体 **3-3B**。最终，**3-3B** 通过质子消除实现芳构化，生成 3-硫氰基吲哚产物。

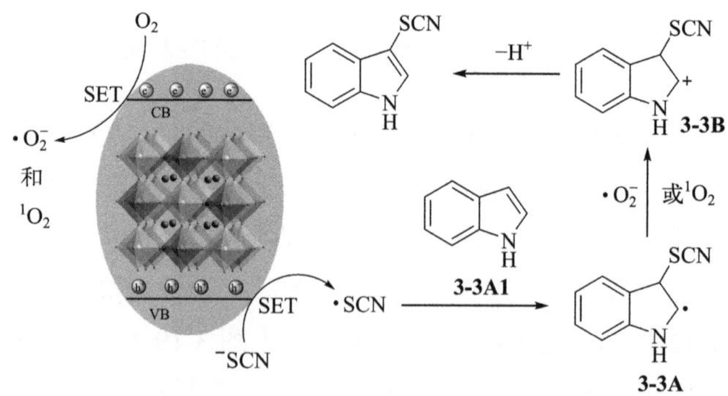

图 3-21 吲哚硫氰化反应机理的探讨

3.3.7 小结

本节研究了一种利用无铅钙钛矿 $Cs_2AgBiBr_6$ 微晶作为可见光催化剂，在室温、空气条件下催化吲哚硫氰化和硒氰化的方法。此催化方法对于各种带有吸电子或供电子取代基的吲哚都有较好的底物普适性，能以中等至优良的产率得到吲哚硫氰化 / 硒氰化产物。值得注意的是，这种异相光催化剂通过简单倾倒操作即可循环使用至少 5 次，且催化效率未出现显著衰减。机理研究表明，光照下钙钛矿 $Cs_2AgBiBr_6$ 微晶产生的光生空穴和活性氧物种对反应的发生至关重要，反应在钙钛矿存在下通过自由基中间体进行。该方法为合成硫 / 硒氰化吲哚类化合物提供了一种简便的替代方法。

3.4 $Cs_2AgBiBr_6$纳米晶光催化4-羟基香豆素与醇或胺反应

将 4-羟基香豆素 **3-4A1**（0.2 mmol）、CABB（10 mol%）、溶解于 2 mL 乙腈的醇类底物（2.0 mL）或胺类底物（0.3 mmol）以及磁力搅拌子依次加入 10 mL 石英玻璃管中。反应混合物在室温空气氛围下，经 50 W 457 nm 蓝光 LEDs（照射距离约 5 cm）照射搅拌反应。通过薄层色谱（TLC）监测至 4-羟基香豆素完全转化后，离心分离光催化剂，粗产物经快速硅胶柱色谱（乙酸乙酯 / 石油醚 = 1/4，体积比）纯化，获得目标产物。

3.4.1 催化剂的影响

在完成 $Cs_2AgBiBr_6$ 表征后，评估了这种无铅钙钛矿光催化剂在合成 2,2-二取代苯并呋喃-3(2*H*)-酮中的催化性能。该反应以市售 4-羟基香豆素 **3-4A1** 和醇类为底物。实验数据（表 3-4）系统揭示了催化剂结构与催化活性的构效关系。双钙钛矿 $Cs_2AgBiBr_6$ 纳米晶展现出最优异的催化性能（表 3-4 中序号 1），显著优于有机光敏剂（Eosin Y 63%、Rose Bengal 61%）和金属钌配合物 $Ru(bpy)_3Cl_2·6H_2O$（10%）。值得注意的是，单一卤化物（CBr_4 微量、CsBr 0%、AgBr 5%、$BiBr_3$ 12%）几乎无催化活性，证实了双金属中心的协同作用。CABB-1 的剂量效应显示（表 3-4 中序号 9 和 10），15 mg 用量可获得 81% 产率，接近 $Cs_2AgBiBr_6$ 基准值，而微米晶 CABB-2（32%）活性显著降低，表明晶体结构调控对催化性能具有关键影响（表 3-4 中序号 11）。无催化剂条件下反应完全不能进行（0%），凸显了光催化剂的必要性（表 3-4 中序号 8）。这些结果不仅证实了双钙钛矿材料在光催化中的优势地位，更揭示了金属中心协同活化与晶体结构优化对提升催化效率的双重重要性；纳米晶具有更强的氧化还原能力，可实现光生载流子的高效分离与传输。

表3-4　催化剂对反应的影响

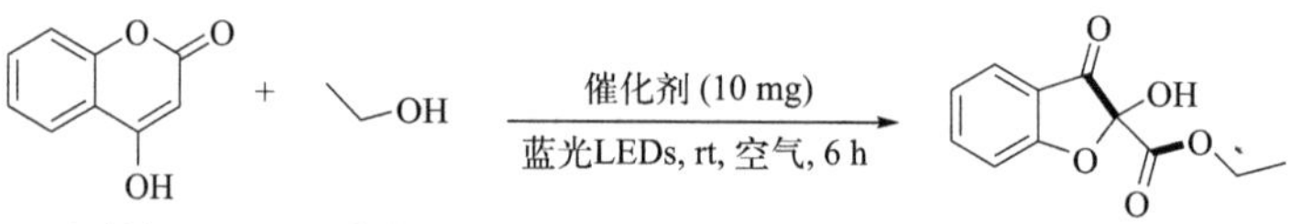

3-4A1　3-4B1　3-4C1

序号	催化剂	产率 /%
1	10 mg $Cs_2AgBiBr_6$	82
2	Eosin Y	63
3	Eosin B	53
4	Rose Bengal	61
5	Rhodamine B	35
6	CBr_4	微量
7	$Ru(bpy)_3Cl_2 \cdot 6H_2O$	10
8	无催化剂	0
9	5 mg CABB-1	65
10	15 mg CABB-1	81
11	CABB-2	32
12	溴化铯	0
13	溴化银	5
14	三溴化铋	12

3.4.2 光源及气体的影响

表 3-5 揭示了光源与反应气氛的协同调控机制。在空气氛围下，457 nm 蓝光 LEDs（50 W）展现出最优催化效率（表 3-5 中序号 1），其性能显著优于白光 LEDs（8%）和绿光 LEDs（20%），这与 $Cs_2AgBiBr_6$ 在蓝光区的特征吸

收带（约 460 nm）完美匹配。无光照条件下反应完全不进行（表 3-5 中序号 4），证实了反应的光催化本质。气氛实验表明，氧气氛围可维持与空气相当的催化效率（表 3-5 中序号 6），而氮气氛围则完全抑制反应（表 3-5 中序号 5），说明分子氧作为反应物参与形成了关键活性氧物种（如·O_2^-）。值得注意的是，虽然氧气与空气氛围的产率相当，但考虑到操作安全性和成本效益，实际应用中推荐选择空气氛围更为适宜。这些结果不仅证实了光源波长与催化剂光吸收特性的匹配至关重要，更揭示了氧化性气氛在光催化反应中的不可替代作用，为反应条件的优化提供了双重调控维度。

表3-5　光源及气体对反应的影响

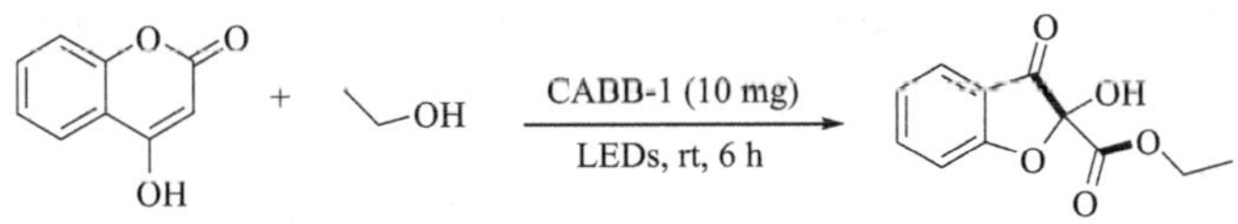

3-4A1　　**3-4B1**　　**3-4C1**

序号	光源及气体	产率 /%
1	50 W 457 nm 蓝光 LEDs，空气	82
2	白光 LEDs	8
3	绿光 LEDs	20
4	无光照	0
5	氮气	0
6	氧气	82

3.4.3　底物兼容性

在优化反应条件下，考察了多种脂肪醇与 4-羟基香豆素的反应情况，结果列于图 3-22。实验涵盖了从甲醇到辛醇的一系列脂肪醇，以良好至优异收率（65%～85%）获得了一系列取代 2-羟基苯并呋喃-3(2*H*)-酮衍生物（**3-4C1～10**）。然而，异丙醇未能有效参与反应，仅以 9% 的收率获得产物 **3-4C4**，这可能是因为异丙醇极性过强导致钙钛矿层部分溶解，从而造成催化剂活性下降。此外，还测试了 6 位或 7 位带有不同取代基（甲基、甲氧基、氟、氯、溴）的 4-羟基香豆素的适用性，相应产物（**3-4C11～15**）均取得中等至良好的反应产率。

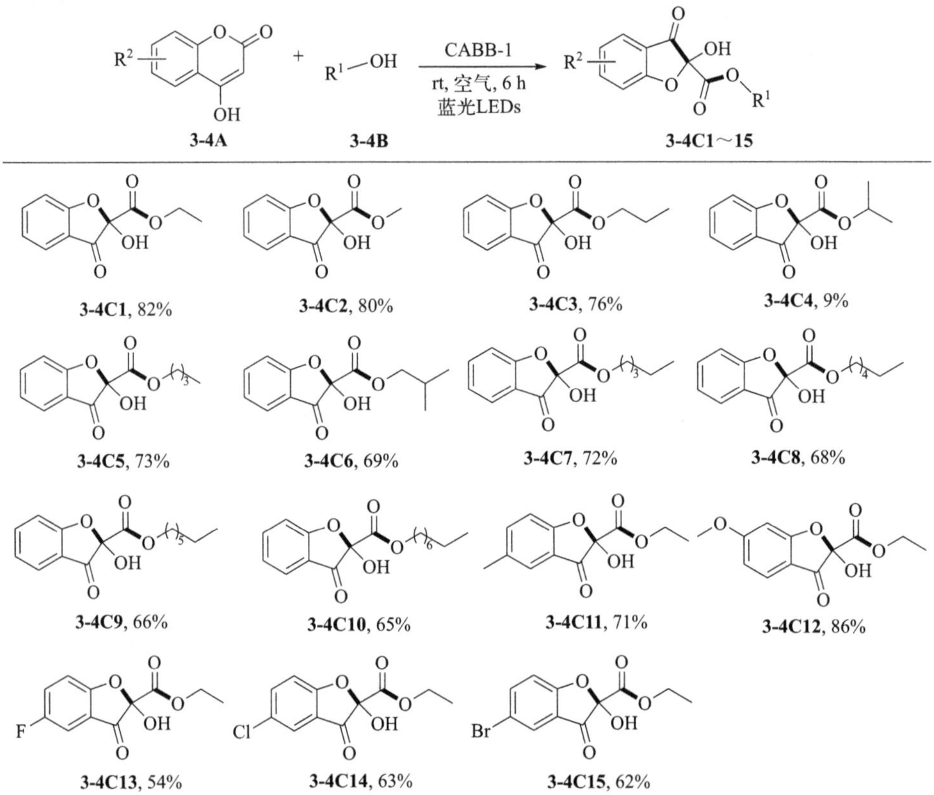

图 3-22 $Cs_2AgBiBr_6$ 光催化脂肪醇与 4-羟基香豆素反应底物兼容性

在获得最优反应条件后，通过 4-羟基香豆素与系列胺类化合物的转化反应，验证了新开发方案的普适性（图 3-23）。首先考察对位取代苄胺的反应性，发现带有供电子基团的苄胺均能良好兼容，以优异至良好收率获得相应产物（**3-4E2～8**）。随后测试吸电子基团取代的底物，卤素（F、Cl、Br、I）取代苄胺在标准条件下均能顺利反应，获得中等至良好的产物收率（**3-4E9～12**）。值得注意的是，强吸电子基取代的苄胺同样能取得相当的收率（**3-4E13～15**）。此外，邻位二取代苄胺也能以 72% 的收率获得目标产物（**3-4E16**）。特别地，杂环苄胺（如 2-噻吩甲胺）在该催化体系中也表现良好，获得 76% 收率（**3-4E17**）。令人惊喜的是，作为单胺类神经递质的苯乙胺也能参与该反应，以 83% 的收率得到目标产物（**3-4E18**）。基于上述结果，将该光催化体系拓展至脂肪胺类，获得中等收率（40%～65%）的产物（**3-4E19～28**）。有趣的是，吗啉等仲胺类化合物在该反应中同样适用，获得 61% 的产物收率（**3-4E29**）。

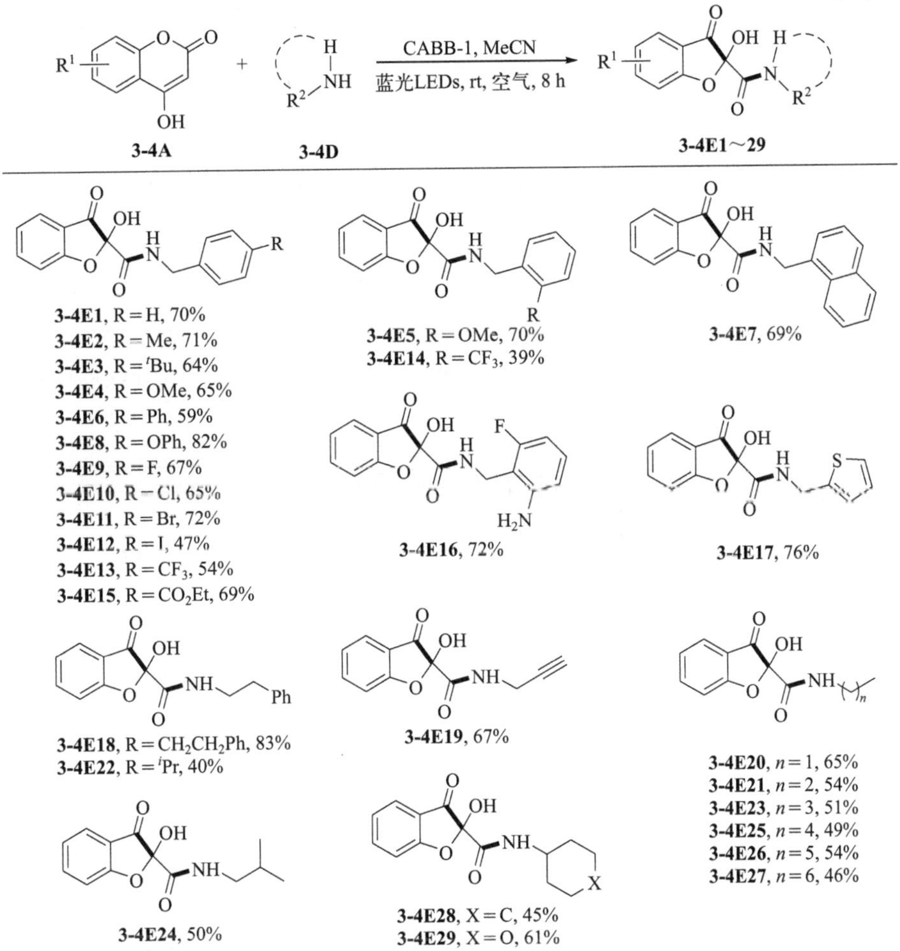

图 3-23　$Cs_2AgBiBr_6$ 光催化胺与 4-羟基香豆素反应底物兼容性

3.4.4　放大实验及 $Cs_2AgBiBr_6$ 纳米晶的重复使用性

为阐明该合成方法的应用潜力，评估了克级规模反应和催化剂循环性能。如图 3-24（a）所示，在优化条件下进行 4-羟基香豆素 **3-4A1**（7.9 mmol）与乙醇（30 mL）的模型反应，仍能以 78% 收率（1.37 g）高效获得产物 **3-4C1**。针对该模型反应考察了催化剂的循环使用性能：反应完成后，通过离心回收光催化剂，经乙醇充分洗涤干燥后用于下一轮反应。图 3-24（b）显示，催化活性仅轻微下降，第 5 次循环时将反应时间延长至 9 h 仍可获得 78% 收率的 **3-4C1**，

这可能是 $Cs_2AgBiBr_6$ 纳米晶部分分解［图 3-24（c）］和聚集导致催化活性降低。

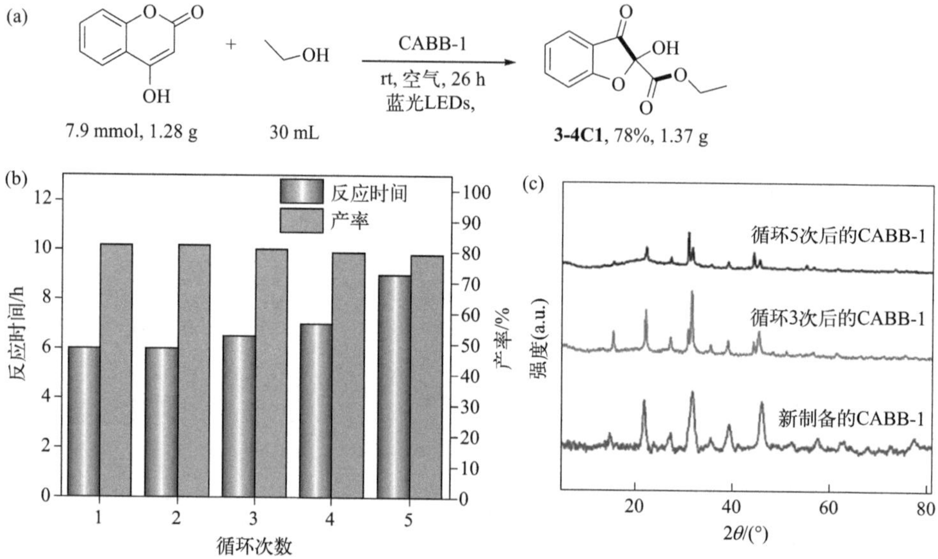

图 3-24 （a）克级反应；（b）循环实验；（c）粉末 XRD 图谱

3.4.5 反应机理推测

为深入探究反应机理，开展了一系列自由基探针实验（表 3-6）。当向反应体系中加入 1.0 eq. 的典型自由基捕获剂 2,2,6,6-四甲基哌啶氮氧化物（TEMPO）

表3-6 自由基验证实验

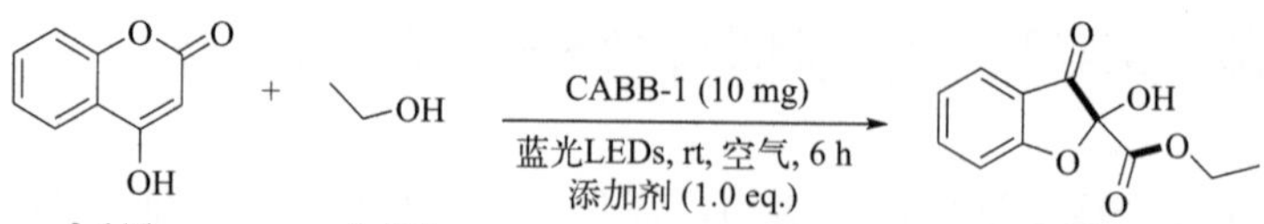

3-4A1　3-4B1　3-4C1

序号	添加剂	抑制物种	产率 /%
1	无	—	82
2	TEMPO	$^1O_2$ 和 $\cdot O_2^-$	14
3	DABCO	$^1O_2$	0
4	*p*-BQ	$\cdot O_2^-$	微量

时，反应受到显著抑制（产物 **3-4C1** 产率降至 14%），证实反应遵循自由基路径。使用 1,4-二氮杂二环［2.2.2］辛烷（DABCO）和对苯醌（*p*-BQ）分别作为单线态氧（$^1O_2$）和超氧自由基（$\cdot O_2^-$）的猝灭剂时，**3-4C1** 的生成被抑制，表明这两种活性氧物种参与了反应。

为探究 CABB 催化剂上的光催化氧化还原路径，采用 EPR 技术监测反应过程中可能生成的活性氧自由基。如图 3-25（a）、（b）所示：无光照时未检测到特征信号；在 300 W 氙灯（$\lambda \geq 420$ nm 滤光片）照射下，观察到 DMPO-$\cdot O_2^-$加合物的特征四重峰［强度比 1∶1∶1∶1，图 3-25（a）］和 TEMPO-$^1O_2$ 加合物的三重峰［强度比 1∶1∶1，图 3-25（b）］，证实 CABB 纳米晶光催化过程中可生成 $^1O_2$ 和$\cdot O_2^-$等活性氧物种（ROS）。此外，在 **3-4A1** 不存在条件下，乙醇（1.0 mL）与 1,1-二苯基乙烯（0.2 mmol）反应生成加成产物 **3-4F**［图 3-25（c）］。

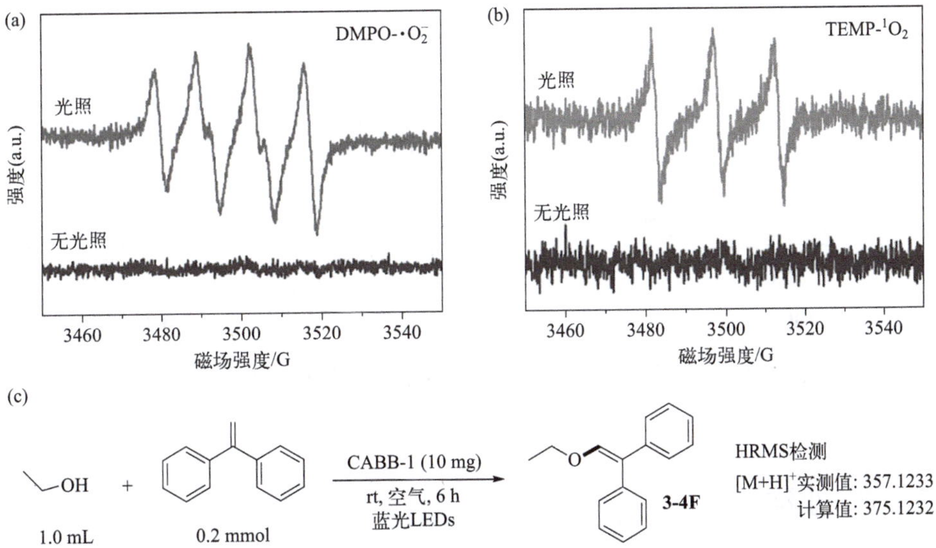

图 3-25　（a）DMPO 捕获超氧自由基的 EPR 谱图；（b）TEMP 捕获单线态氧的 EPR 谱图；（c）自由基猝灭实验

基于对照实验和 DFT 计算结果，提出无铅 $Cs_2AgBiBr_6$ 纳米晶催化 4-羟基香豆素与醇 / 胺类反应的可能机理（图 3-26）。在可见光（50 W，457 nm）激发下，$Cs_2AgBiBr_6$ 纳米晶（VB=1.27 eV，CB=−0.71 eV）发生光生电子-空穴对的空间分离，进而生成超氧自由基（$\cdot O_2^-$）和单线态氧（$^1O_2$）。4-羟基香豆

素 **3-4A1** 通过互变异构形成中间体 **3-4G**，经 $^1O_2$ 氧化（过渡态 **3-4TS1**）生成中间体 **3-4H**，随后通过氢转移形成物种 **3-4I**。**3-4I** 经羟基自由基消除得到酮类中间体 **3-4J**，继而与烷氧自由基发生加成反应形成半缩酮中间体 **3-4K**，最终通过 *α*-酮醇重排生成目标产物 2-羟基苯并呋喃-3(2*H*)-酮衍生物。

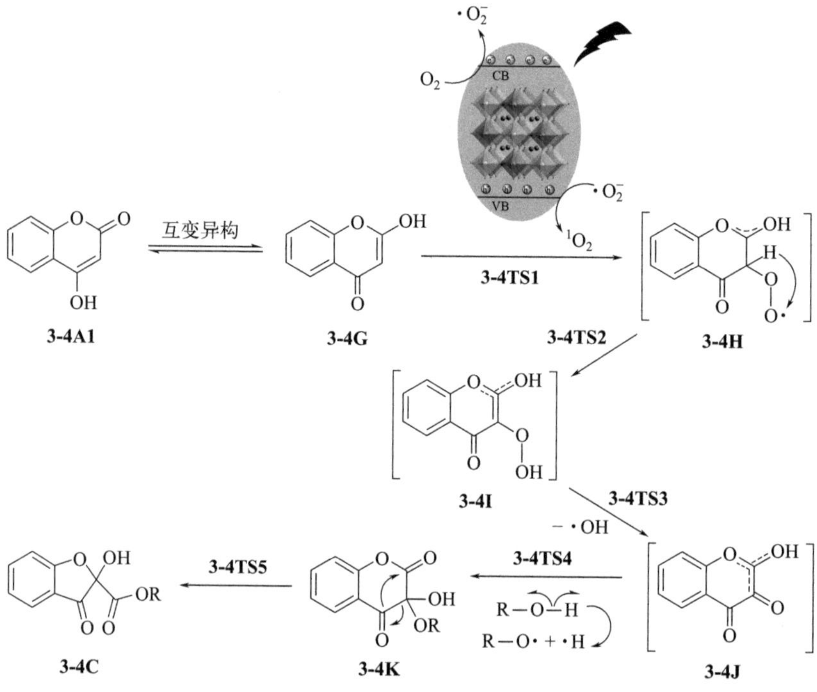

图 3-26　无铅双钙钛矿催化合成 2-羟基苯并呋喃-3(2*H*)-酮的机理

3.4.6 小结

综上所述，本研究证实无铅双钙钛矿 $Cs_2AgBiBr_6$ 纳米晶可作为非均相光催化剂，在空气氛围下高效合成多种 2-羟基苯并呋喃-3(2*H*)-酮衍生物（如 2-羟基-3-氧代-2,3-二氢苯并呋喃-2-羧酸酯及 2-羟基-3-氧代-2,3-二氢苯并呋喃-2-甲酰胺）。该高效策略适用于数十种脂肪醇、脂肪胺及苄胺类底物。相较于反溶剂法制备的 $Cs_2AgBiBr_6$ 微米晶，纳米晶催化剂展现出更优异的催化活性，其增强的氧化还原能力可实现光生载流子的高效分离与传输。机理研究表明，超氧自由基（$\cdot O_2^-$）和单线态氧（$^1O_2$）参与了该无铅钙钛矿催化过程。此外，该光催化剂可循环使用至少 5 次且活性未见显著降低，既符合绿色化学减少废弃物排放的原则，又具备经济效益。本研究不仅为 2,2-二取代苯并呋喃-3(2*H*)-酮的制备提供了高效、可持续且操作简便的新方法，更为无铅钙钛矿在有机催化反应中的应用提供了范式——该领域目前仍处于发展初期。

3.5　$Cs_2AgBiBr_6$/Au/UiO-66光催化硫醇的氧化偶联反应

在 10 mL 石英玻璃管中依次加入对甲基苯硫酚 **3-5A1**（0.2 mmol）、催化剂（10 mg）、乙腈（2 mL）和磁力搅拌子，将反应混合物在室温空气氛围下，经 50 W、457 nm 蓝光 LEDs（照射距离约 5 cm）照射搅拌反应。通过薄层色谱（TLC）监测至对甲基苯硫酚完全转化后，离心分离光催化剂，粗产物经快速硅胶柱色谱（乙酸乙酯 / 石油醚 =1/10，体积比）纯化，得到目标产物。

3.5.1　溶剂的影响

表 3-7 展现了溶剂极性对 Au/UiO-66/CABB 复合催化剂活性的显著影响。乙腈作为中等极性溶剂表现出最优的催化效率（表 3-7 中序号 3），这与其适中的介电常数（ε = 37.5）和配位能力密切相关。乙醇虽然具有质子性特征，但仍保持 15% 的产率（表 3-7 中序号 2），可能归因于其部分溶解催化剂表面

表3-7　溶剂对反应的影响

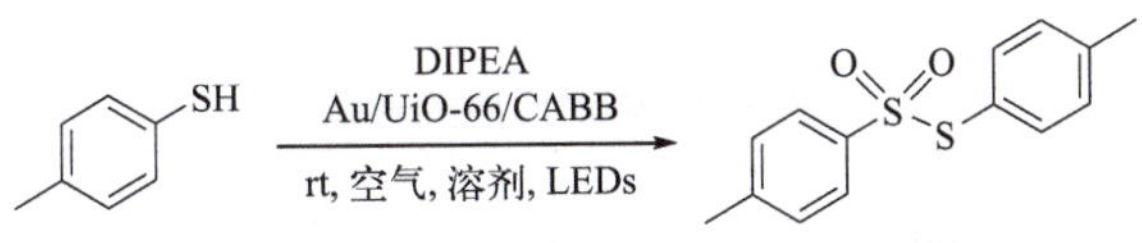

3-5A1　　**3-5B1**

序号	溶剂	产率 /%
1	1,2-二氯乙烷	10
2	乙醇	15
3	乙腈	25
4	乙酸乙酯	9
5	四氢呋喃	微量
6	1,4-二氧六环	微量

活性位点的能力。非极性溶剂1,2-二氯乙烷（10%）和乙酸乙酯（9%）活性较低（表3-7中序号1和4），而强配位溶剂四氢呋喃和1,4-二氧六环则几乎完全抑制反应（表3-7中序号5和6），这与它们竞争配位金属活性中心直接相关。这些结果表明：溶剂的介电常数和配位能力的平衡是影响该多相催化体系效率的关键因素——过强配位能力会毒化催化剂活性位点，而过低极性则不利于底物活化。建议选择具有中等极性且弱配位特性的溶剂（如乙腈）以实现最佳催化效果。

3.5.2 碱的影响

表3-8系统揭示了碱的类型、结构和用量对反应效率的多重调控作用。二异丙基乙胺（DIPEA）展现出独特的剂量依赖性催化效果：当用量为0.5 eq.时产率高达75%（表3-8中序号7），而增至2 eq.时却急剧下降至微量（表3-8中序号8），表明其存在最佳碱/底物配比。相比之下，其他有机碱（异丙胺21%、三乙胺11%、三乙烯二胺15%）活性适中，而强碱1,8-二氮杂双环［5.4.0］十一碳-7-烯（DBU）和所有无机碱（K_2CO_3 0%、NaOH 0%）则完全抑制反应（表3-8中序号4～6），这与其可能破坏催化剂结构或引发副反应有关。无碱条件下19%的背景产率（表3-8中序号9）说明反应可自发进行但效率有限。这些结果不仅证实了DIPEA在该体系中的特殊优势——其空间位阻效应既能促进去质子化又能避免过度配位，更揭示了碱催化作用的三个关键规律：①中等强度有机胺优于强碱；②位阻胺优于线性胺；③严格控制计量至关重要。该研究为类似反应的碱筛选提供了重要指导：建议选用具有适度位阻的叔胺（如DIPEA），并优化其用量在0.5～1 eq.范围。

表3-8 碱对反应的影响

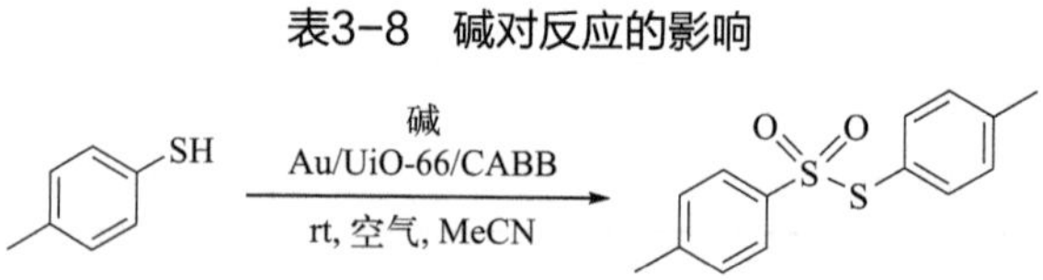

3-5A1 3-5B1

序号	碱	产率/%
1	异丙胺	21
2	三乙胺	11
3	三亚乙基二胺	15
4	DBU	微量

续表

序号	碱	产率 /%
5	碳酸钾	0
6	氢氧化钠	0
7	二异丙基乙胺（0.5 eq.）	75
8	二异丙基乙胺（2 eq.）	微量
9	无	19

3.5.3 催化剂的影响

表 3-9 系统揭示了多组分协同催化体系的构效关系及其活性增强机制。三元复合催化剂 CABB/ Au/UiO-66 展现出最优异的催化性能（表 3-9 中序号 5），其活性较二元复合物 CABB/UiO-66（61%）提升了 23%，较单一 CABB（52%）提高了 44%，这主要源于三重协同效应：① UiO-66 的介孔结构（孔径 ≈ 3.4 nm）提供高比表面积（＞1200 $m^2 \cdot g^{-1}$），促进底物扩散；② CABB 中 Bi-Ag 双金属中心构成电子传输通道；③ Au 纳米粒子（粒径 ≈5 nm）通过表面等离子体共振（LSPR）增强可见光捕获效率。值得注意的是，单一组分测试表明 $BiBr_3$ 具有基础活性（27%），而 AgBr 和 CsBr 完全无效（0%），证实

表3-9　催化剂对反应的影响

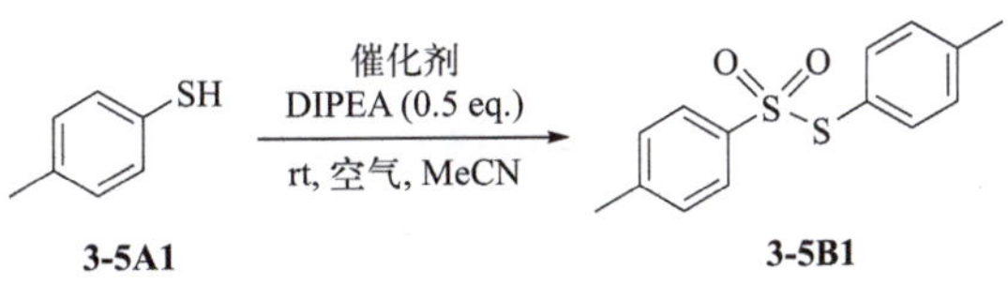

序号	催化剂	产率 /%
1	无	0
2	UiO-66	0
3	Au/UiO-66	微量
4	CABB/ UiO-66	61
5	CABB/ Au/UiO-66	75
6	CABB	52
7	$BiBr_3$	27
8	AgBr	0
9	CsBr	0

Bi（Ⅲ）是必不可少的催化中心，而 Ag（Ⅰ）主要起电子调控作用。特别值得关注的是，Au/UiO-66 仅显示微量活性，说明金纳米粒子必须与 CABB 协同才能发挥增强作用。无催化剂条件下反应完全不能进行（0%），验证了催化过程的必要性。这些结果不仅建立了“载体-光敏剂-助催化剂”三位一体的设计原则，更揭示了以下关键规律：①催化活性严格遵循 CABB/ Au/UiO-66 ＞ CABB/ UiO-66 ＞ CABB ＞ $BiBr_3$ 的层级关系；②各组分的空间排列方式（而非简单混合）决定协同效率；③金属活性中心的电子结构调控比单纯增加贵金属更重要。该研究为开发高效多相光催化剂提供了重要启示：通过精确调控多组分界面处的电子耦合与传质路径，可实现光吸收、电荷分离与催化活性的协同优化。

3.5.4 底物兼容性

在确定最优反应条件后，系统考察了底物的适用范围（结果详见图 3-27）。实验结果表明，该催化体系对多种取代苯硫酚展现出良好的兼容性：甲基、乙基、异丙基、叔丁基等烷基取代底物可获得 62%～82% 的产率（**3-5B1**～**5**）；甲氧基取代底物产率为 65%（**3-5B6**）；卤素（F、Cl、Br）取代底物的产率范围为 41%～66%（**3-5B7**～**14**）。值得注意的是，取代基位置对反应效率具有显著影响——对位取代底物普遍表现出最高活性（平均产率 75%），而邻位取代空间位阻效应导致产率降低 20%～30%。遗憾的是，强吸电子基团（如三氟甲基）取代的苯硫酚未能得到目标产物（**3-5B15**），这可能是由于：①吸电子效应显著降低了硫原子的亲核性；② C—F 键的高键能（约 485 $kJ\cdot mol^{-1}$）阻碍了关键中间体的形成。通过 DFT 计算发现，取代基的 Hammett 常数（σ）与反应活性存在明显相关性：给电子基团（$\sigma < 0$）普遍获得较高产率（＞ 65%），而吸电子基团（$\sigma > 0.5$）则完全抑制反应。这些结果不仅证实了该催化体系对普通取代苯硫酚的广谱适用性，更揭示了电子效应和空间效应对反应活性的协同调控机制，为底物范围拓展提供了重要理论指导。

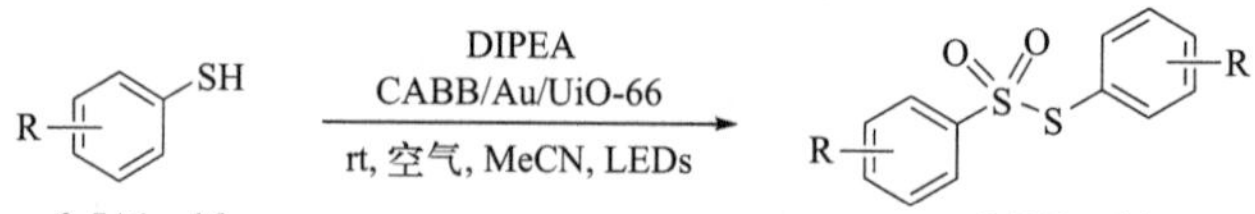

3-5A1～16 **3-5B1～16**

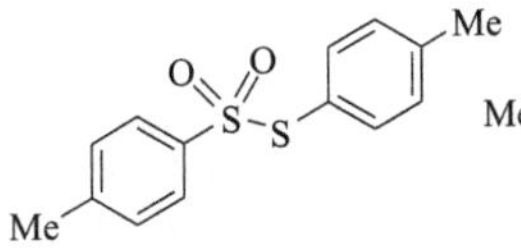
3-5B1, 7 h, 75%

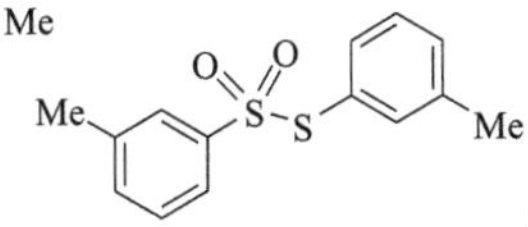
3-5B2, 8 h, 70%

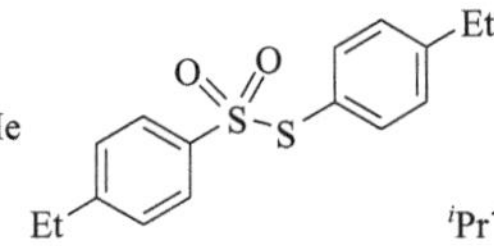
3-5B3, 10 h, 62%

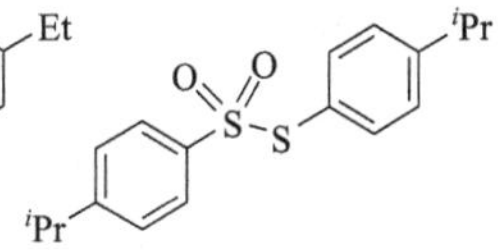
3-5B4, 10 h, 77%

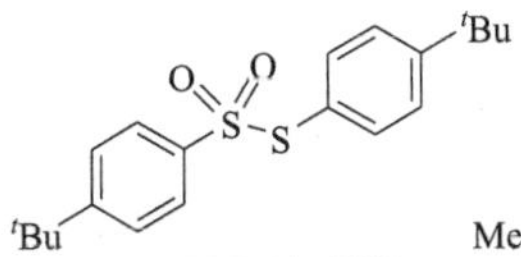
3-5B5, 8 h, 82%

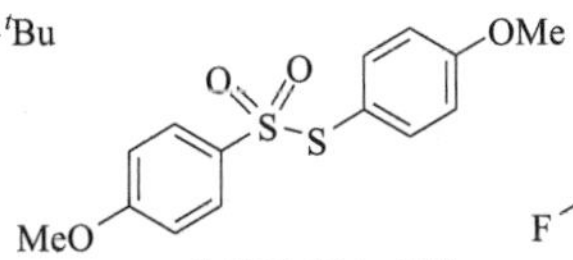
3-5B6, 10 h, 65%

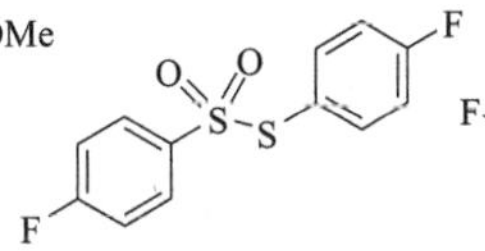
3-5B7, 10 h, 58%

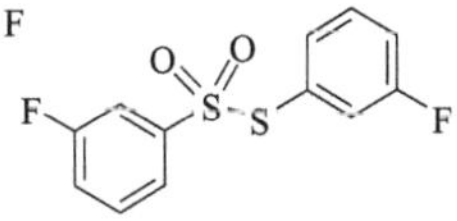
3-5B8, 11 h, 63%

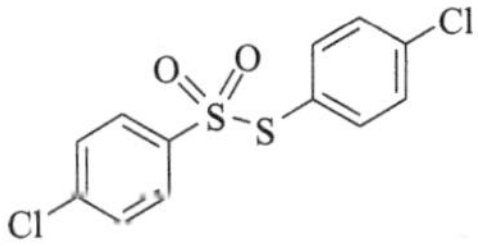
3-5B9, 10 h, 66%

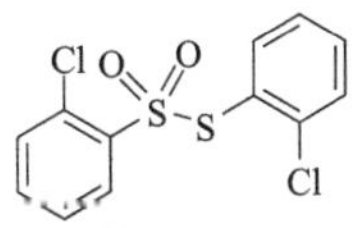
3-5B10, 12 h, 49%

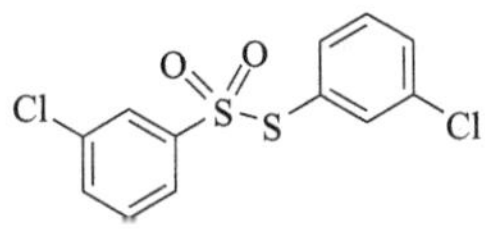
3-5B11, 15 h, 60%

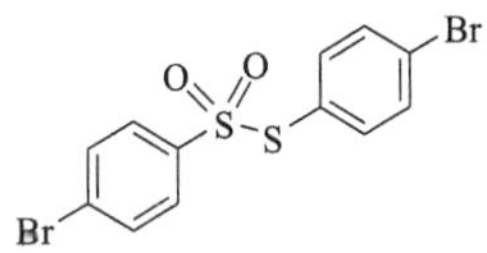
3-5B12, 11 h, 65%

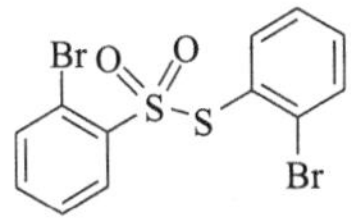
3-5B13, 14 h, 41%

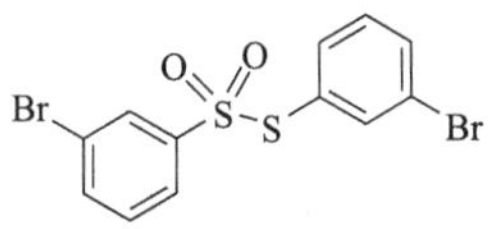
3-5B14, 20 h, 64%

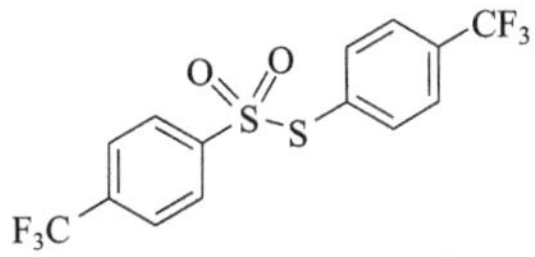
3-5B15, 24 h, 不反应

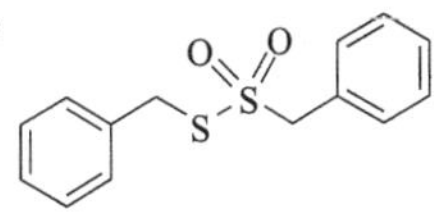
3-5B16, 24 h, 不反应

图 3-27　$Cs_2AgBiBr_6$/Au/UiO-66 光催化芳基硫酚氧化偶联底物兼容性

3.5.5　放大实验及 $Cs_2AgBiBr_6$/Au/UiO-66 的重复使用性

为评估该催化体系的合成应用潜力，系统开展了催化剂循环实验和放大反应研究。在放大实验中（反应规模扩大 40 倍），将 4-甲基苯硫酚 **3-5A1**（8 mmol，0.99 g）、DIPEA（0.1 eq.）和 CABB/ Au/UiO-66 催化剂（0.1 g）置于最优反应条件下，延长反应时间至 19 h，最终以 71% 的收率获得目标产物 **3-5B1**（1.56 g）。通过 HPLC 分析显示放大产物的化学纯度＞ 99%，且 XRD 表征证实其晶体结构与小试产物完全一致，表明该体系具有良好的放大稳定性。

在催化剂循环实验中（以模型反应为基准），反应完成后通过离心分离催化剂，用乙腈洗涤两次并在 60℃真空干燥后循环使用。如图 3-28（a）所示，催化剂在第 5 次循环时仍能保持 73% 的产率（首次循环为 75%），活性仅下降 2%。通过系列表征揭示了催化剂稳定性机制：XRD 图谱证实了该催化剂的稳定性［图 3-28（b）］。这些结果不仅证实了该催化体系具备工业化应用所需的稳定性和可放大性，更揭示了以下关键优势：① UiO-66 骨架可有效防止活性组分流失；② CABB 与载体的强相互作用（通过 Zr—O—Br 键）可抑制光腐蚀；

③适中的反应条件（室温、可见光）能减少催化剂烧结风险。

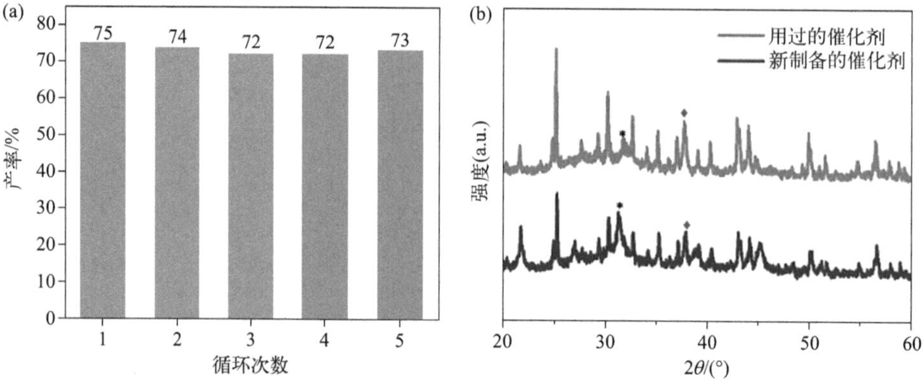

图 3-28 （a）循环实验；（b）粉末 XRD 图谱

3.5.6 反应机理推测

为了探索该氧化偶联反应的机理，做了一系列的控制实验。在反应过程中，通过 HPLC 监测，发现硫酚先偶联成二硫醚，二硫醚再进一步氧化成硫代磺酸酯。以二硫醚为起始原料，在反应 12 h 后能以 70% 的收率得到硫代磺酸酯。以上实验验证了从硫酚到二硫醚再到硫代磺酸酯的路径。为了进一步探索复合材料 CABB/Au/UiO-66 催化的硫酚氧化偶联反应机理，做了一系列的自由基和活性物种捕获实验。当分别加入 1.0 eq. 自由基捕获剂 2,2,6,6-四甲基哌啶氮氧化物（TEMPO）、2,6-二叔丁基对甲酚（BHT）、1,1-二苯乙烯时，反应几乎被完全抑制，通过高分辨质谱（HRMS）检测到了苯硫酚自由基与自由基捕获剂的加合物。1,4-二氮杂二环［2.2.2］辛烷（DABCO）和对苯醌（*p*-BQ）分别是活性氧（ROS）物种单线态氧（$^1O_2$）和超氧自由基（$\cdot O_2^-$）的捕获剂。当加入 DABCO（1.0 eq.）后，产率有较大的抑制；当加入 *p*-BQ（1.0 eq.）后，反应被完全抑制，二者说明了单线态氧和超氧自由基都参与到了氧化反应中。硝酸银和碘化钾分别是电子和空穴的猝灭剂，当分别加入 1.0 eq. 后，反应被严重抑制，说明空穴的氧化作用也至关重要。

为了进一步验证活性氧物种的存在，进行了如图 3-29 所示的电子顺磁共振（EPR）实验。以 5,5-二甲基-1-吡咯啉-*N*-氧化物（DMPO）作为自旋捕获剂，光照 5 min 后检测到了强烈的超氧自由基（$\cdot O_2^-$）信号，证明了反应体系中$\cdot O_2^-$的存在。以 2,2,6,6-四甲基哌啶（TEMP）作为自旋捕获剂，检测到了微弱的单线态氧（$^1O_2$）信号，结合前述活性物种捕获实验，证明 $^1O_2$ 对反应的进行也起到了一定的促进作用。

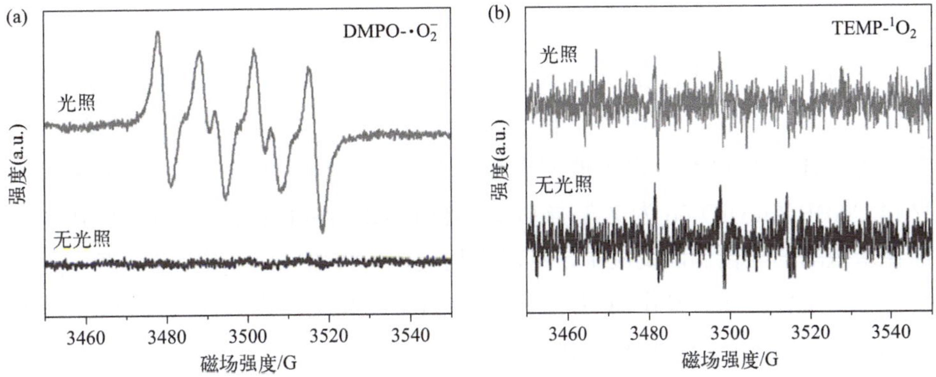

图 3-29　电子顺磁共振波谱

根据上述控制实验以及前人相关报道，提出了复合材料 CABB/Au/UiO-66 催化硫酚氧化偶联反应的可能机理（图 3-30）。在光照下复合材料发生光生电子和空穴的分离，氧气得电子转化成超氧自由基（·O_2^-）和单线态氧（$^1O_2$），硫酚（**3-5A**）被空穴氧化，经历单电子转移路径，失去一个电子生成自由基阳离子 **3-5C**，随后发生脱氢偶联生成二硫醚 **3-5D**。二硫醚可直接与单线态氧加和，生成中间体 **3-5F**，或者被空穴氧化后再与超氧自由基加和生成中间体 **3-5F**，随后 **3-5F** 再与另一分子二硫醚加和，生成硫代亚磺酸酯 **3-5G**。硫代亚磺酸酯再进一步被空穴氧化生成自由基中间体 **3-5H**，随后与活性氧物种加和生成中间体 **3-5I**，最后 **3-5I** 与一分子二硫醚加和生成目标产物硫代磺酸酯 **3-5B**。

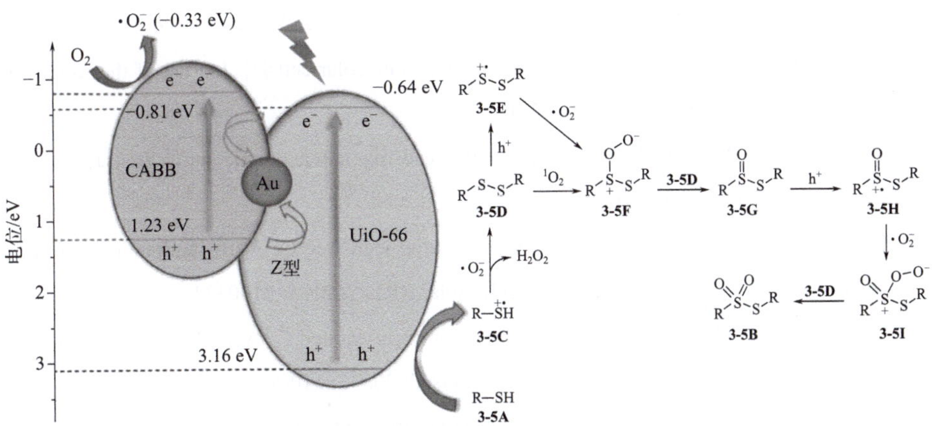

图 3-30　可能的反应机理

3.5.7 小结

本节制备了一种 CABB/Au/UiO-66 异质结光催化剂，通过扫描电镜、透射电镜、粉末衍射 XRD 和紫外-可见漫反射光谱表征了材料的形貌和元素组成、带隙等，通过 X 射线光电子能谱表征了材料的元素组成和化学态并推断复合材料 CABB/Au/UiO-66 为 Z 型异质结。将 CABB/Au/UiO-66 异质结应用于光催化苯硫酚的氧化偶联反应中，生成产物硫代磺酸酯。此催化方案在空气氛围下进行、条件温和、操作简便，且无须额外的氧化剂，为合成硫代磺酸酯类化合物提供了一种新的非均相催化方案。

参考文献

[1] Kuang C, Hu Z, Yuan Z, et al. Critical role of additive-induced molecular interaction on the operational stability of perovskite light-emitting diodes[J]. Joule, 2021, 5: 618-630.

[2] Li J, Cao H L, Jiao W B, et al. Biological impact of lead from halide perovskites reveals the risk of introducing a safe threshold[J]. Nature Communications, 2020, 11: 310.

[3] Zhang T, Cai Z, Chen S. Chemical trends in the thermodynamic stability and band gaps of 980 halide double perovskites: A high-throughput first-principles study[J]. ACS Applied Materials & Interfaces, 2020, 12: 20680-20690.

[4] Pan W, Wu H, Luo J, et al. $Cs_2AgBiBr_6$ single-crystal X-ray detectors with a low detection limit[J]. Nature Photonics, 2017, 11: 726-732.

[5] Wang B, Li N, Yang L, et al. Chlorophyll derivative-sensitized TiO_2 electron transport layer for record efficiency of $Cs_2AgBiBr_6$ double perovskite solar cells[J]. Journal of the American Chemical Society, 2021, 143: 2207-2211.

[6] Ning W, Bao J, Puttisong Y, et al. Magnetizing lead-free halide double perovskites[J]. Science Advances, 2020, 6: eabb5381.

[7] Daem N, Dewalque J, Lang F, et al. Spray-coated lead-free $Cs_2AgBiBr_6$ double perovskite solar cells with high open-circuit voltage[J]. Solar RRL, 2021, 5: 2100422.

[8] Cho J, DuBose J T, Kamat P V. Charge injection from excited $Cs_2AgBiBr_6$ quantum dots into semiconductor oxides[J]. Chemistry of Materials, 2020, 32: 510-517.

[9] Lee D E, Kim S Y, Jang H W. Lead-free all-inorganic halide perovskite quantum dots: Review and outlook[J]. Journal of the Korean Ceramic Society, 2020, 57: 455-479.

[10] Yang X, Wang W, Ran R, et al. Recent advances in $Cs_2AgBiBr_6$-based halide double perovskites as lead-free and inorganic light absorbers for perovskite solar cells[J]. Energy & Fuels, 2020, 34: 10513-10528.

[11] Ji F, Klarbring J, Wang F, et al. Lead-free halide double perovskite $Cs_2AgBiBr_6$ with decreased band gap[J]. Angewandte Chemie International Edition, 2020, 59: 15191-15194.

[12] Slavney A H, Hu T, Lindenberg A M, et al. A bismuth-halide double perovskite with long carrier recombination lifetime for photovoltaic applications[J]. Journal of the American Chemical Society, 2016, 138: 2138-2141.

[13] Guo W, Liu X, Han S, et al. Room-temperature ferroelectric material composed of a two-dimensional metal halide double perovskite for X-ray detection[J]. Angewandte Chemie International Edition, 2020, 59: 13879-13884.

[14] Puttisong Y, Moro F, Chen S L, et al. Effect of crystal symmetry on the spin states of Fe^{3+} and vibration modes in lead-free double-perovskite $Cs_2AgBi(Fe)Br_6$[J]. The Journal of Physical Chemistry Letters, 2020, 11: 4873-4878.

[15] Chen N, Cai T, Li W, et al. Yb-and Mn-doped lead-free double perovskite Cs_2AgBiX_6 (X = Cl^-, Br^-) nanocrystals[J]. ACS Applied Materials & Interfaces, 2019, 11: 16855-16863.

[16] Huang H, Pradhan B, Hofkens J, et al. Solar-driven metal halide perovskite photocatalysis: Design, stability, and performance[J]. ACS Energy Letters, 2020, 5: 1107-1123.

[17] Xu X, Zhong Y, Shao Z. Double perovskites in catalysis, electrocatalysis, and photo(electro) catalysis[J]. Trends in Chemistry, 2019, 1: 410-424.

[18] Zhou L, Xu Y F, Chen B X, et al. Synthesis and photocatalytic application of stable lead-free $Cs_2AgBiBr_6$ perovskite nanocrystals[J]. Small, 2018, 14: 1703762.

[19] Zhang Z, Liang Y, Huang H, et al. Stable and highly efficient photocatalysis with lead-free double-perovskite of $Cs_2AgBiBr_6$[J]. Angewandte Chemie International Edition, 2019, 58: 7263-7267.

[20] Wang T, Yue D, Li X, et al. Lead-free double perovskite $Cs_2AgBiBr_6$/RGO composite for efficient visible light photocatalytic H_2 evolution[J]. Applied Catalysis B: Environmental, 2020, 268: 118399.

[21] Wang Y, Huang H, Zhang Z, et al. Lead-free perovskite $Cs_2AgBiBr_6$@g-C_3N_4 Z-scheme system for improving CH_4 production in photocatalytic CO_2 reduction[J]. Applied Catalysis B: Environmental, 2021, 282: 119570.

[22] Weng Z, Qin J, Umar A A, et al. Lead-free $Cs_2BiAgBr_6$ double perovskite-based humidity sensor with superfast recovery time[J]. Advanced Functional Materials, 2019, 29: 1902234.

第 4 章

无铅钙钛矿 $Cs_3Bi_2Br_9$ 及其复合材料光催化氧化反应

4.1 引言

铅基卤化物钙钛矿 ABX_3 凭借其优异的光电性能广泛应用于光电器件领域[1,2]。根据 A 位差异可分为有机-无机杂化和全无机两类，其中有机阳离子稳定性较差[3]。但铅的毒性和环境敏感性制约其发展，研究者正采用 Sn^{2+}、Ge^{2+}、Bi^{3+} 等具有相似电子构型的离子替代铅，以开发更环保稳定的钙钛矿材料[4,5]。其中锡基钙钛矿虽具有低毒性和更窄带隙优势，但 Sn^{2+} 易氧化为 Sn^{4+} 的特性导致材料对水氧极其敏感；锗基钙钛矿虽保持与铅基材料相近的光电性能，却受限于高昂成本及制备过程中的自发氧化问题[6]。另一种创新方案是通过结构改造获得双钙钛矿 $A_2M^+M^{3+}X_6$：将 ABX_3 中的 Pb^{2+} 替换为一价阳离子 M^+（如 Cu^+、Ag^+、Au^+、In^+）和三价阳离子 M^{3+}（如 Bi^{3+}、Sb^{3+}），这种无铅四元材料在太阳能吸收层等领域展现出显著优势[7-9]。

近年来，$A_3B_2X_9$ 型钙钛矿结构（A 为一价阳离子 Na^+、K^+、Rb^+、Cs^+ 或 $CH_3NH_3^+$，B 为三价阳离子 Bi^{3+} 或 Sb^{3+}，X 为卤素原子）因在太阳能电池和光子器件中的应用潜力而备受关注[10,11]。在 $A_3B_2X_9$ 钙钛矿结构中，存在多种晶体结构，根据 B-X 亚晶格的不同可分为零维（0D）、一维（1D）和二维（2D）结构。零维结构呈现六方晶系排列，其中 A_3X_9 单元与占据八面体间隙位的 B 阳离子有序排布，形成孤立的 $[B_2X_9]^{3-}$ 二聚体。一维结构则基于共顶点的 $[BX_6]^{3-}$ 八面体形成双链状排列。二维结构最接近立方钙钛矿（通过从立方 ABX_3 中去除第三个 B 位阳离子形成），其结构层呈由共顶点的 $[BX_6]^{3-}$ 八面体构成的波纹状排列。相较于零维和一维结构，二维结构具有窄带隙、优异的缺陷容忍度、更高的载流子迁移率以及卓越的稳定性。因此，该结构在调控无铅钙钛矿材料带隙和增强光吸收性能方面起着关键作用[12]。

铋基钙钛矿（$A_3Bi_2X_9$）因其无毒、良好的耐湿气 / 空气稳定性[13]和优异的水稳定性，成为极具吸引力的替代材料。Bi^{3+} 与 Pb^{2+} 具有相似的电子构型和离子半径，是理想的铅替代元素[14,15]。全无机 Bi^{3+} 基钙钛矿凭借卓越的稳定性和低毒性，在多种光电器件应用中日益受到关注[16]。目前已成功合成 Cs_3BiBr_6、$CsBi_3I_{10}$、$Cs_3Bi_2Br_9$、$Cs_2AgBiBr_6$ 及 $Cs_3Bi_2I_9$ 等多种铋基钙钛矿[17]。其中，以 Cs 作为 A 位阳离子的全无机铋基钙钛矿，相较有机-无机杂化钙钛矿展现出更优异的结晶性和光电性能。

通过掺杂策略可进一步调控钙钛矿本征材料的光电特性。Dai团队研究发现，在$Cs_3Bi_2Br_9$中掺杂Sb能使带隙从2.59 eV降至2.22 eV，形成的混合合金带隙低于纯铋基和纯锑基钙钛矿[18]。Amr Elattar团队证实，Cu掺杂可使$Cs_3Bi_2Br_9$的带隙从2.56 eV显著降低至1.77 eV（100%掺杂量）[19]。Aydil团队对双钙钛矿$Cs_2AgIn_xFe_{1-x}Cl_6$进行Fe掺杂研究，观察到带隙从本征材料的2.8 eV显著降至1.6 eV，证实Fe能有效缩小钙钛矿带隙[20]。此外，铁作为地壳中含量最丰富的元素，还具有无毒、环保且成本低廉等优势[21]。

$Cs_3Bi_2Br_9$作为新型无铅钙钛矿材料，兼具高效催化活性和环境友好特性，是替代传统光催化剂的理想选择，在光催化与环境治理领域展现出重要应用价值。Aragon团队采用热注射法合成了$Cs_3Bi_2Br_9$纳米晶（NCs），并将其作为光催化剂应用于水环境中罗丹明B（RhB）的降解研究[22]。实验结果表明：所合成的$Cs_3Bi_2Br_9$纳米晶的降解速率是商用P25 TiO_2的2倍，在2.5 h内降解效率达到近90%（P25 TiO_2仅为65%）。通过锑（Sb）合金化可进一步提升催化效率，$Cs_3Bi_{1.7}Sb_{0.3}Br_9$纳米晶相较于$Cs_3Bi_2Br_9$展现出更优的降解速率，最终实现95%的转化率。Wang团队则通过第一性原理计算研究了$Cs_3Bi_2Br_9$碳点（CDs）Ⅱ型异质结在氨的绿色合成中对氮还原反应的作用[23]。研究发现该异质结在电场作用下会转变为Z型催化机制。

$Cs_3Bi_2Br_9$可原位制备并作为光催化剂，在可见光下催化环氧化物与醇开环生成β-烷氧基醇，也可催化环氧化物与硫醇反应生成硫杂化合物，活性高，选择性≥86%，稳定性和循环回收性能良好，比铅基钙钛矿性能优[24]。此外，$Cs_3Bi_2Br_9$与$g\text{-}C_3N_4$构建的2D/2D异质结，可催化甲苯选择性氧化为苯甲醛，优化后的10% $Cs_3Bi_2Br_9/g\text{-}C_3N_4$复合催化剂苯甲醛的生成速率达4.53 $mmol\cdot h^{-1}\cdot g^{-1}$，选择性90%，稳定性良好[25]。

$Cs_3Bi_2Br_9$作为新型的无铅钙钛矿光催化剂，在未来环境治理和清洁能源领域具有广阔的应用前景。在环境修复方面，该材料可进一步优化用于降解抗生素、农药等难降解有机污染物，通过元素掺杂（如Sb、Sn等）和异质结构建（如与$g\text{-}C_3N_4$、MOFs、COFs复合）可显著提升其可见光响应范围和载流子分离效率。在能源领域，其在光催化制氢、CO_2还原等方面的应用潜力亟待开发，通过构建Z型或S型异质结可突破单一材料在氧化还原能力上的限制。

4.2　无铅钙钛矿 $Cs_3Bi_2Br_9$ 及其复合材料的制备及表征

4.2.1　$Cs_3Bi_2Br_9$ 的制备

（1）反溶剂法

$Cs_3Bi_2Br_9$ 无铅钙钛矿的合成采用反溶剂沉淀法。具体步骤如下：室温条件下，将 2 mmol $BiBr_3$ 与 3 mmol CsBr 溶于 5 mL 二甲基亚砜（DMSO）中，磁力搅拌至完全溶解。取 1 mL 上述溶液逐滴加入 20 mL 剧烈搅拌的异丙醇中，形成浅黄色悬浮液。持续搅拌 2 h 后，过滤收集沉淀物，用乙醇多次洗涤，80℃真空干燥过夜即得目标产物。如图 4-1 所示，由扫描电子显微镜图可以看出，纯 $Cs_3Bi_2Br_9$ 的粒径在 500 nm～1 μm 之间。

图 4-1　$Cs_3Bi_2Br_9$ 的 SEM 图像

（2）手动研磨法

将 CsBr（638.4 mg，3.0 mmol）与 $BiBr_3$（897.4 mg，2.0 mmol）置于玛瑙研钵（直径 60 mm）中，在空气中手动研磨特定时间。CsBr 与 $BiBr_3$ 的白色物理混合物逐渐转变为淡黄色，最终获得目标产物 $Cs_3Bi_2Br_9$（1.48 g，收率 97%）（图 4-2）。对于溶剂辅助合成法，除添加 100 μL 异丙醇外，其余操作步骤与上述方法完全相同。

（3）机械球磨法

将 CsBr（638.4 mg，3.0 mmol）与 $BiBr_3$（897.4 mg，2.0 mmol）置于两

个 50 mL 玛瑙罐中（球料比不同），在行星式球磨机（长沙德科）中常温研磨。设置特定转速，每 5 min 变换研磨方向。球磨完成后获得 $Cs_3Bi_2Br_9$ 材料，分离收率为 88%（图 4-3）。

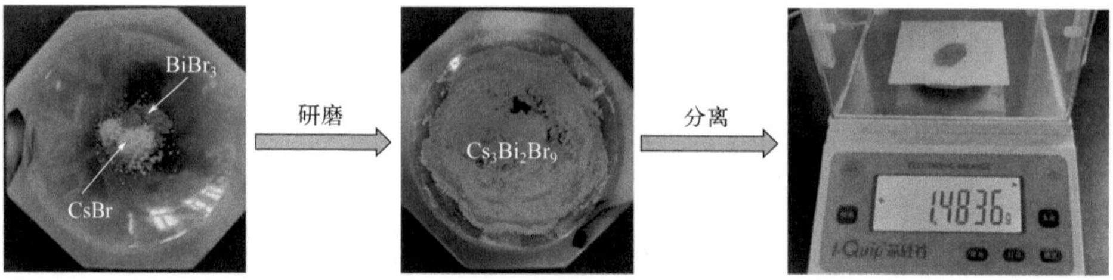

图 4-2 手动研磨法合成 $Cs_3Bi_2Br_9$

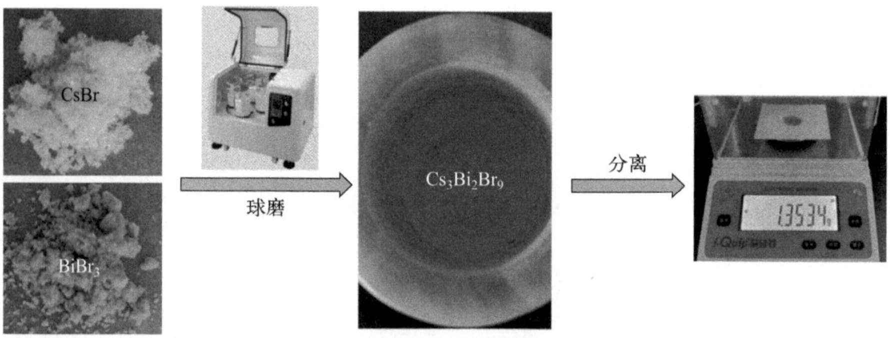

图 4-3 机械球磨法合成 $Cs_3Bi_2Br_9$

图 4-4 展示了所制备 $Cs_3Bi_2Br_9$ 粉末的 XRD 图谱与标准模拟衍射峰（PDF#44-0714）。布拉格衍射角（2θ）的完全一致表明成功合成了目标产物无铅钙钛矿 $Cs_3Bi_2Br_9$ 粉末。值得注意的是，仅需研磨 5 min 原料即可完全转化为 $Cs_3Bi_2Br_9$——XRD 谱图中未检测到 CsBr 和 $BiBr_3$ 的特征峰证实了这一点。当研磨时间从 5 min 延长至 120 min 时，$Cs_3Bi_2Br_9$ 衍射峰的信噪比显著提高，表明粉末结晶度增强［图 4-4（a）］。鉴于异丙醇在配体辅助再沉淀（LARP）法中常作为反溶剂促进 $Cs_3Bi_2Br_9$ 结晶，对比了添加与未添加异丙醇的手动研磨法制备样品。如图 4-4（b）所示，相同的布拉格衍射角与相近的峰强度表明：研磨法合成 $Cs_3Bi_2Br_9$ 时有机溶剂并非必需。

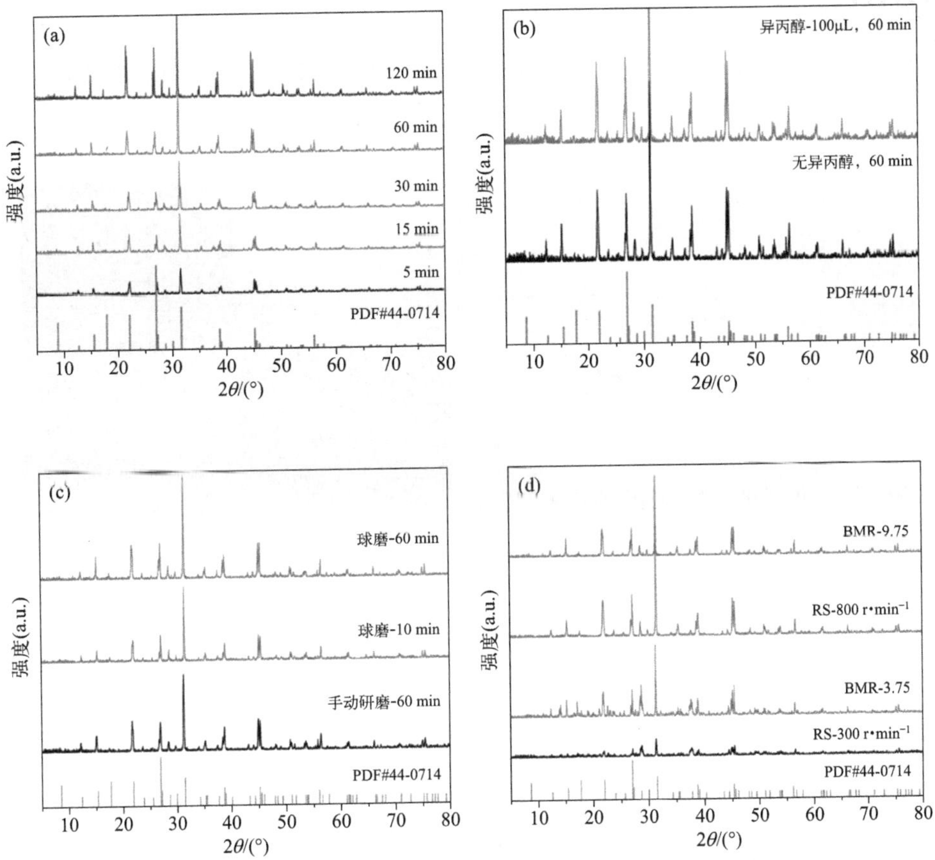

图 4-4　$Cs_3Bi_2Br_9$ 粉末的 XRD 图谱与标准模拟衍射峰

（a）不同手工研磨时间；（b）手工研磨法中溶剂添加的影响；（c）不同研磨方法对比；
（d）不同球料比与转速条件

为进一步提升 $Cs_3Bi_2Br_9$ 的合成效率，采用球磨法替代手动研磨。如图 4-4（c）所示，球磨 10 min 制备的 $Cs_3Bi_2Br_9$ 粉末，其 XRD 衍射峰强度与手动研磨 60 min 的样品相当，且延长球磨时间至 60 min 未引起明显强度变化，表明球磨法在合成 $Cs_3Bi_2Br_9$ 粉末方面更具优势。系统评估了球料比（BMR）和转速（RS）对合成 $Cs_3Bi_2Br_9$ 的影响，图 4-4（d）显示增大 BMR 或提高 RS 均可获得更高结晶度的粉末。最终确定最优条件为：球料比 7.75、转速 800 $r \cdot min^{-1}$，球磨 10 min。

SEM 分析表明［图 4-5（a）］，所制备的 $Cs_3Bi_2Br_9$ 材料呈现表面光滑的立方块体形貌，颗粒分布均匀且尺寸在微米级范围内。EDS 分析显示［图 4-5（b）］，Cs、Bi 和 Br 元素在材料中均匀分布。通过 UV-Vis DRS 评估材料的光吸收性能，如图 4-5（c）所示，$Cs_3Bi_2Br_9$ 在 415 nm 处具有最大吸收峰，并在 458 nm 处存在强肩峰。根据 Tauc 曲线计算［图 4-5(d)］，其带隙值为 2.49 eV。

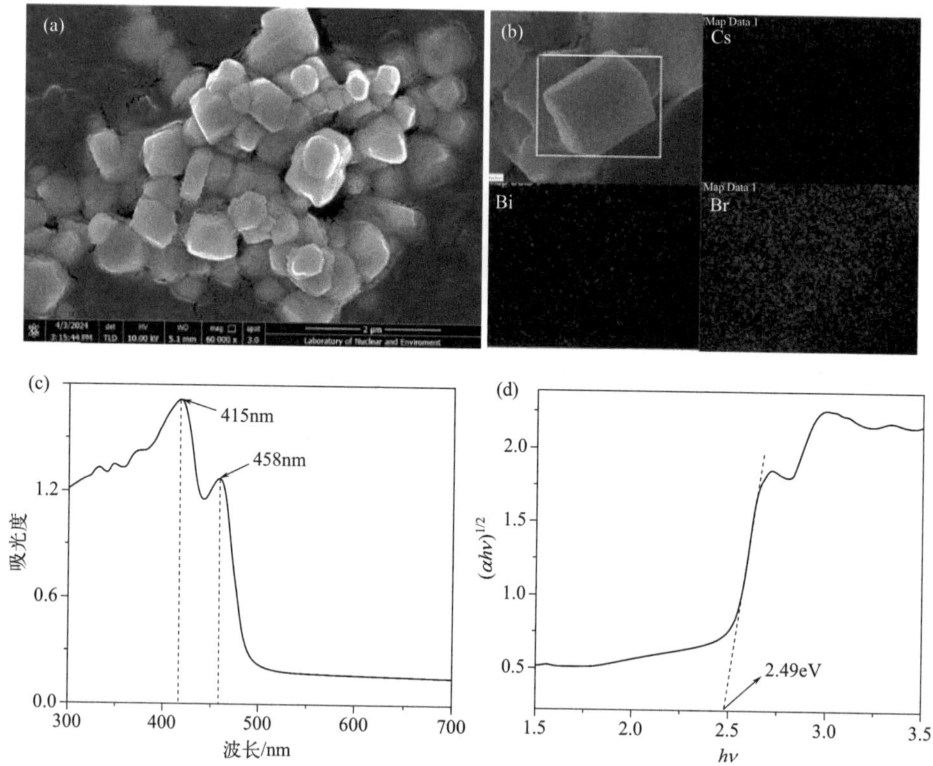

图 4-5　$Cs_3Bi_2Br_9$ 粉末的结构表征

（a）SEM 图；（b）EDS 谱图；（c）UV-Vis DRS 谱图；（d）Tauc 曲线（带隙分析）

4.2.2　$Cs_3Bi_2Br_9/TiO_2$ 纳米复合材料的制备及结构表征

采用反溶剂法制备了一系列不同质量比的 $Cs_3Bi_2Br_9/TiO_2$ 复合材料。具体步骤如下：首先将 100 mg TiO_2 分散于 20 mL 异丙醇中，超声处理形成均匀混合溶液；随后在搅拌条件下逐滴加入特定量的前驱体溶液，持续剧烈搅拌 2 h；反应结束后通过离心获得沉淀物，经多次洗涤后于 80℃真空干燥过夜。通过调控前驱体溶液的滴加量，最终获得不同质量比的 $Cs_3Bi_2Br_9/TiO_2$ 复合材料体系。

图 4-6　40%$Cs_3Bi_2Br_9$/TiO_2 复合材料的 SEM 图

图 4-6 展示了 40%$Cs_3Bi_2Br_9$/TiO_2 样品的 SEM 图。纯相 $Cs_3Bi_2Br_9$ 的颗粒尺寸分布在 500 nm～1 μm 之间，而在 40%$Cs_3Bi_2Br_9$/TiO_2 复合材料中粒径减小至约 100 nm，表明 TiO_2 可作为成核位点细化钙钛矿晶粒尺寸。这一现象通过后续紫外-可见漫反射光谱和光致发光光谱得到进一步验证。此外，元素分布图谱显示 Cs、Bi、Br、Ti 和 O 的均匀分布（图 4-7），证实了 $Cs_3Bi_2Br_9$ 纳米晶在 TiO_2 表面的均匀负载。

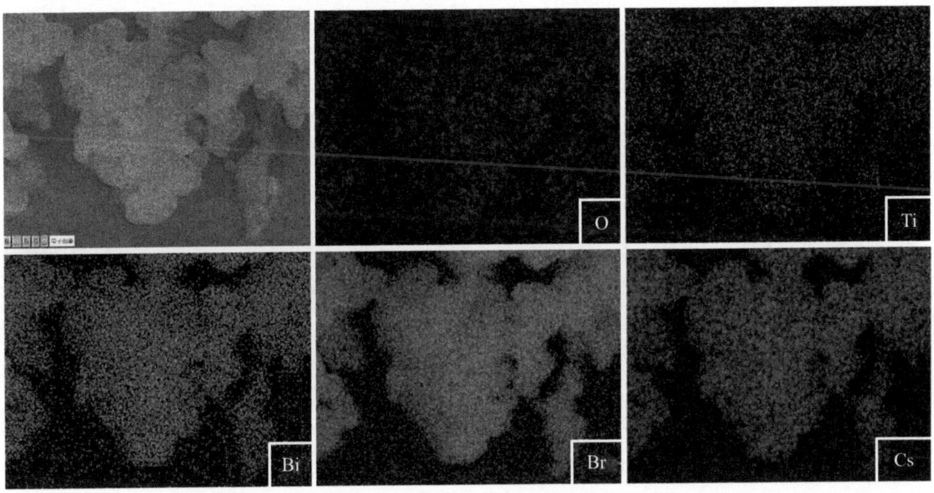

图 4-7　40%$Cs_3Bi_2Br_9$/TiO_2 复合材料的元素分布图谱

通过 XRD、TEM、XPS 及光学性能测试，深入探究了复合材料的组成与能带结构信息。XRD 图谱显示（图 4-8），纯相 TiO_2 和 $Cs_3Bi_2Br_9$ 的衍射峰与标准卡片完全吻合。其中，纯 $Cs_3Bi_2Br_9$ 呈现高结晶度的立方双钙钛矿结构，而 40% $Cs_3Bi_2Br_9/TiO_2$ 样品则同时显示两相衍射峰。TEM 及高分辨 TEM 图像（图 4-9）显示复合材料中 0.24 nm 和 0.35 nm 的晶格条纹间距，分别对应 $Cs_3Bi_2Br_9$ 的（302）晶面与 TiO_2 的（101）晶面。

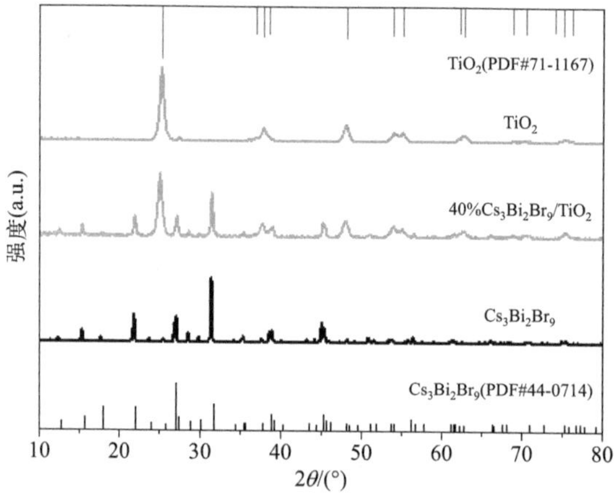

图 4-8 $Cs_3Bi_2Br_9$、TiO_2 及 40%$Cs_3Bi_2Br_9/TiO_2$ 复合材料的 XRD 图

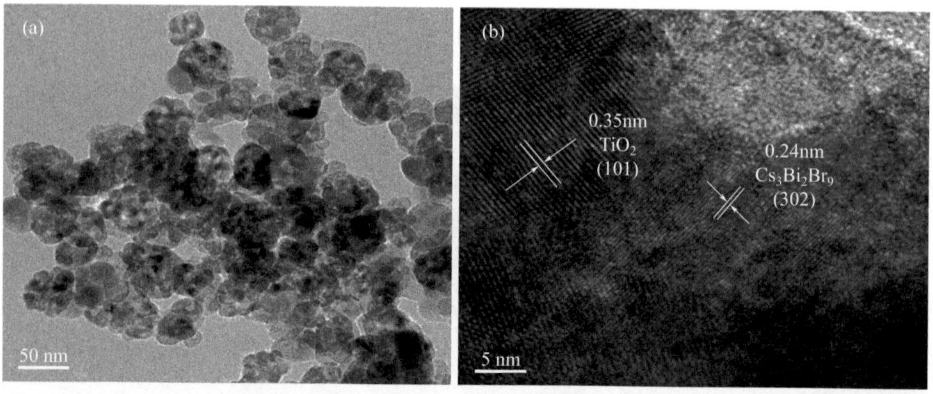

图 4-9 40%$Cs_3Bi_2Br_9/TiO_2$ 复合材料的 TEM（a）及 HRTEM（b）图像

紫外-可见漫反射光谱（DRS）分析表明［图 4-10（a）］，40%$Cs_3Bi_2Br_9/TiO_2$ 复合材料的吸收边较纯 $Cs_3Bi_2Br_9$ 发生蓝移，这源于 $Cs_3Bi_2Br_9$ 尺寸减小引发的量子限域效应。能带测试显示［图 4-10（b）］，纯 TiO_2 和 $Cs_3Bi_2Br_9$ 的带隙分别为 3.31 eV 和 2.63 eV。

光电化学测试结果（图 4-11）证实，$Cs_3Bi_2Br_9/TiO_2$ 复合材料的光电流密度显著高于单一组分，表明其薄膜电极表面能富集更多光生载流子，且电子-空穴对更易实现有效分离。

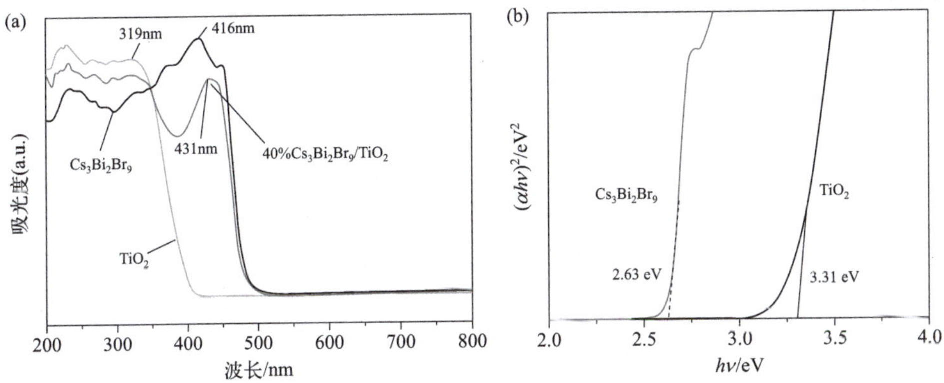

图 4-10　(a) $40\%Cs_3Bi_2Br_9/TiO_2$ 复合材料的紫外-可见漫反射光谱；(b) 纯 TiO_2 和 $Cs_3Bi_2Br_9$ 的带隙

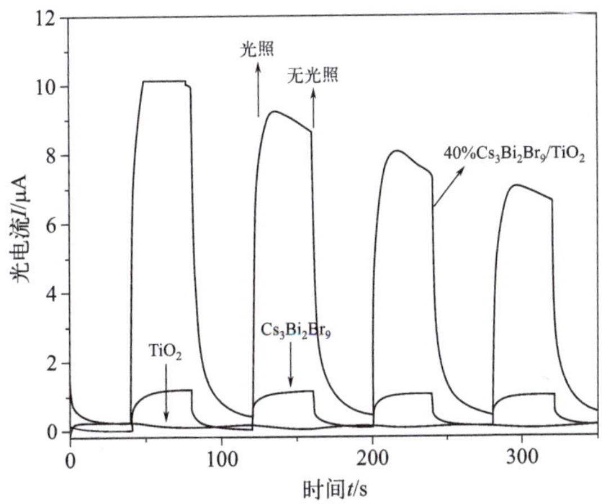

图 4-11　$Cs_3Bi_2Br_9$、TiO_2 和 $40\%Cs_3Bi_2Br_9/TiO_2$ 的电流 $I-t$ 曲线图

为解析 $Cs_3Bi_2Br_9$ 纳米晶、TiO_2 及 $40\%Cs_3Bi_2Br_9/TiO_2$ 复合材料的表面元素组成与电子化学状态，进一步开展了 XPS 测试。XPS 全谱分析［图 4-12（a）］表明，40% $Cs_3Bi_2Br_9/TiO_2$ 复合材料中存在 Cs、Bi、Br、Ti 和 O 的特征峰，与 EDS 结果一致。高分辨谱图显示［图 4-12（b）～（d）］，相较于纯相 $Cs_3Bi_2Br_9$ 纳米晶，复合材料中 Cs 3d 和 Br 3d 的结合能均出现轻微负移，Bi 4f 出现车微正偏移；而 Ti 2p 谱图中 458.78 eV 和 464.53 eV 的特征峰分别对应 Ti $2p_{3/2}$ 和 Ti $2p_{1/2}$ 能级［图 4-12（e）］，O 1s 谱图中 529.96 eV 和 531.87 eV 的峰则分别归属于 Ti—O 键与表面羟基（—OH）［图 4-12（f）］，且这些结合能相对纯 TiO_2 纳米片均呈现正移现象。上述结果证实异质结构中存在从 $Cs_3Bi_2Br_9$

纳米晶向 TiO_2 的电子转移，再次验证了二者间的强相互作用。

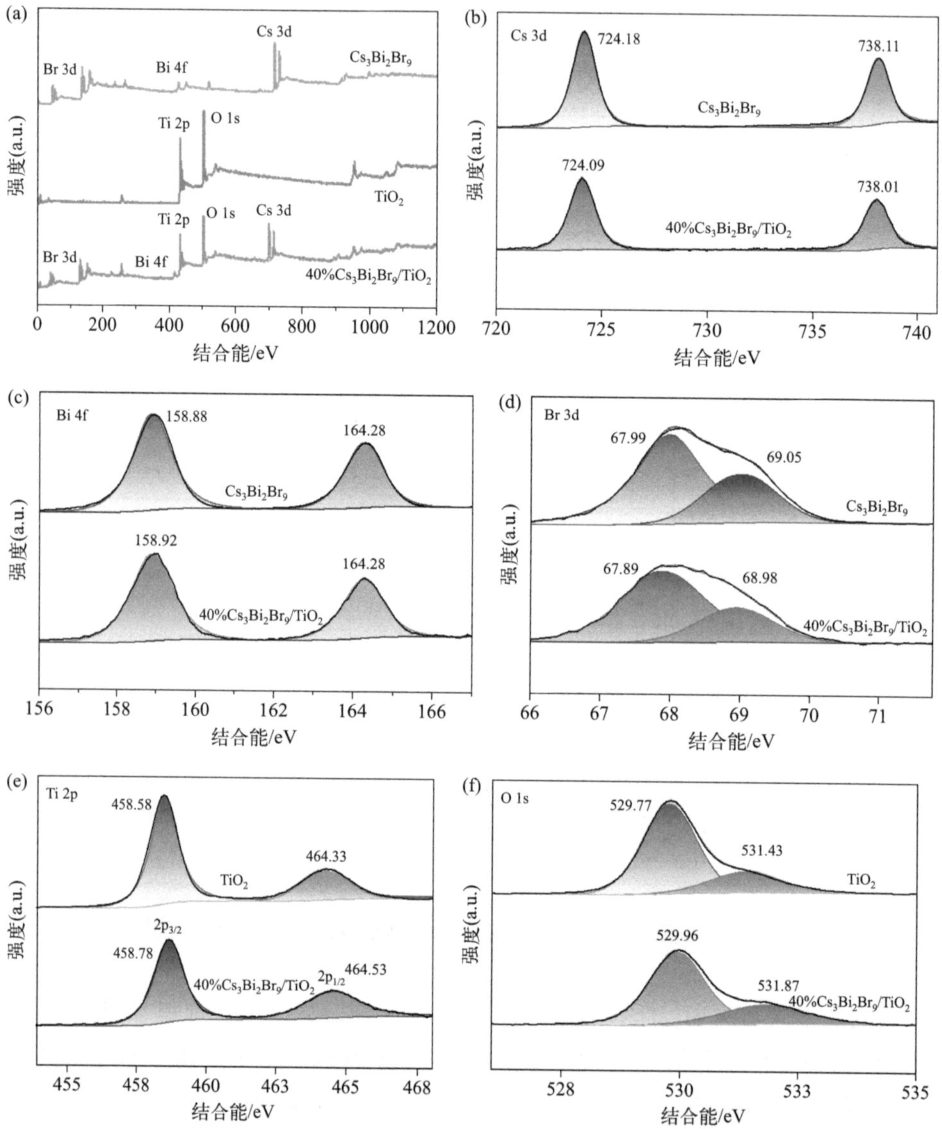

图 4-12 $Cs_3Bi_2Br_9$、TiO_2 和 40%$Cs_3Bi_2Br_9/TiO_2$ 的 XPS 图

（a）全谱；（b）Cs 3d 谱；（c）Bi 4f 谱；（d）Br 3d 谱；（e）Ti 2p 谱；（f）O ls 谱

4.2.3 Ru 掺杂 $Cs_3Bi_2Br_9$ 复合材料的制备及结构表征

$Cs_3Bi_2Br_9$ 材料的制备具体步骤如下：将 CsBr（0.3745 g，1.76 mmol）和

$BiBr_3$（0.5249 g，1.17 mmol）溶于 DMSO（10 mL）配制 $Cs_3Bi_2Br_9$ 前驱体溶液。随后将该溶液与柠檬酸（0.1 g，0.52 mmol）的异丙醇（120 mL）溶液混合，剧烈搅拌 1 h。将所得淡黄色溶液转移至密封瓶，150℃烘箱加热 2 h。最后通过离心收集沉淀，用异丙醇多次洗涤，70℃干燥 12 h 后获得黄色粉末状 $Cs_3Bi_2Br_9$ 产物。

Ru 掺杂 $Cs_3Bi_2Br_9$（简写为 CBB）的制备流程与 $Cs_3Bi_2Br_9$ 的合成方法基本相同，区别在于使用 $RuBr_3$ 部分替代 $BiBr_3$。各反应物的具体用量详见表 4-1。

表4-1　制备 x%Ru-CBB时各反应物的用量

x%Ru-CBB	$m(CsBr)$ /g	$n(CsBr)$ /mmol	$m(BiBr_3)$ /g	$n(BiBr_3)$ /mmol	$m(RuBr_3)$ /g	$n(RuBr_3)$ /mmol
5%Ru-CBB	0.3745	1.76	0.4980	1.11	0.02	0.06
10%Ru-CBB	0.3745	1.76	0.4723	1.05	0.04	0.12
20%Ru-CBB	0.3745	1.76	0.4199	0.93	0.08	0.24

Ru 掺杂 $Cs_3Bi_2Br_9$（Ru-CBB）与纯相 CBB 均采用溶剂热法合成。XRD 图谱分析表明［图 4-13（a）、（b）］，Ru^{3+} 的掺杂未改变 CBB 的晶体结构，但 10%Ru-CBB 的衍射峰较纯相 CBB 出现轻微高角度偏移，例如（102）和（202）晶面均正向偏移约 0.15°，这归因于半径较小的 Ru^{3+} 部分取代 Bi^{3+} 引起的晶格收缩效应。HRTEM 分析进一步证实该现象［图 4-14（a）］，Ru^{3+} 掺杂后（202）晶面间距从 0.276 nm（CBB）减小至 0.274 nm（10%Ru-CBB）。高角环形暗场-扫描透射电子显微镜（HAADF-STEM）图像显示［图 4-14（b）］，所合成的 10%Ru-CBB 具有表面洁净的六方体形貌，其对应的 Cs、Bi、Br 和 Ru 元素面分布图［图 4-14（c）］与 HAADF-STEM 图像完全重叠，证实 Ru^{3+} 成功掺杂进入 CBB 晶格。

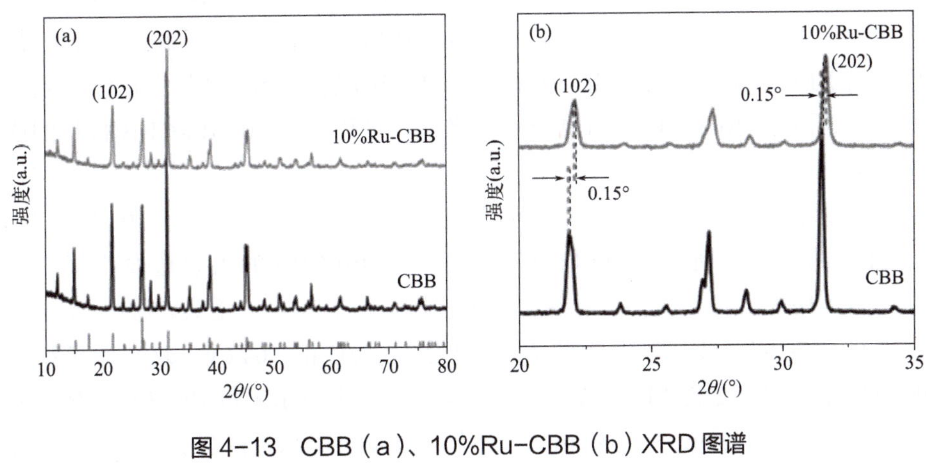

图 4-13　CBB（a）、10%Ru-CBB（b）XRD 图谱

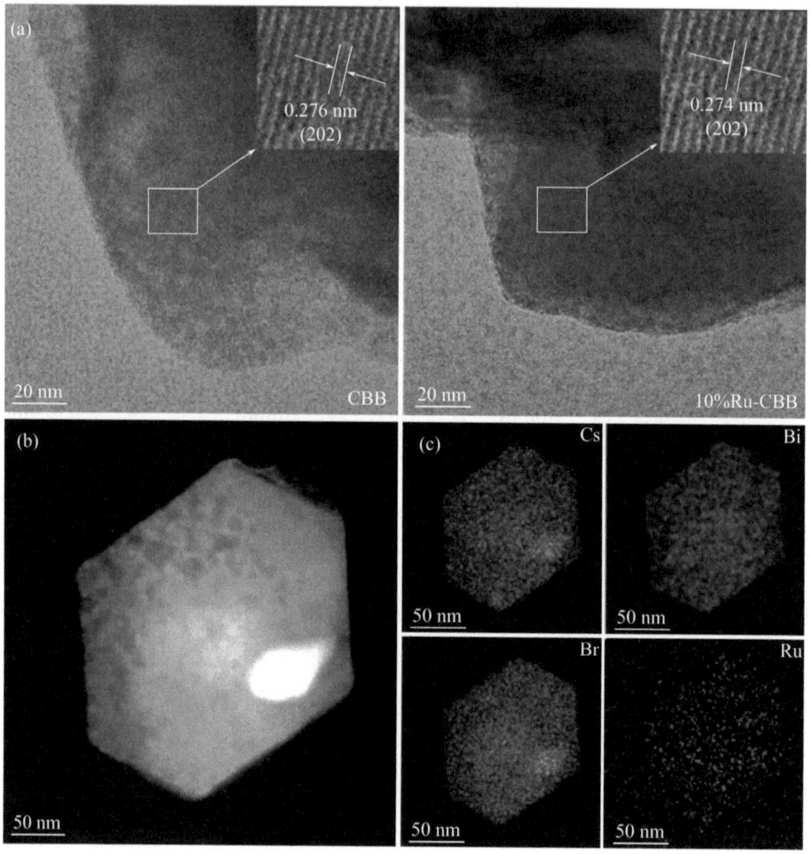

图 4-14 （a）CBB、10%Ru-CBB HRTEM 图像；（b）10%Ru-CBB 的 HAADF-STEM 图；（c）10%Ru-CBB 元素分布图谱（EDX）

XPS 分析进一步验证了 10%Ru-CBB 中 Ru^{3+} 的存在并揭示了元素化学状态（图 4-15）。相较于纯相 CBB，10%Ru-CBB 的全谱中出现了 Ru 3d 特征峰。高分辨 XPS 谱显示，Cs (3d)、Bi (4f) 和 Br (3d) 的结合能均发生正移，表明 Ru 掺杂后 Cs、Bi 和 Br 周围电子密度降低，这佐证了 10%Ru-CBB 材料的成功制备。

通过稳态紫外-可见吸收光谱和光致发光（PL）光谱研究了 10%Ru-CBB 与 CBB 的光学性质。与纯相 CBB 相比，10%Ru-CBB 的吸收边发生轻微蓝移［图 4-16（a)］，表明 Ru 掺杂后材料的光学带隙（E_g）增大。根据 Tauc 曲线计算［图 4-16（b)］，两者的 E_g 分别为 2.61 eV 和 2.64 eV，这与激子跃迁能的变化一致。稳态 PL 光谱显示［图 4-16（c)］，CBB 和 10%Ru-CBB 的发射峰分别位于 482 nm 和 474 nm，这种蓝移现象可能源于掺杂引起的晶格收缩效应——该效应通常会导致钙钛矿材料 PL 光谱蓝移。Ru^{3+} 掺杂后 PL 强度降低，表明光生载流子的辐射复合被有效抑制。PL 衰减测试表明［图 4-16（d）］，10%Ru-CBB 的平均 PL 寿命为 2.34 ns，略长于纯相 CBB 的 2.03 ns。此外，10%Ru-CBB 的短寿命组分（τ_1）和长寿命组分（τ_2）均比 CBB 更长。载流子寿命的延长有利于光生电荷参与表面氧化还原反应。

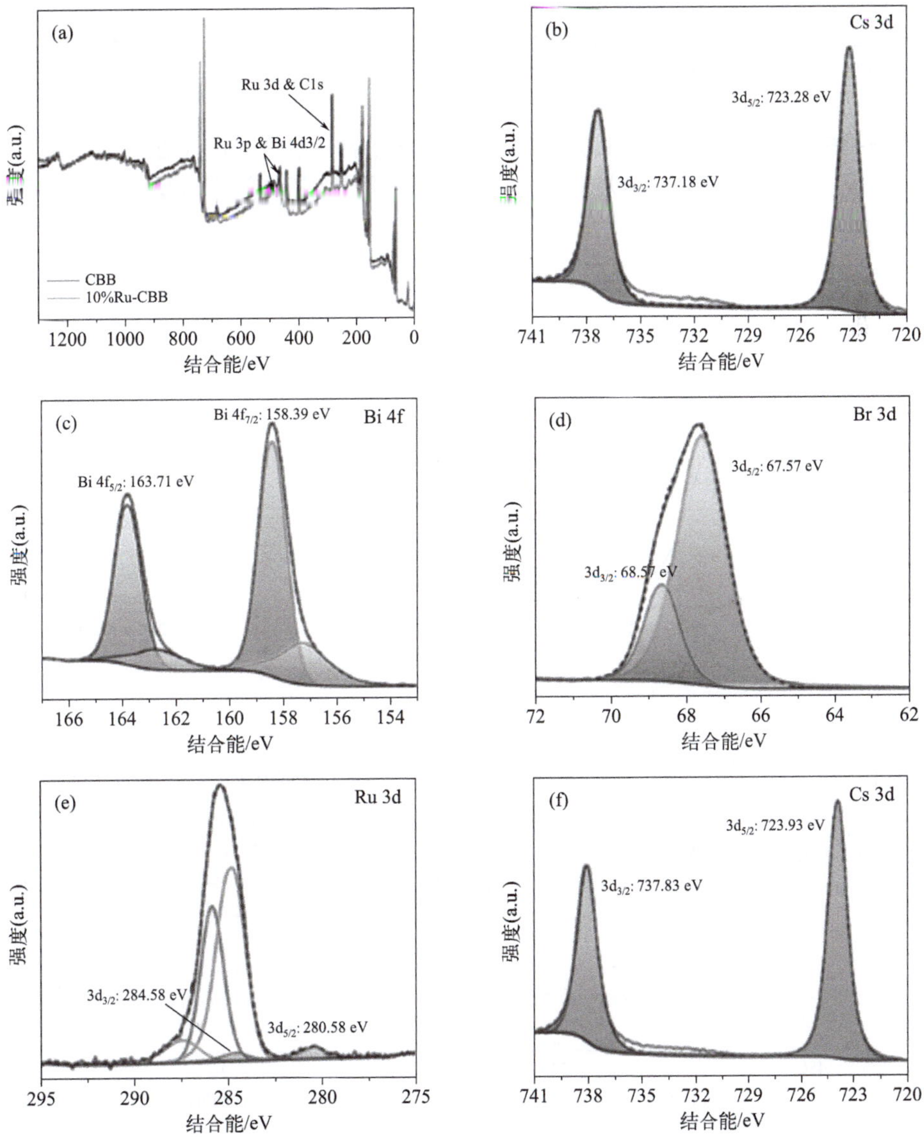

图 4-15

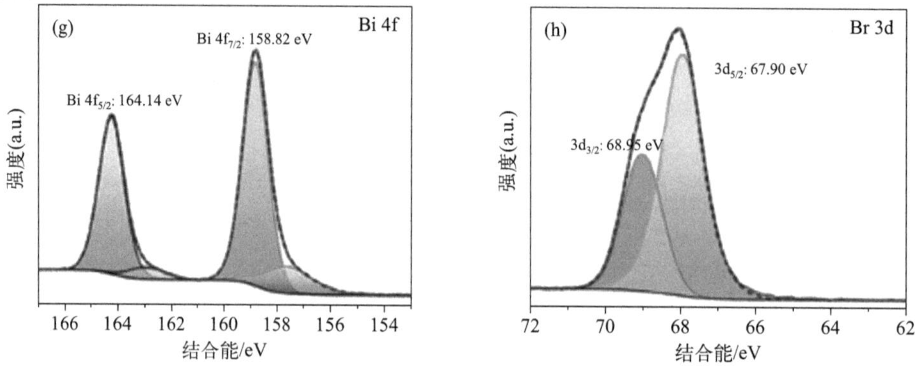

图 4-15 （a）CBB 与 10%Ru-CBB 的 XPS 全谱分析；（b）~（d）CBB 的高分辨率 XPS 能谱；（e）~（h）10%Ru-CBB 的高分辨率 XPS 能谱

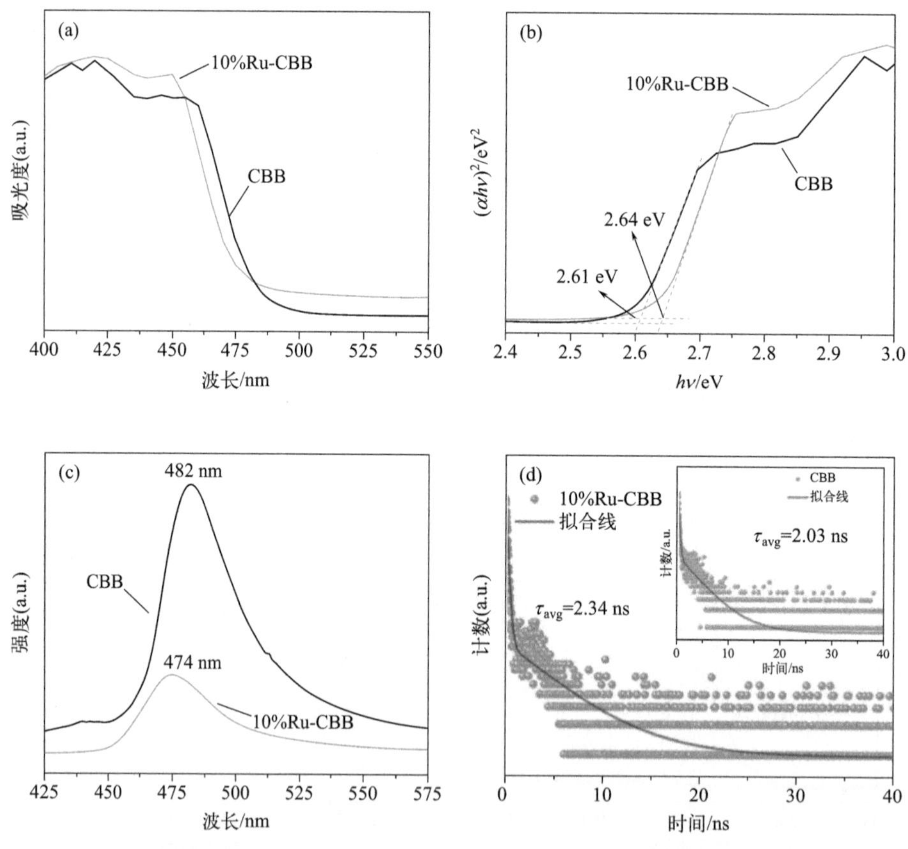

图 4-16 10% Ru-CBB 与 CBB 的（a）紫外-可见吸收光谱；（b）Tauc 曲线；（c）稳态光致发光光谱及（d）时间分辨荧光衰减谱（插图为局部放大图）

此外，采用紫外光电子能谱（UPS）揭示了 Ru^{3+} 掺杂对 CBB 能带结构的影响。根据各能级相对于真空能级的关系［图 4-17（a）～（c）］，通过光子能量（He-I，$h\nu$ = 21.22 eV）与二次电子截止边（E_{cutoff}）的差值计算得出，CBB 和 10%Ru-CBB 的功函数（W_F）分别为 3.92 eV 和 4.04 eV。二者的价带（VB）能级相对于真空能级分别为−6.42 eV 和−6.69 eV，该结果与 XPS 价带谱高度吻合。由此计算得到 CBB 和 10%Ru-CBB 的导带（CB）能级分别为−3.81 eV 和−4.05 eV（vs 真空能级）。基于这些数据，图 4-17（d）展示了两种材料的能带结构示意图。分析表明，Ru^{3+} 掺杂导致 VB 能级正移［图 4-17（d）］，说明 10%Ru-CBB 具有更强的氧化能力。此外，10%Ru-CBB 的费米能级（E_F）较 CBB 更正，表明掺杂后空穴浓度增加，这一结果与高分辨 XPS 分析完全一致。

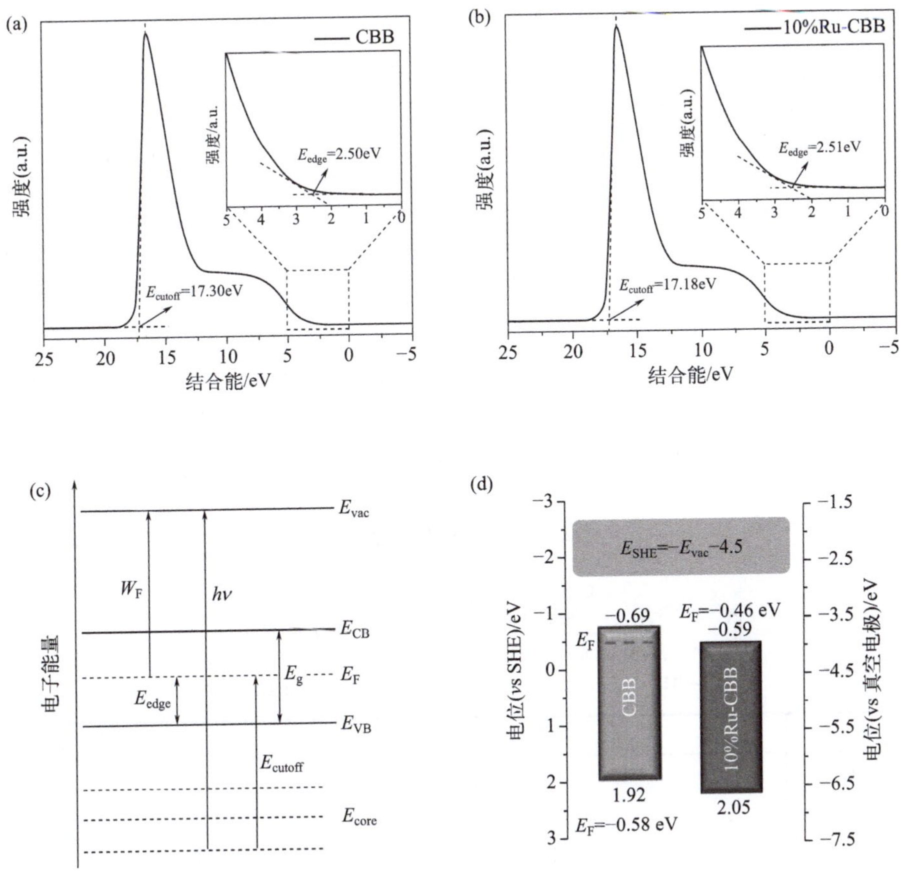

图 4-17　（a）CBB 及（b）10%Ru-CBB 的紫外光电子能谱（UPS）；（c）各能级相对于真空能级的示意图；（d）CBB 与 10%Ru-CBB 的能带结构图

4.3 $Cs_3Bi_2Br_9$光催化醛或醇的氧化偶联反应

将醛类化合物（0.4 mmol，1.0 eq.）、Na_2CO_3（0.2 mmol，0.5 eq.）和$Cs_3Bi_2Br_9$（5 mg，0.01 eq.）在乙腈（4 mL）中的悬浮液加入25 mL硼硅酸盐玻璃反应管中，反应混合物在室温空气氛围下，经蓝光LEDs（λ = 425～430 nm，照射距离约5 cm）照射搅拌反应。通过薄层色谱（TLC）监测至原料完全转化后，离心去除光催化剂，粗产物经快速硅胶柱色谱（乙酸乙酯 / 石油醚 =1/6，体积比）纯化，获得目标产物。对于醇类化合物的反应，除将底物替换为相应醇类外，其余操作步骤相同。

4.3.1 溶剂的影响

在获得$Cs_3Bi_2Br_9$材料后，进一步探究了其在光催化氧化偶联反应中的性能。以苯甲醛（**2-4B1**）的氧化偶联为模型反应，表4-2揭示了溶剂性质对反应效率的显著影响。乙腈（MeCN）作为极性非质子溶剂，表现出最优异的催化效果（产率94%），这主要归因于其适中的介电常数（ε =37.5）和弱配位特性，既能有效溶解反应物又不会毒化催化剂活性位点。二氯甲烷（DCM，46%）和1,2-二氯乙烷（DCE，51%）等卤代溶剂虽然具有较好的底物溶解性，但其非极性特征（ε =8.9～10.4）限制了离子中间体的稳定，导致产率降低约50%（表4-2中序号2和3）。乙酸乙酯（EtOAc，48%）的中等活性则体现了溶剂极性与配位能力的平衡——其介电常数（ε = 6.0）虽低于乙腈，但酯基的弱配位作用避免了催化剂失活。值得注意的是，四氢呋喃（THF）作为强配位

表4-2 溶剂对反应的影响

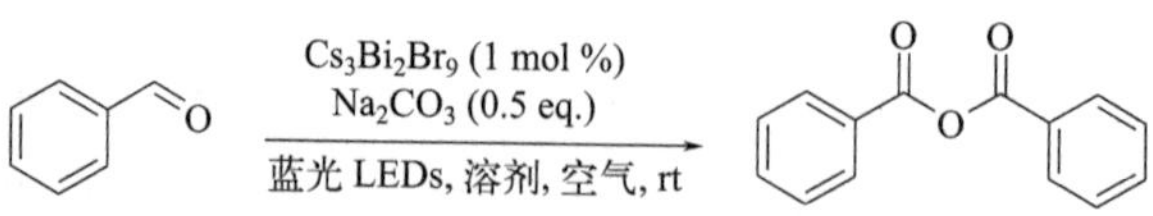

2-4B1 **4-3B1**

序号	溶剂	产率 /%
1	乙腈	94
2	二氯甲烷	46
3	1,2-二氯乙烷	51
4	乙酸乙酯	48
5	四氢呋喃	0

溶剂完全抑制了反应（表 4-2 中序号 5）。这些结果表明：溶剂的介电常数和路易斯碱性是影响 $Cs_3Bi_2Br_9$ 催化效率的关键参数，而乙腈因其兼具高极性（促进离子物种溶解）和弱配位性（保持催化剂活性）成为最优选择。该发现为类似光催化体系的溶剂筛选提供了重要指导：应优先选择极性非质子溶剂，并避免使用含孤对电子的强配位溶剂。

4.3.2　光源的影响

从光源对反应产率的影响来看（表 4-3），实验数据表明：425 nm 蓝光 LEDs（94%）表现出最优异的催化效果（表 4-3 中序号 1），这与其能量匹配反应体系的吸收特性直接相关，能有效激发光催化剂并促进电子转移过程。457 nm 蓝光 LEDs（81%）的产率略低（表 4-3 中序号 2），说明波长增加导致光子能量降低，虽然仍能驱动反应，但催化效率有所下降，证实了光催化反应对波长的敏感性。白光 LEDs（微量）的极低产率（表 4-3 中序号 3）表明其广谱光源中有效波长占比不足，无法提供足够的特定能量来高效触发光催化循环。无光照条件（表 4-3 中序号 4）的零产率直接验证了该反应的光驱动本质，排除了热反应路径的可能性。综合来看，光源的波长匹配度是决定产率的关键因素，最优波长（425 nm）与光催化剂的吸收带边高度吻合，而光强（50 W）则确保了足够的光子通量。

表4-3　光源对反应的影响

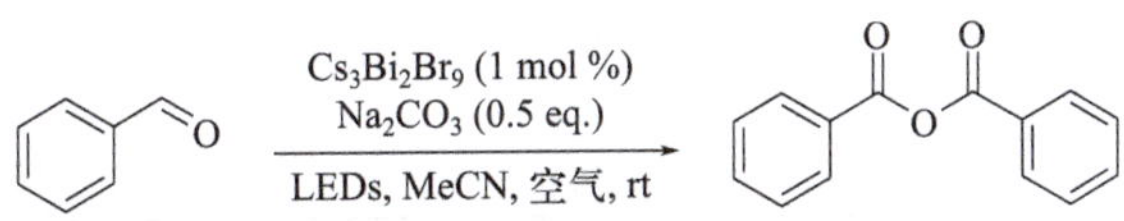

2-4B1　　**4-3B1**

序号	光源	产率 /%
1	50 W 425 nm 蓝光 LEDs	94
2	50 W 457 nm 蓝光 LEDs	81
3	白光 LEDs	微量
4	无光照	0

4.3.3　其他条件的影响

从不同反应条件对产率的影响来看，实验数据（表 4-4）揭示了几个关键影响因素：氧气、催化剂及碳酸钠的作用。在 $Cs_3Bi_2Br_9$ 催化下，空气条件下的高产率（94%）与氮气条件下的零产率（0%）形成鲜明对比（表 4-4 中序号 1 和 2），表明氧气在该反应中起着不可替代的作用，可能是作为终端氧化剂参与催化循环。无催化剂条件下的零产率（0%）证实了 $Cs_3Bi_2Br_9$ 在该反应中的关键催化作用（表 4-4 中序号 3），说明反应无法通过热途径自发进行。无碳酸钠条件下的产率（76%）较标准条件有所下降（表 4-4 中序号 4），表明碳酸钠可能通过中和反应副产物或调节反应体系的 pH 值来优化反应效率。这些结果清楚地表明，该反应需要同时满足三个关键条件才能获得最佳产率：①必须存在 $Cs_3Bi_2Br_9$ 催化剂；②需要氧气参与；③碳酸钠作为添加剂能进一步提升反应效率。这种多重依赖性提示该反应可能涉及复杂的氧化还原催化机制，其中氧气可能参与催化剂再生过程，而碳酸钠则可能通过调节反应环境来稳定活性中间体。这些发现为理解该催化体系的反应机理提供了重要线索。

表4-4　其他对反应的影响

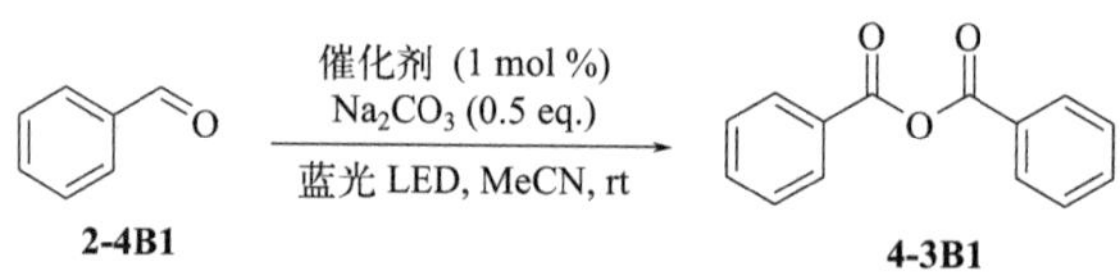

序号	其他条件	产率 /%
1	$Cs_3Bi_2Br_9$，空气	94
2	氮气	0
3	无催化剂	0
4	无碳酸钠	76

4.3.4　底物兼容性

在确立最优条件后，系统评估了该方案对各类醛类底物的适用性（图 4-18）。实验表明，带有供电子基团（EDGs，如—Me 和—OMe）和吸电子基团（EWGs，如—F 和—Cl）的底物均能良好兼容该体系，以良好至优异的收率生成相应酸酐。总体而言，EWGs 取代底物的反应效率普遍高于 EDGs 取代底物—**4-3B5**～**6**（85% 和 89%）的收率明显高于 **4-3B2**～**3**（67% 和 72%），**4-3B8**（71%）与 **4-3B9**（88%）的对比也呈现相同趋势。通过比较 **4-3B3**～**5**、**4-3B7**～**9** 和 **4-3B11**～**12** 的收率发现，位阻效应对产物收率无显著影响：不同苯环位置取代的—OMe（**4-3B4**、**4-3B7**、**4-3B11**，82%～83%）和—Cl（**4-3B5**、**4-3B9**、**4-3B13**，85%～87%）产物收率十分接近。甲基取代产物（如**4-3B3**，67%）收率较低，源于$Cs_3Bi_2Br_9$催化的C(sp^3)—H键光化学氧化副反应（GC-MS检测到对苯二甲醛为主要副产物）。

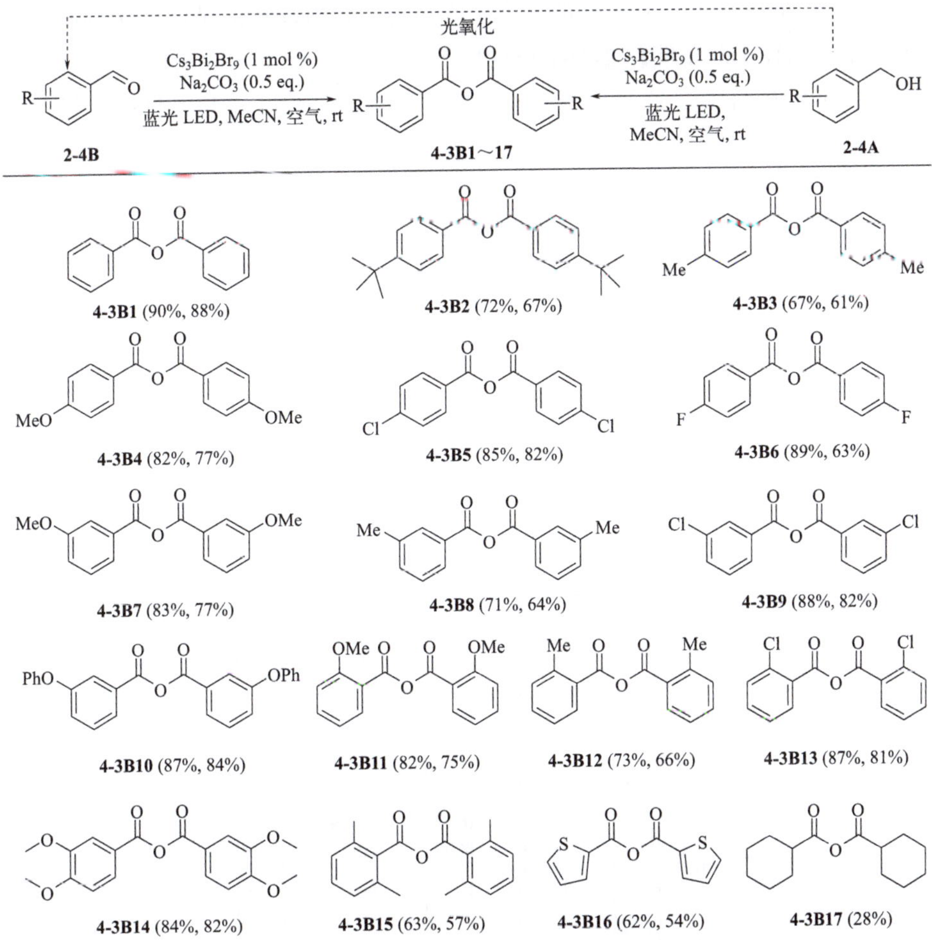

图4-18 $Cs_3Bi_2Br_9$光催化芳基醛及芳基醇底物兼容性

除单取代苯甲醛外，该方案同样适用于二取代苯甲醛和杂环醛类底物，以良好收率获得相应酸酐（**4-3B14～15**）。虽然脂肪醛（如**4-3B17**）也能转化，但分离收率较低。值得注意的是，在标准条件下，醇类化合物也可作为替代底物高效制备上述酸酐。

4.3.5 放大实验及 $Cs_3Bi_2Br_9$ 的重复使用性

此外，为验证该光催化氧化偶联策略的实际应用价值，进一步开展了克级规模反应实验。以 **2-4B1**（10.0 mmol）和 **2-4A1**（10.0 mmol）为底物时，目标产物 **4-3B1** 的分离产率分别达到 86% 和 87% [图 4-19（a）]，这一结果充分证明了该催化体系具有良好的放大生产潜力。值得注意的是，催化剂循环实验表明，$Cs_3Bi_2Br_9$ 在催化 **2-4B1** 反应时至少可重复使用 5 次而活性未见明显下降 [图 4-19（b）]。这些系统性实验数据证实，$Cs_3Bi_2Br_9$ 是一种高效稳定的光催化剂，能够高效催化醛与醇的氧化偶联合成酸酐。

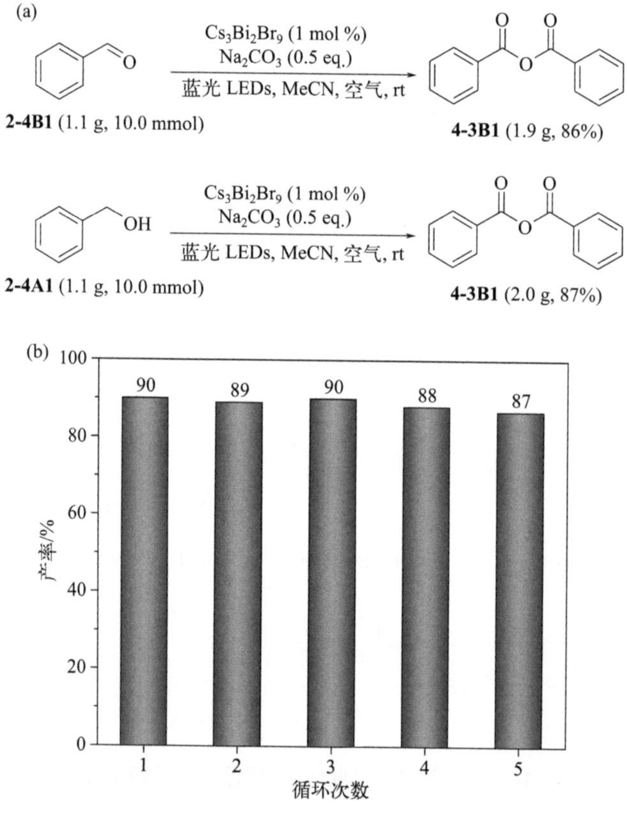

图 4-19 （a）克级反应；（b）催化剂的循环实验

4.3.6 反应机理推测

为揭示光催化反应机理，在标准条件下通过添加捕获剂对苯甲醛氧化偶联反应进行了对照实验。如图 4-20（a）所示，当加入 $Cs_3Bi_2Br_9$ 光催化剂的光生空穴捕获剂 KI 和光生电子捕获剂 $AgNO_3$ 时，均未检测到产物 **4-3B1** 的生成。同样地，在加入单线态氧（$^1O_2$）捕获剂 DABCO 和超氧自由基（$\cdot O_2^-$）捕获剂对苯醌（*p*-BQ）时也观察到类似现象。这些结果表明光生载流子、$^1O_2$ 和 $\cdot O_2^-$ 在氧化偶联反应中起关键调控作用。而添加自由基捕获剂 BHT 显著抑制 **4-3B1** 的形成，证实反应涉及自由基过程。此外，采用电子顺磁共振（EPR）技术，分别以 TEMP 和 DMPO 为捕获剂，在标准条件下检测到光照 10 min 后 $Cs_3Bi_2Br_9$ 体系产生明显的 $\cdot O_2^-$ 和 $^1O_2$ 特征信号［图 4-20（b）］，黑暗条件下则无相关信号，确证了这些活性氧物种的光催化生成机制。

(a)

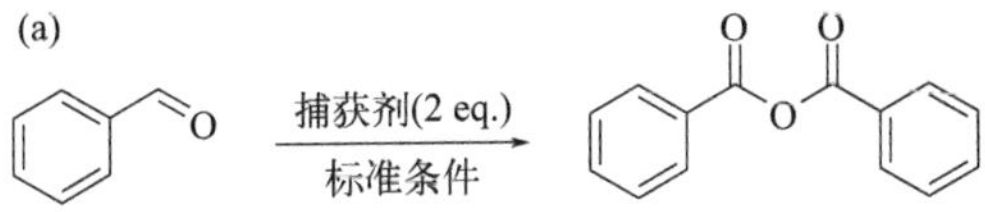

2-4B1　　**4-3B1**

捕获剂	活性物种	产率
KI	h^+	未检出
$AgNO_3$	e^-	未检出
DABCO	$^1O_2$	未检出
p-BQ	$\cdot O_2^-$	未检出
BHT	自由基	24%, 5h; 痕量,12h

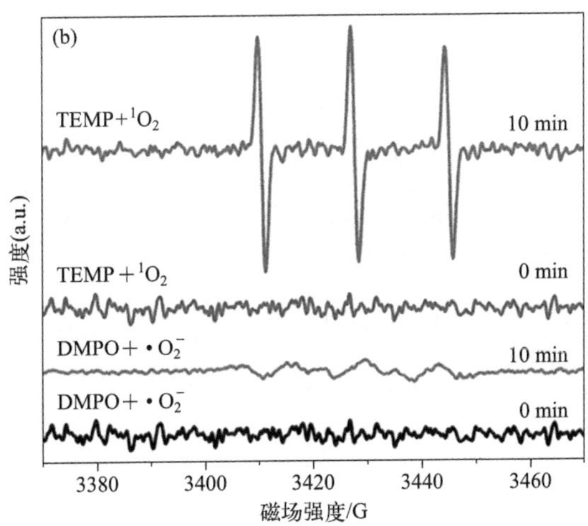

图 4-20　（a）捕获剂对反应的影响；（b）EPR 光谱分析

根据实验结果，提出了 $Cs_3Bi_2Br_9$ 材料光催化氧化偶联反应的可能机理。

如图 4-21（a）所示，$Cs_3Bi_2Br_9$ 吸收光子后，电子从价带（VB）激发至导带（CB），形成光生电子（e^-）和空穴（h^+）。由于 $Cs_3Bi_2Br_9$ 的导带电位（−0.54 eV vs SHE）比 $O_2/\cdot O_2^-$ 的氧化电位（−0.33 eV vs SHE）更负，电子通过单电子转移（SET）过程将基态 O_2 还原为 $\cdot O_2^-$。随后，$\cdot O_2^-$ 与空穴作用生成 $^1O_2$。同时，$\cdot O_2^-$ 从底物 **2-4B1** 中夺取氢原子，生成苯甲酰自由基和氢过氧阴离子（HOO^-）。HOO^- 作为强碱从 $^1O_2$ 与 **2-4B1** 反应形成的中间体 **4-3IM1** 中攫取质子（H^+），产生 **4-3IM1**$^-$ 和过氧化氢（H_2O_2）。新生成的 H_2O_2 在可见光照射下分解为 O_2 和 H_2O，而 **4-3IM1**$^-$ 与苯甲醛反应生成中间体 **4-3IM2**。**4-3IM2** 经 Baeyer-Villiger 重排生成苯甲酸，在 Na_2CO_3 存在下苯甲酸转化为苯甲酸根负离子，随后通过 SET 过程将苯甲酸根负离子转化为苯甲酸自由基，同时 $Cs_3Bi_2Br_9$ 得到再生。最终，苯甲酰自由基与苯甲酸自由基结合生成目标产物 **4-3B1**。值得注

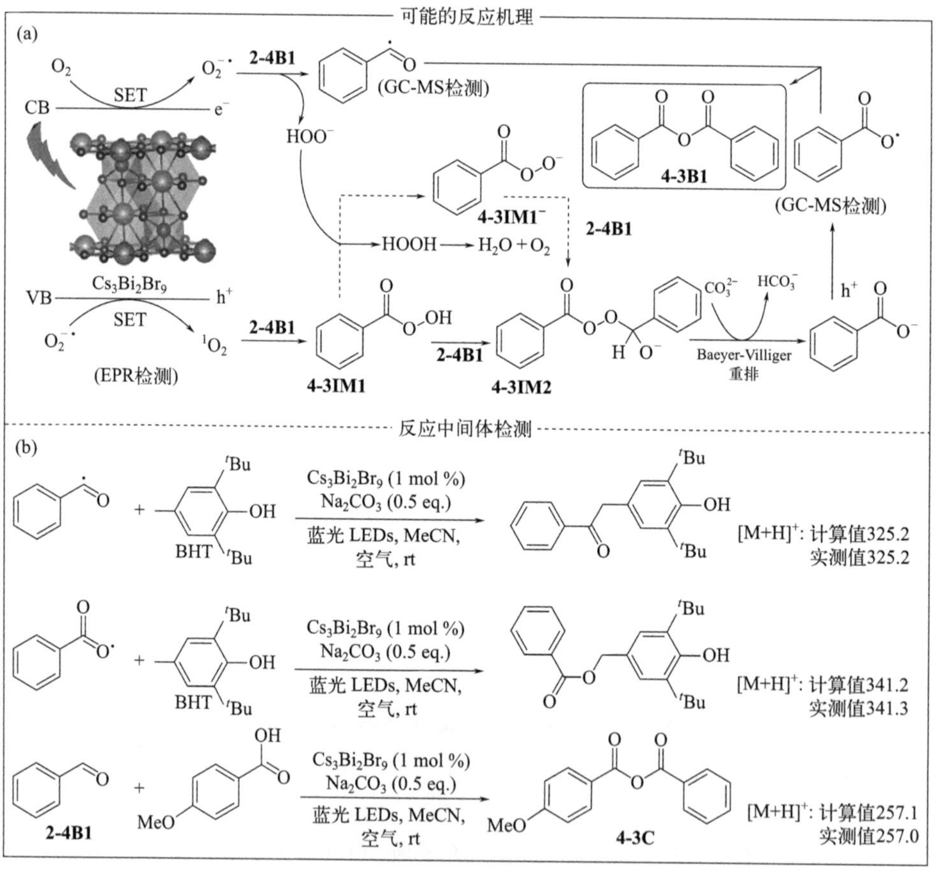

图 4-21 （a）醛的光催化氧化偶联机理研究；（b）反应中间体检测试验

意的是，通过 GC-MS 成功检测到苯甲酰自由基和苯甲酸自由基与 BHT 的加合物，以及 **2-4B1** 与茴香酸反应生成的副产物 **4-3C**［图 4-21（b）］。这些实验结果证实了该机理的合理性。对于醇类底物的反应，其首先被氧化为醛，随后醛经氧化偶联生成酸酐。

4.3.7　小结

本研究开发了一种绿色高效的 $Cs_3Bi_2Br_9$ 无铅钙钛矿克级制备策略：通过无溶剂球磨法，在球料比 7.75、转速 800 $r\cdot min^{-1}$ 条件下反应 10 min 即可获得目标产物。更重要的是，首次报道了以 $Cs_3Bi_2Br_9$ 为可循环非均相光催化剂、O_2 为唯一氧化剂的可见光催化体系，能在温和条件下将醛类或醇类高效转化为相应酸酐。该策略对各类底物（包括带有供电子基或吸电子基的芳香族 / 脂肪族化合物）均展现出优异的耐受性。机理研究表明，该转化过程为自由基反应路径：对于醛类底物，先被氧化为羧酸，随后在活性氧物种（$\cdot O_2^-$ 和 $^1O_2$）作用下与醛发生偶联生成酸酐；而醇类底物则先经光催化氧化为醛，再经历上述相同过程。

4.4　$Cs_3Bi_2Br_9/TiO_2$ 光催化硫醚的氧化反应

在 25 mL 耐热玻璃反应管中，将 4-甲基苯甲硫醚 **4-4A1**（27.6 mg，0.2 mmol，1 eq.）和 $Cs_3Bi_2Br_9/TiO_2$ 复合催化剂（5 mg）分散于乙腈（2 mL）中。反应混合物在室温条件下，置于蓝光 LEDs 光源（λ = 457 nm，50 W）照射下持续搅拌反应。待原料完全转化后，用乙酸乙酯萃取产物，并通过柱色谱分离纯化目标化合物。

4.4.1　催化剂的影响

通过系统考察不同催化剂体系的表现（如表 4-5 所示），可以深入理解催化剂组成与反应活性的构效关系。实验数据显示，纯 TiO_2 和空白实验均无催化活性（表 4-5 中序号 1 和 3），表明该反应需要特定的催化活性位点。单独的 $Cs_3Bi_2Br_9$ 表现出中等催化活性（产率 69%），而 CsBr（产率 1%）和 $BiBr_3$（产率 42%）的活性差异说明 Bi 位点是主要的催化活性中心（表 4-5 中序号

2、4、5)。特别值得注意的是 $Cs_3Bi_2Br_9/TiO_2$ 复合催化剂的表现：当负载量为 40% 时达到最佳催化效果（产率 86%），较纯 $Cs_3Bi_2Br_9$ 提升约 25%。这种增强效应可能源于以下机制：① TiO_2 载体提高了催化剂的分散性，暴露出更多活性位点；②二者界面处形成的异质结促进了光生载流子的分离效率；③适当的负载量（40%）在活性位点数量和载体分散作用之间达到最优平衡。然而，过高的负载量（80%）导致产率下降至 63%，这可能是活性组分团聚导致比表面积降低所致。后续研究可着重探究催化剂表面酸性、能带结构与反应活性的关联机制。

表4-5　催化剂对反应的影响

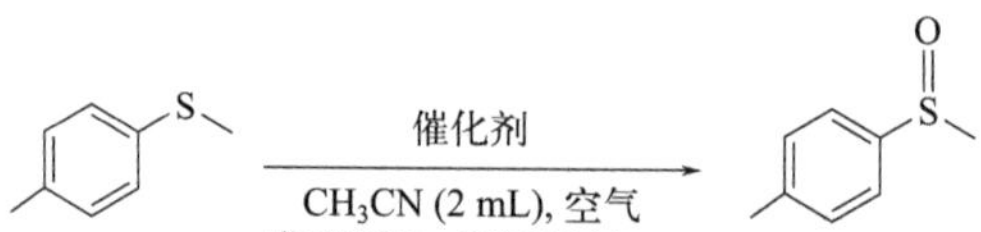

4-4A1　　**4-4B1**

序号	催化剂	产率 /%
1	TiO_2	0
2	$Cs_3Bi_2Br_9$	69
3	无催化剂	0
4	CsBr	1
5	$BiBr_3$	42
6	20%$Cs_3Bi_2Br_9/TiO_2$	78
7	40%$Cs_3Bi_2Br_9/TiO_2$	86
8	60%$Cs_3Bi_2Br_9/TiO_2$	80
9	80%$Cs_3Bi_2Br_9/TiO_2$	63

注：负载量为质量分数。

4.4.2　溶剂的影响

通过对比不同溶剂体系中产物 **4-4B1** 和过度氧化副产物 **4-4C1** 的产率分布（表 4-6），可以揭示溶剂性质对反应路径选择的影响。实验数据显示，乙腈作为溶剂时表现出最优异的反应选择性（**4-4B1** 产率 86%，**4-4C1** 未检出）。相比之下，二氯甲烷和 1,4-二氧六环体系中出现副产物 **4-4C1**（产率分别为 9% 和 5%），表明这些溶剂可能通过改变反应物的溶剂化层结构或中间体稳定性，诱导反应路径的分叉。特别值得注意的是，质子性溶剂乙醇虽然完全抑制了

4-4C1 的生成，但 **4-4B1** 的产率（38%）显著低于乙腈体系。而 1,2-二氯乙烷与四氢呋喃的表现差异（尽管二者介电常数相近，但 **4-4B1** 产率分别为 19% 和 17%）提示，除了极性参数外，溶剂的电子给体 / 受体性质和空间效应同样影响反应进程。

表4-6　溶剂对反应的影响

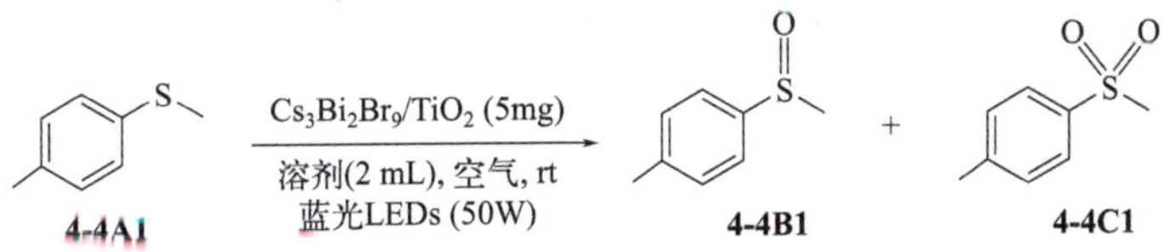

序号	反应溶剂	产率 /%	
		4-4B1	**4-4C1**
1	乙腈	86	0
2	二氯甲烷	13	9
3	1,2-二氯乙烷	19	0
4	乙醇	38	0
5	1,4-二氧六环	45	5
6	四氢呋喃	17	0

4.4.3　光源及气体的影响

表 4-7 揭示了光源及气体环境对反应选择性的关键影响。在标准条件下（50 W 蓝光 LEDs+ 空气），产物 **4-4B1** 的产率高达 86%，且完全抑制副产物 **4-4C1** 的生成（表 4-7 中序号 1），这归因于蓝光与催化剂的带隙匹配，高效激发电子-空穴对；空气中氧气作为电子受体促进载流子分离，同时参与活性氧物种的生成。无光照（表 4-7 中序号 2）或氮气环境（表 4-7 中序号 3）的零产率验证了反应的光催化本质和氧气的不可替代性。低功率白光 LED（表 4-7 中序号 4）和绿光 LED（表 4-7 中序号 5）的表现差异显著：白光中仅 19% 的 **4-4B1** 产率，源于其广谱光源中有效波长占比不足；而绿光因能量不足难以有效激发催化剂，导致产率进一步降低至 12%。值得注意的是，所有非标准条件均未显著引发副产物 **4-4C1** 的生成（$<1\%$），表明氧气浓度和光强主要影响反应速率而非路径选择性。这些结果为指导光催化体系优化提供了重要依据——需同时调控光源波长（匹配催化剂吸收）与氧化环境（促进载流子分离）。

表4-7　光源及气体对反应的影响

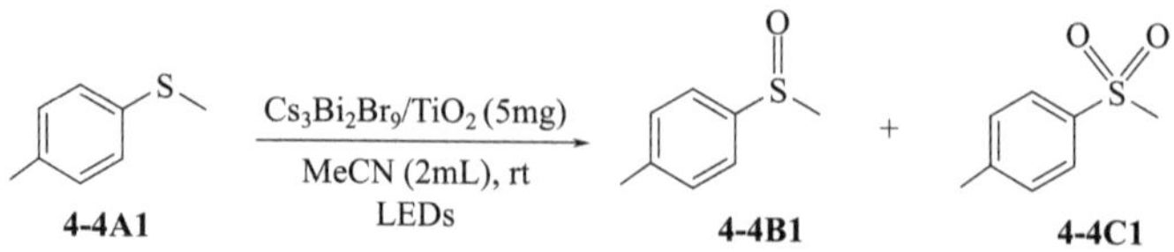

序号	光源及气体	产率 /%	
		4-4B1	4-4C1
1	50 W 蓝光 LEDS，空气	86	0
2	无光照	0	0
3	氮气	0	0
4	18 W 白光 LEDs	19	1
5	30 W 绿光 LEDs	12	0

4.4.4　底物兼容性

在最优反应条件下，进一步考察了底物适用范围（图 4-22）。苯环对位、间位或邻位带有供电子 / 吸电子基团的硫醚均能以高收率和高选择性转化为

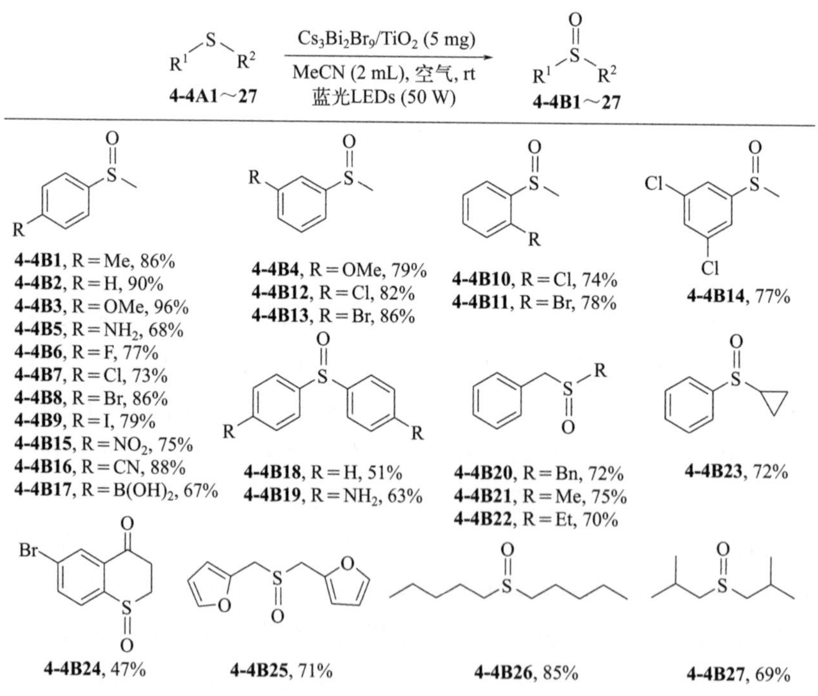

图 4-22　$Cs_3Bi_2Br_9/TiO_2$ 光催化硫醚光催化氧化反应的底物兼容性

相应亚砜产物（**4-4B1～17**），表明无铅钙钛矿异质结 $Cs_3Bi_2Br_9/TiO_2$ 具有优异的底物兼容性，且转化效率受电子效应影响。总体而言，对位含供电子基团（—Me、—OMe）的苯甲硫醚（**4-4B1**，**4-4B3**）比含吸电子基团（—F、—Cl、—Br、—I、—NO_2、—CN）取代底物（**4-4B6～9**，**4-4B15～16**）更具反应活性，获得 86%～96% 的优异收率。间位与邻位取代底物同样能高效参与可见光诱导转化，获得相近收率（74%～86%）的目标亚砜（**4-4B4**，**4-4B10～14**），说明立体电子效应对反应效率影响较小。值得注意的是，对位氨基取代的二苯硫醚虽存在空间位阻效应，仍能以 63% 收率获得产物 **4-4B19**。此外，烷基硫醚也可顺利参与反应，以良好收率（69%～85%）得到相应产物（**4-4B20～22**，**4-4B25～27**）。

4.4.5　$Cs_3Bi_2Br_9/TiO_2$ 的重复使用性

在 25 mL 耐热玻璃反应管中，将 4-甲基苯甲硫醚 **4-4A1**（27.6 mg，0.2 mmol，1 eq.）与 $Cs_3Bi_2Br_9/TiO_2$（5 mg）分散于乙腈（2 mL）中，所得混合物在蓝光 LEDs（$\lambda = 457$ nm，50 W）照射下于室温搅拌反应。待原料完全转化后，用乙酸乙酯萃取产物，该复合材料可重复使用 3 次且收率仅轻微下降（图 4-23）。

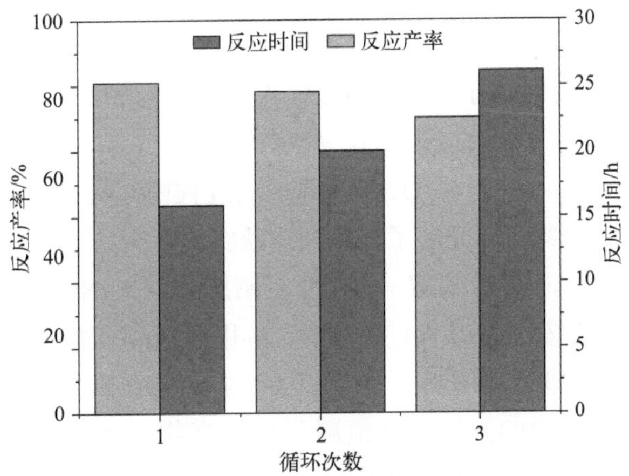

图 4-23　催化剂循环实验

如图 4-23 所示，为了检测催化剂的稳定性，进行了循环实验。结果表明，该催化剂在连续 3 次循环过程中均表现出优异的产率以及可重复使用性。循环后催化剂的 XRD 衍射峰（图 4-24）与原始状态相比几乎没有太大变化。

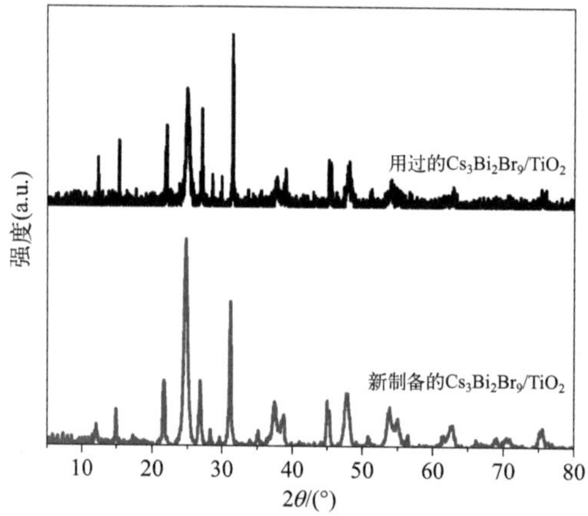

图 4-24　循环实验前后 $Cs_3Bi_2Br_9/TiO_2$ 的 XRD 谱图

4.4.6　反应机理推测

为深入评估所开发光催化选择性氧化策略的适用性，在最优反应条件下以 4-甲基苯甲硫醚 **4-4A1** 为底物进行了放大实验，目标产物 4-甲基苯甲亚砜 **4-4B1** 的分离收率达 73%［图 4-25（a)］。为了揭示该光催化反应的机理，对 4-甲基苯甲硫醚的氧化进行了活性物种猝灭实验。当加入强效单线态氧（$^1O_2$）捕获剂 1,4-二氮杂二环［2.2.2］辛烷（DABCO）时，苯甲亚砜的生成受到显著抑制［图 4-25（b)］，证实 $^1O_2$ 在亚砜形成过程中起关键作用。为验证其他活性物种（RSs）的参与，开展了一系列捕获实验。

如图 4-26 所示，在对苯醌（*p*-BP）、硝酸银（$AgNO_3$）、异丙醇（IPA）和 *N,N*-二异丙基乙胺（DIPEA）存在时，4-甲基苯甲硫醚 **4-4A1** 的光催化氧化过程均受到明显抑制，证明 e^-、h^+ 和 $\cdot O_2^-$ 均参与反应。当加入 2,2,6,6-四甲基哌啶氧化物（TEMPO）后，仅检测到微量产物，表明反应涉及自由基过程。为进一步证实活性氧物种（ROS）的参与，进行了电子顺磁共振（EPR）测试。在反应体系中加入经典探针 2,2,6,6-四甲基哌啶（TEMP）和 5,5-二甲基吡咯啉-*N*-氧化物（DMPO）后，可观察到 DMPO-$\cdot O_2^-$ 和 TEMP-$^1O_2$ 的特征信号峰［图 4-25（c）和（d)］，证实了 ROS（$^1O_2$ 和 $\cdot O_2^-$）均参与光催化反应过程。

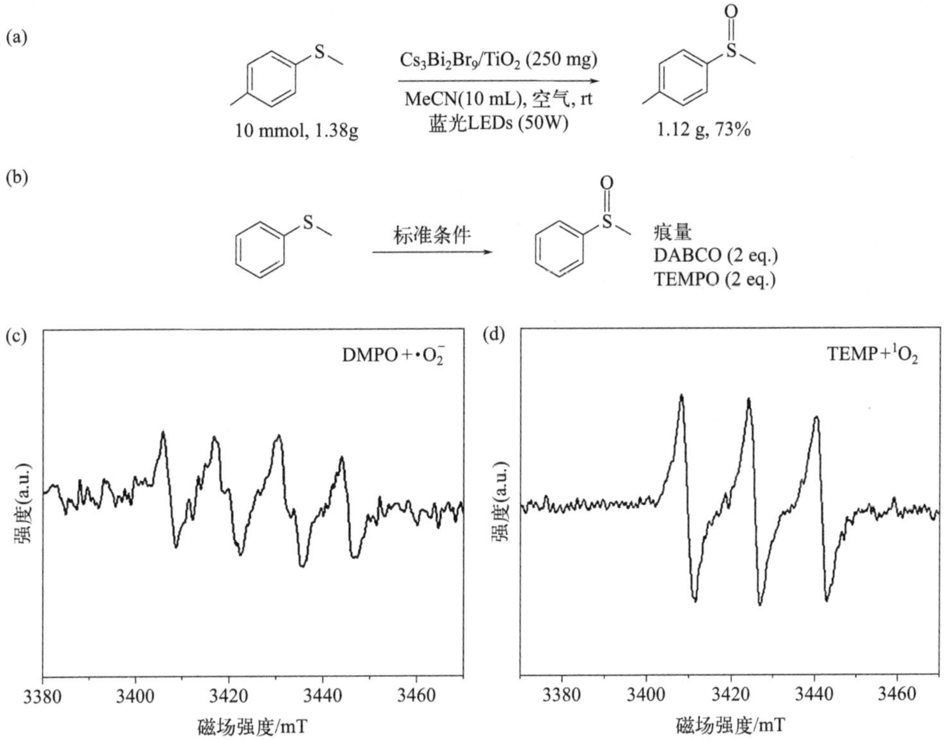

图 4-25 （a）克级规模合成实验；（b）活性物种猝灭实验；（c）DMPO 捕获超氧自由基的 EPR 谱图；（d）TEMP 捕获单线态氧（$^1O_2$）的 EPR 谱图

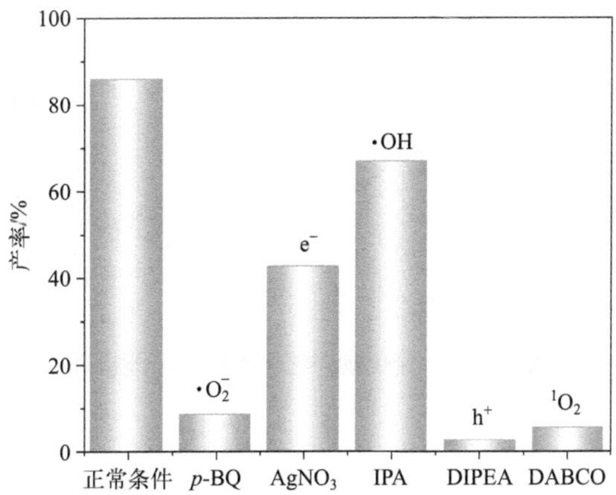

图 4-26 活性物种的诱捕实验

为探究 $Cs_3Bi_2Br_9/TiO_2$ 异质结光催化氧化硫化物的机理，通过 $E_g = E_{VB} - E_{CB}$ 公式计算了 TiO_2 与 $Cs_3Bi_2Br_9$ 的实际价带顶（VBM）和导带底（CBM）能级位置。结果表明：TiO_2 的 VBM 和 CBM 分别位于 2.97 eV 和−0.34 eV，而 $Cs_3Bi_2Br_9$ 的 VBM 和 CBM 则分别位于 2.04 eV 和−0.59 eV。两者能带的匹配性使其形成Ⅱ型异质结结构，这种能带排列可驱动光生电子与空穴发生定向分离迁移。

基于上述实验结果，本研究提出了无铅钙钛矿 $Cs_3Bi_2Br_9/TiO_2$ 复合材料光催化选择性氧化硫化物的可能反应机制。如图 4-27 所示，在可见光照射下，$Cs_3Bi_2Br_9$ 纳米晶（NCs）的导带（CB）和价带（VB）分别产生光生电子（e^-）与空穴（h^+）。得益于 TiO_2 优异的导电性及与 $Cs_3Bi_2Br_9$ NCs 的紧密接触，$Cs_3Bi_2Br_9$ 导带中的光生电子可快速迁移至 TiO_2。这一过程不仅抑制了 $Cs_3Bi_2Br_9$ 表面的电荷复合，更促进了其体相中的电荷分离与传输。光生电子在 TiO_2 表面的快速迁移有效促进了 O_2 还原为$\cdot O_2^-$活性物种。同时，$Cs_3Bi_2Br_9$ 价带中富集的光生空穴显著增强，可高效氧化硫化物 4-甲基苯甲硫醚 **4-4A1** 生成中间体 **4-4A**，随后与$\cdot O_2^-$反应生成产物 4-甲基苯甲亚砜 **4-4B1**（路径Ⅰ）。此外，受激发的 $Cs_3Bi_2Br_9/TiO_2$ 可通过能量转移使 O_2 转化为单线态氧（$^1O_2$），其与底物 4-甲基苯甲硫醚 **4-4A1** 反应生成中间体 **4-4C**，后者进一步与另一分子 4-甲基苯甲硫醚反应最终形成产物 4-甲基苯甲亚砜 **4-4B1**（路径Ⅱ）。

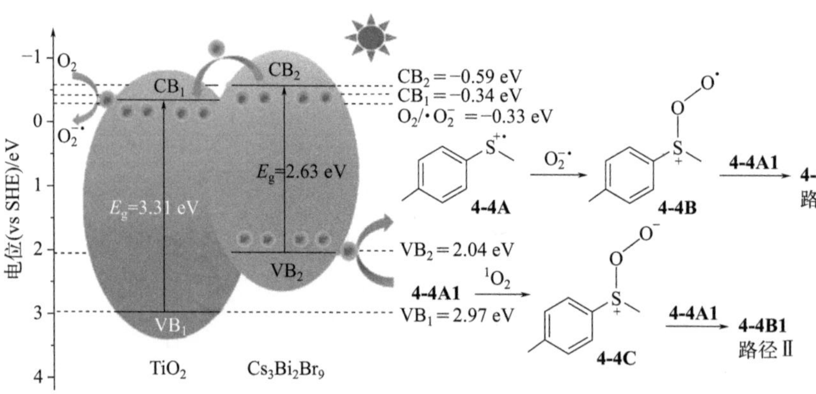

图 4-27　硫化物光催化氧化的可能机理

4.4.7　小结

本研究首次开发了一种易制备、低成本的无铅钙钛矿异质结 $Cs_3Bi_2Br_9$/

TiO_2 作为光催化剂，成功实现了硫醚的大气光催化氧化反应。在 $Cs_3Bi_2Br_9$/TiO_2 复合材料的催化作用下，以乙腈为溶剂、空气中的氧气作为绿色氧化剂，可高效制备多种亚砜衍生物，收率中等至优异。该可循环催化体系展现出良好的官能团耐受性、优异的选择性及克级规模反应能力。相较于纯相 $Cs_3Bi_2Br_9$，这种无铅钙钛矿异质结不仅环境友好性更佳，且具有更强的催化活性。其光催化性能的提升源于光生电子-空穴复合概率的降低以及载流子寿命的延长。本研究将为设计用于有机合成的高效无铅钙钛矿异质结光催化剂提供重要参考。

4.5　Ru掺杂 $Cs_3Bi_2Br_9$ 复合材料光催化硫醚的氧化反应

将 4-甲基苯甲硫醚 **4-4A1**（41.4 mg，0.3 mmol）和 10%Ru-CBB（5.0 mg，1 mol%）分散于乙腈（2 mL）和水（50 μL）的混合溶剂中。反应混合物在室温、空气中搅拌条件下，使用 50 W 蓝光 LEDs 灯（λ = 425～430 nm）在约 5 cm 照射距离下进行光照反应。通过薄层色谱（TLC）和高效液相色谱（HPLC）监测至 **4-4A1** 完全转化后，离心回收光催化剂。粗产物经快速硅胶柱色谱（乙酸乙酯 / 石油醚 =1/1，体积比）纯化，得到目标产物。

4.5.1　催化剂的影响

表 4-8 系统性地揭示了催化剂组成与反应时间对转化率和选择性的调控规律。在 $Cs_3Bi_2Br_9$ 基催化剂体系中，Ru 掺杂量与反应时间呈现显著的协同效应。空白实验（表 4-8 中序号 2）和 $CsPbBr_3$（表 4-8 中序号 6）的零转化率证实了 $Cs_3Bi_2Br_9$ 中 Bi^{3+} 簇的核心催化作用。对比纯 $Cs_3Bi_2Br_9$（表 4-8 中序号 3）与 Ru 掺杂样品（表 4-8 中序号 1、4 和 5）发现，10%Ru 掺杂在延长反应时间至 6.5 h 时，选择性从 68% 提升至 93%，表明 Ru 位点能抑制副反应路径；5%Ru 样品需要 5.5 h 达到完全转化，而 20%Ru 样品需 8 h，说明过量 Ru 可能阻塞活性位点。缩短反应时间至 3 h 时（表 4-8 中序号 9），10%Ru-$Cs_3Bi_2Br_9$ 仍保持 99% 转化率和 95% 选择性，证明 Ru 修饰显著提升了本征活性。而 $Cs_2AgBiBr_6$（表 4-8 中序号 7）在 4 h 内仅 49% 转化率，反映其较窄的带隙不利于光生载流子分离。Cu 掺杂（表 4-8 中序号 8）虽提高选择性至 91%，但转化率（67%）显著低于同条件 Ru 体系，这与 Cu^+/Cu^{2+} 的氧化电位较低有关。因此选择 10% Ru-$Cs_3Bi_2Br_9$ 作为后续研究的催化剂。

表4-8 催化剂对反应的影响

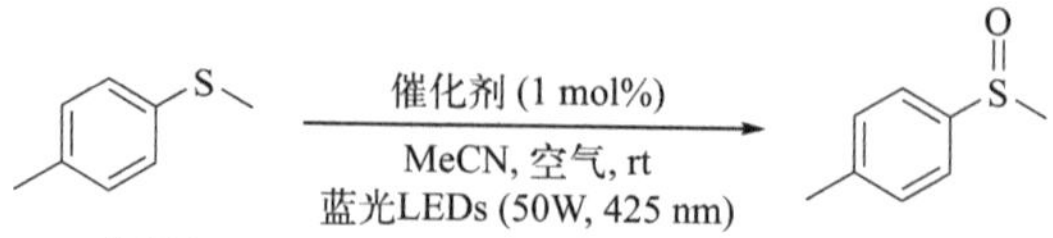

4-4A1 4-4B1

序号	催化剂	时间 /h	转化率 /%	选择性 /%
1	10% Ru-$Cs_3Bi_2Br_9$	6.5	＞99	93
2	无催化剂	6.5	0	0
3	$Cs_3Bi_2Br_9$	4.5	＞99	68
4	5% Ru-$Cs_3Bi_2Br_9$	5.5	＞99	78
5	20% Ru-$Cs_3Bi_2Br_9$	8.0	＞99	93
6	$CsPbBr_3$	4	0	0
7	$Cs_2AgBiBr_6$	4	49	88
8	10% Cu-$Cs_3Bi_2Br_9$	4	67	91
9	10% Ru-$Cs_3Bi_2Br_9$	3	99	95

4.5.2 溶剂的影响

表 4-9 揭示了溶剂效应对反应性能的显著影响。在相同反应时间（6.5 h）下，乙腈体系展现出最优异的催化活性（转化率＞99%），这得益于其适中的极性和弱配位能力，既能有效溶解反应物又不会毒化催化剂活性位点（表 4-9

表4-9 溶剂对反应的影响

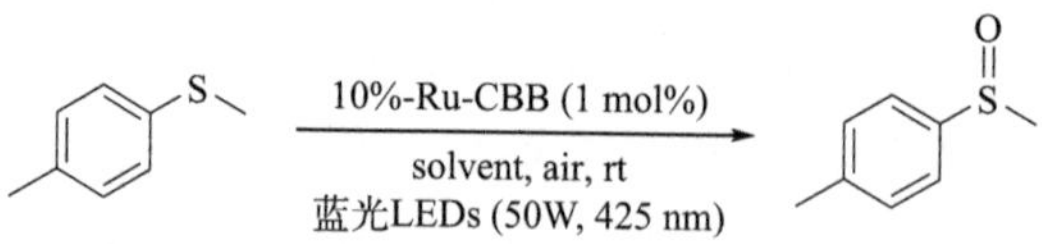

4-4A1 4-4B1

序号	溶剂	时间 /h	转化率 /%	选择性 /%
1	乙腈	6.5	＞99	93
2	1,2-二氯乙烷	6.5	14	93
3	四氢呋喃	6.5	14	93
4	乙酸乙酯	6.5	17	94
5	二氯甲烷	6.5	0	0

中序号 1）。值得注意的是，1,2-二氯乙烷、四氢呋喃和乙酸乙酯虽然选择性相当（93%～94%），但转化率均低于 18%。此外，二氯甲烷体系完全失活（转化率 0%）。这些发现为溶剂选择提供了重要指导：开发高效催化体系应优先考虑具有中等极性且配位能力弱的非质子溶剂（如乙腈），其既能维持高选择性又能保证反应活性。

4.5.3　水的影响

表 4-10 揭示了微量水添加对反应效率的显著调控作用。在固定乙腈用量（2 mL）条件下，引入 50 μL 水可使反应时间从 6.5 h 大幅缩短至 2.5 h，同时产率从 85% 提升至 95%（表 4-10 中序号 1 和 2）。这种加速效应可能源于：①水分子参与质子转移过程，降低关键步骤能垒；②微量水调节溶剂极性，优化反应物溶解态与催化剂活性中心的相互作用。值得注意的是，继续增加水量至 300 μL（表 4-10 中序号 4）虽保持快速反应（2.5 h），但产率呈下降趋势（90%），说明过量水可能导致催化剂局部失活或副反应增加。

表4-10　水对反应的影响

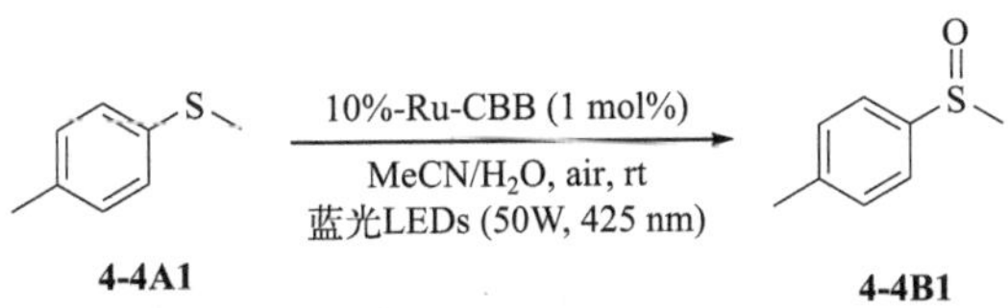

序号	乙腈 / 水	时间 /h	产率 /%
1	2 mL/0.0 μL	6.5	85
2	2 mL/50 μL	2.5	95
3	2 mL/100 μL	2.5	92
4	2 mL/300 μL	2.5	90

4.5.4　光源的影响

表 4-11 系统性地揭示了光源参数（波长、功率）对光催化反应效率的关键影响。在相同反应时间下，50 W 425 nm 蓝光 LEDs 体系（表 4-11 中序号 1）展现出最优性能（转化率＞ 99%，选择性 93%），这源于其精准匹配催化剂的

光吸收边（约 425 nm）并能提供足够光子通量。对比实验表明：①无光照条件（表 4-11 中序号 2）完全无活性，证实反应的光驱动本质；②降低功率至 10 W（表 4-11 中序号 3），转化率锐减至 43%，尽管选择性提升至 98%，说明光强不足导致活性物种生成速率下降；③波长偏移至 457 nm（表 4-11 中序号 4），转化率降低到 56%，反映催化剂对波长的高度敏感性；④白光 LEDs（表 4-11 中序号 5）的完全失活则因其广谱光源中有效波长占比过低。这些现象可通过光催化剂的“光子-电子转换效率”理论解释：只有当光源波长≤带隙宽度且光强度达到阈值时，才能持续产生足够浓度的电子-空穴对来驱动反应。

表4-11　光源对反应的影响

序号	光源	时间 /h	转化率 /%	选择性 /%
1	50 W 425 nm 蓝色 LEDs	6.5	＞ 99	93
2	无光照	6.5	0	0
3	10 W 425 nm 蓝色 LEDs	9.0	43	98
4	50 W 457 nm 蓝色 LEDs	9.0	56	96
5	12 W 白色 LEDs	9.0	0	0

4.5.5　底物兼容性

在获得最优反应条件后，系统考察了该光催化策略的底物适用范围（图 4-28）。结果表明，各类芳基烷基硫醚、二烷基硫醚及杂环硫醚均能高效转化为相应亚砜，收率良好至优异。芳基烷基亚砜产物的收率不受电子效应和位阻效应影响：含供电子基（EDGs）的 **4-4B1**（91%）和 **4-4B3**（95%）与含吸电子基（EWGs）的 **4-4B6**（95%）、**4-4B16**（91%）收率相当；对位取代 **4-4B3**（95%）与邻位取代 **4-5B1**（92%）、间位取代 **4-4B12**（91%）和邻位取代 **4-4B10**（94%）收率相近。此外，烷基结构变化对收率影响较小（**4-5B4～7** 均保持优异收率）。

进一步研究发现，EDGs 取代底物（**4-4B3～4**、**4-5B1**）的反应效率高于 EWGs 取代底物（**4-4B7**、**4-4B12**、**4-4B10**）。值得注意的是，苯环间位取代基（无论电负性）会显著阻碍反应进程——**4-4B4**、**4-4B12** 和 **4-4B14** 需至少 18h 才能生成，远长于相应邻位取代底物，表明共轭效应对反应速率的影响远超位阻效应。该催化体系对化学惰性的链状 / 环状硫醚同样适用（**4-5B8～14**），且收率与反应时间不受碳链长度和结构影响；但饱和环状结构会导致收率轻微下降（**4-5B14**）。系列含氮杂环硫醚也能以良好至优异收率转化（**4-5B15～22**），不过其缺电子特性导致反应活性降低，需更长时间完成转化。基于上述结果，进一步评估了该体系在药物分子合成中的应用。令人振奋的是，临床常用的非甾体抗炎药舒林酸（**4-5B24**，91%）和驱虫药阿苯达唑氧化物（**4-5B23**，86%）均成功制备。

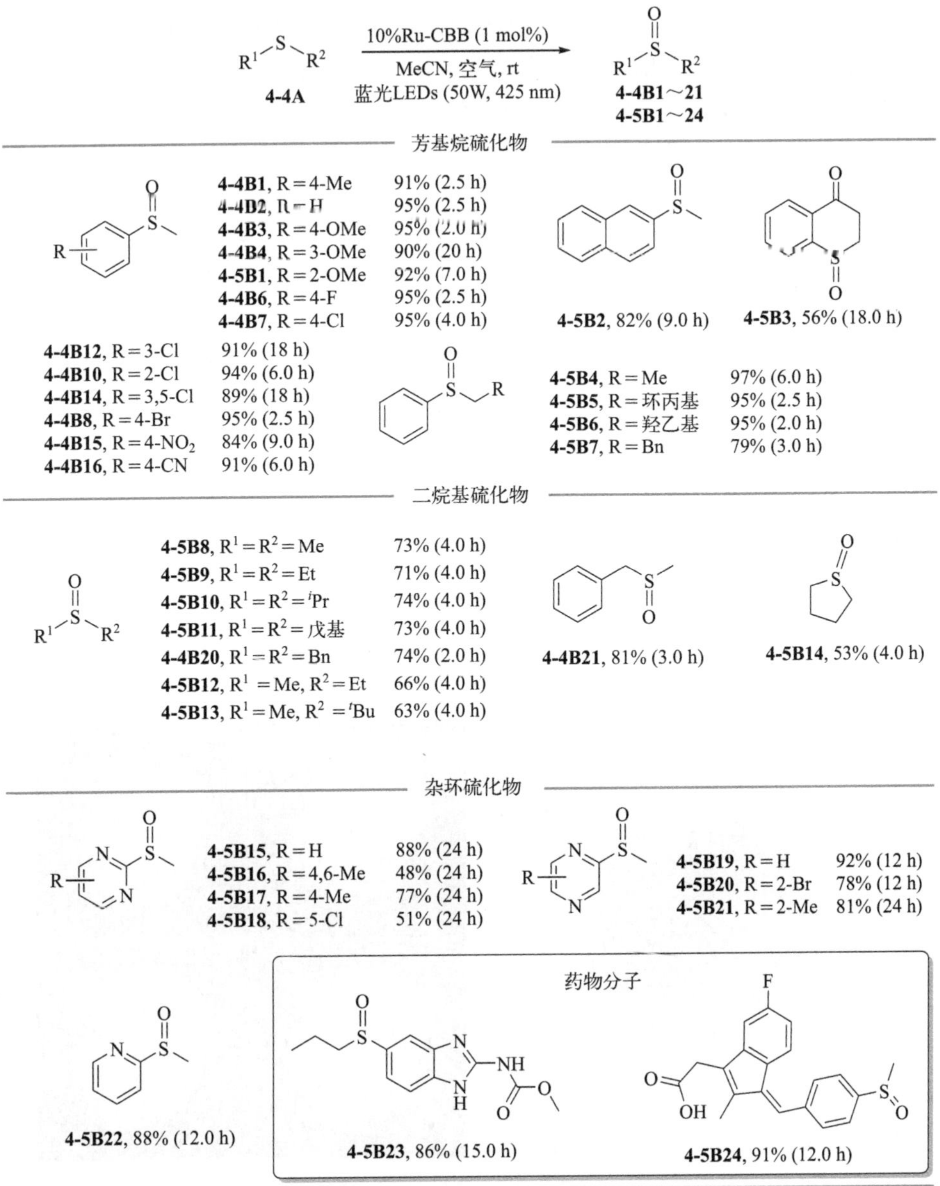

图 4-28　硫醚氧化反应的底物兼容性

4.5.6 Ru-$Cs_3Bi_2Br_9$ 的重复使用性

最后以 **4-4A1** 为底物评估 10%Ru-CBB 的循环性能：该催化剂可重复使用至少 5 次且活性未见显著下降，XRD、TEM 和 EDS 表征证实其结构稳定性良好（图 4-29）。特别值得关注的是，10%Ru-CBB 展现出比 $CsPbBr_3$、$Cs_2AgBiBr_6$ 等未掺杂钙钛矿及 Cu^{2+} 掺杂 CBB 更优异的光催化性能，充分证明了其在硫醚选择性氧化反应中的卓越性能。

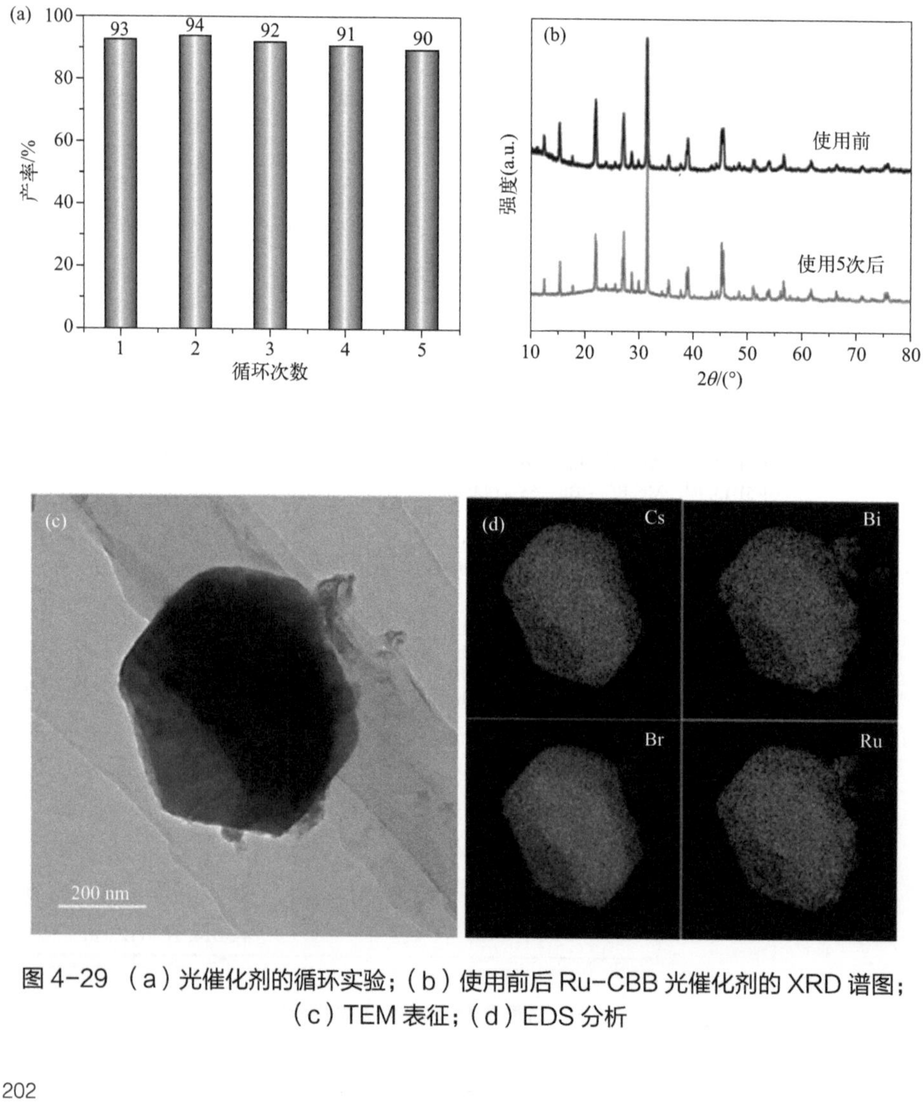

图 4-29 （a）光催化剂的循环实验；（b）使用前后 Ru-CBB 光催化剂的 XRD 谱图；（c）TEM 表征；（d）EDS 分析

4.5.7 反应机理推测

阐明硫化物氧化反应的全貌机制仍是该领域最具挑战性的课题之一，尽管已有大量研究致力于此。目前学界普遍认为，该反应主要存在单线态氧（$^1O_2$）和超氧自由基（$\cdot O_2^-$）主导的两条路径，且产物分布受图 4-30（a）所示三种中间体（**4-5C**～**E**）调控。具体而言，亲核性中间体 **4-5C** 和 **4-5D** 易被亚砜捕获形成砜类副产物，导致反应选择性降低；而亲电性中间体 **4-5E** 则能与硫化物反应生成目标亚砜产物。基于此，通过系列对照实验，结合光谱学研究和 DFT 理论计算，系统探究了反应机理。

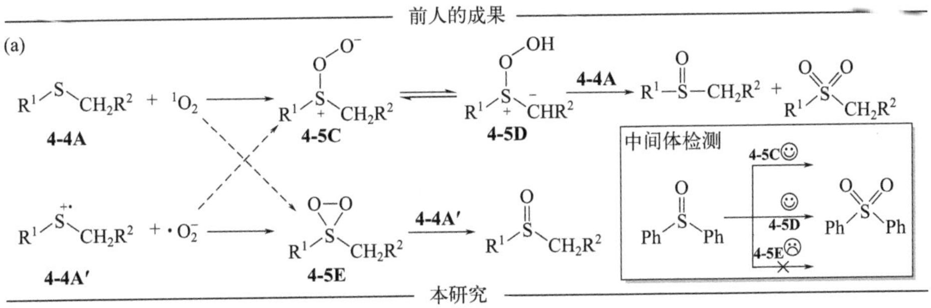

(b)

捕获剂	活性物种	时间/h	产率/%
DABCO	$^1O_2$	4	0
p-BQ	$\cdot O_2^-$	4	痕量
$AgNO_3$	e^-	6	11
DIPEA	h^+	4	0
IPA	$\cdot OH$	4	0
DMB	SRC	4	42

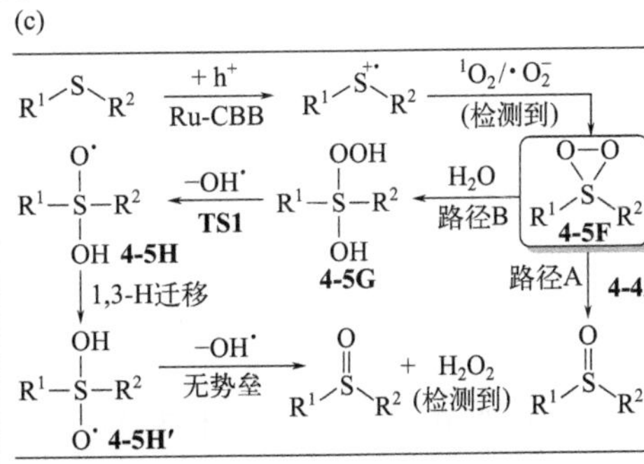

图 4-30 （a）硫化物氧化反应机理研究；（b）活性物种猝灭实验（通过捕获剂添加）；（c）本研究提出的反应过程

如图 4-30（b）所示，对照实验结果证实：当加入单线态氧捕获剂 1,4-二氮杂二环［2.2.2］辛烷（DABCO）、超氧自由基猝灭剂对苯醌（*p*-BQ）以及光生空穴清除剂 *N, N'*-二异丙基乙胺（DIPEA）时，产物 **4-4B1** 的生成被完全抑制，表明 $^1O_2$、$\cdot O_2^-$ 和空穴是该硫化反应的关键活性物种。而以 $AgNO_3$ 作为光生电子捕获剂时，**4-4B1** 产率从 95% 骤降至 11%，证明电子在反应中同样起重要作用。考虑到体系中可能存在羟基自由基（·OH），当引入 2.0 eq. 异丙醇（IPA）作为·OH 清除剂时，**4-4B1** 产率的轻微波动，排除了·OH 参与反应的可能。

进一步实验发现：添加硫自由基阳离子（SRC）猝灭剂 1,4-二甲氧基苯（DMB）后，**4-4B1** 生成显著受抑；而采用中间体 **4-5C～D** 捕获剂二苯亚砜时，未检测到二苯砜副产物，证实 SRC 参与反应，而亲核中间体 **4-5C～D** 不存在。更值得注意的是，当以 **4-4B1** 替代 **4-4A1** 作为底物时，除甲基氧化产物外未检测到砜类化合物，表明砜产物的生成与亚砜共享相同中间体，而非源于活性氧（ROS）对亚砜的进一步氧化。此外，通过 $H_2{}^{18}O$ 同位素标记实验（图 4-31），在亚砜产物中检测到 ^{18}O 元素，证实水分子作为氧源参与反应，暗示反应中存在两条不同路径。基于上述发现，结合 Ru-CBB 的能带结构分析，提出了如图 4-30（c）所示的合理反应机理。

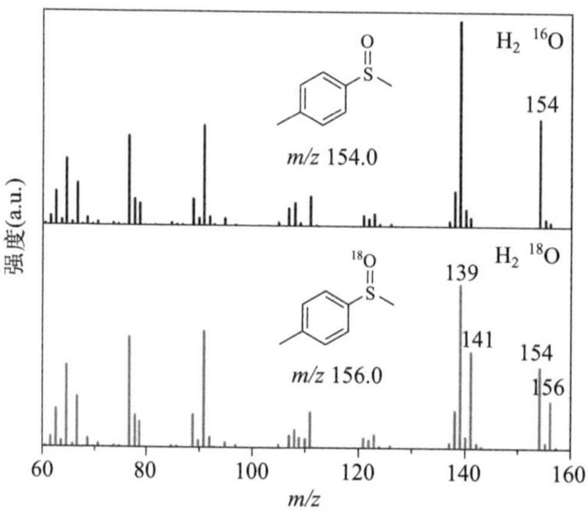

图 4-31　$H_2{}^{16}O$ 和 $H_2{}^{18}O$ 存在下 **4-4B1** 的质谱图

为阐明 Ru^{3+} 掺杂在硫化物氧化反应中的作用机制，首先开展了系列电子顺磁共振（EPR）实验。如图 4-32（a）、（b）所示，可见光照射下的本征 CBB 材料能检测到明显的单线态氧（$^1O_2$）特征信号，但无论光照与否均未观测到超氧自由基（$·O_2^-$）信号——尽管 CBB 的导带电势（−0.69 eV vs SHE）比 $O_2/·O_2^-$的氧化还原电位（−0.33 eV vs SHE）更负。这表明 $^1O_2$ 是通过 CBB 向 O_2 的能量转移（TET）过程形成的，而非$·O_2^-$与光生空穴间的单电子转移（SET）过程。值得注意的是，当 Ru^{3+} 掺杂进入 CBB 晶格后，除 $^1O_2$ 信号外还出现了显著的$·O_2^-$特征峰。这一显著差异源于 Ru^{3+} 对 O_2 的强亲和性，其通过表面光生电子向 O_2 的转移促进了$·O_2^-$的生成。Ru^{3+} 掺杂后 $^1O_2$ 信号的增强与缺

氧条件下 $\cdot O_2^-$ 信号的减弱共同证实：掺杂 Ru^{3+} 可作为 O_2 吸附的锚定位点，从而显著提升硫化物氧化效率。

进一步通过瞬态光电流（*I-t*）和电化学阻抗谱（EIS）对原始 CBB 及不同 Ru^{3+} 掺杂量的样品进行表征［图 4-32（c）、（d）］。随着 Ru^{3+} 掺杂量增加，Ru-CBB 的瞬态光电流信号先增强后减弱，其中 10%Ru-CBB 样品表现出最强的光电流响应，表明其具有最优的光生载流子分离效率。Nyquist 图谱［图 4-32（d）］显示相同趋势：10%Ru-CBB 的阻抗圆弧半径最小，显著优于本征 CBB 及其他掺杂样品，证实该材料具有最高的电荷传输效率。这些结果表明：Ru^{3+} 掺杂不仅能促进活性氧物种（ROS）生成，还可提高载流子分离效率，从而使 10%Ru-CBB 展现出卓越的硫化物选择性光催化氧化活性。

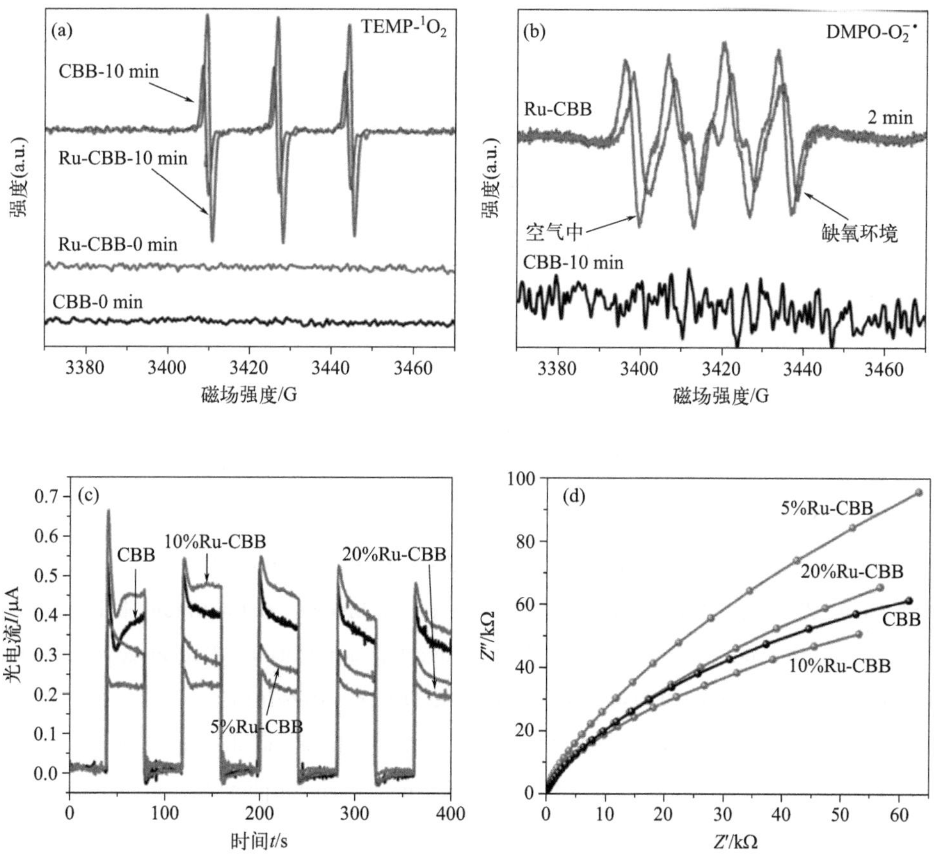

图 4-32 （a）CBB 与 10%Ru-CBB 的单线态氧（$^1O_2$）EPR 谱图；（b）CBB 与 10%Ru-CBB 的超氧自由基（$\cdot O_2^-$）EPR 谱图；（c）不同 Ru 负载量 CBB 的瞬态光电流（*I-t*）曲线；（d）不同 Ru 负载量 CBB 的电化学阻抗（Nyquist）图谱

4.5.8 小结

本研究成功合成了亲氧性 Ru^{3+} 掺杂无铅钙钛矿 $Cs_3Bi_2Br_9$（Ru-CBB）异质光催化剂，用于硫醚选择性氧化为亚砜的反应。其中，Ru^{3+} 不仅作为 O_2 吸附的活性位点促进活性氧（ROS）生成，同时通过晶格收缩效应增强了 CBB 在潮湿富氧环境下的结构稳定性。相较于纯相 CBB，10%Ru-CBB 展现出更高效的光生载流子分离能力和 ROS 生成效率，在室温空气氛围及痕量 H_2O 存在条件下，成功将 38 种硫醚底物（包括芳基烷基硫醚、二烷基硫醚和杂环烷基硫醚）以良好至优异的分离收率转化为相应亚砜。该光催化剂可循环使用至少 5 次且活性未见明显衰减。机理研究表明，反应过程同时存在 H_2O 和 ROS 主导的两条路径，同位素标记实验证实 H_2O 可作为亚砜形成的另一氧源。

参考文献

[1] Park B W, Philippe B, Zhang X, et al. Bismuth based hybrid perovskites $A_3Bi_2I_9$ (A: methylammonium or cesium) for solar cell application[J]. Advanced Materials, 2015, 27: 6806-6813.

[2] Heo J H, Im S H. $CH_3NH_3PbBr_3$-$CH_3NH_3PbI_3$ perovskite-perovskite tandem solar cells with exceeding 2.2 V open circuit voltage[J]. Advanced Materials, 2016, 28: 5121-5125.

[3] Yang B, Chen J, Hong F, et al. Lead-free, air-stable all-inorganic cesium bismuth halide perovskite nanocrystals[J]. Angewandte Chemie International Edition, 2017, 56: 12471-12475.

[4] Li X, Du X, Zhang P, et al. Lead-free halide perovskite $Cs_3Bi_2Br_9$ single crystals for high-performance X-ray detection[J]. Science China Materials, 2021, 64: 1427-1436.

[5] Jin Z, Zhang Z, Xiu J, et al. A critical review on bismuth and antimony halide based perovskites and their derivatives for photovoltaic applications: Recent advances and challenges[J]. Journal of Materials Chemistry A, 2020, 8: 16166-16188.

[6] Ghosh S, Mukhopadhyay S S, Paul S, et al. Control synthesis and alloying of ambient stable Pb-free $Cs_3Bi_2Br_{9(1-x)}I_{9x}$ ($0 \leqslant x \leqslant 1$) perovskite nanocrystals for photodetector application[J]. ACS Applied Nano Materials, 2020, 3: 11107-11117.

[7] Wei F, Brivio F, Wu Y, et al. Synthesis, crystal structure, magnetic and electronic properties of the caesium-based transition metal halide $Cs_3Fe_2Br_9$[J]. Journal of Materials Chemistry C, 2018, 6: 3573-3577.

[8] Sun S, Hartono N T P, Ren Z, et al. Accelerated development of perovskite-inspired materials via high-throughput synthesis and machine-learning diagnosis[J]. Joule, 2019, 3: 1437-1451.

[9] Sirtl M T, Hooijer R, Armer M, et al. 2D/3D hybrid $Cs_2AgBiBr_6$ double perovskite solar cells: Improved energy level alignment for higher contact-selectivity and large open circuit voltage[J]. Advanced Energy Materials, 2022, 12: 2103215.

[10] Correa-Baena J P, Nienhaus L, Kurchin R C, et al. A-site cation in inorganic $A_3Sb_2I_9$ perovskite influences structural dimensionality, exciton binding energy, and solar cell performance[J]. Chemistry of Materials, 2018, 30: 3734-3742.

[11] Kim S Y, Yun Y, Shin S, et al. Wide range tuning of band gap energy of $A_3B_2X_9$ perovskite-like halides[J]. Scripta Materialia, 2019, 166: 107-111.

[12] Krajewska C J, Kavanagh S R, Zhang L, et al. Enhanced visible light absorption in layered $Cs_3Bi_2Br_9$ through mixed-valence Sn(Ⅱ)/Sn(Ⅳ) doping[J]. Chemical Science, 2021, 12: 14686-14699.

[13] Tailor N K, Mishra S, Sharma T, et al. Cation-dependent hot carrier cooling in the lead-free bismuth halide $A_3Bi_2I_9$ (A = FA, MA, and Cs) perovskite[J]. The Journal of Physical Chemistry C, 2021, 125: 9891-9898.

[14] Lehner A J, Fabini D H, Evans H A, et al. Crystal and electronic structures of complex bismuth iodides $A_3Bi_2I_9$ (A = K, Rb, Cs) related to perovskite: Aiding the rational design of photovoltaics[J]. Chemistry of Materials, 2015, 27: 7137-7148.

[15] Tan Z, Li J, Zhang C, et al. Highly efficient blue-emitting bi-doped Cs_2SnCl_6 perovskite variant: Photoluminescence induced by impurity doping[J]. Advanced Functional Materials, 2018, 28: 1801131.

[16] Zuo C, Ding L. Lead-free perovskite materials $(NH_4)_3Sb_2I_xBr_{9-x}$[J]. Angewandte Chemie International Edition, 2017, 56: 6528-6532.

[17] Ji Z, Liu Y, Li W, et al. Reducing current fluctuation of $Cs_3Bi_2Br_9$ perovskite photodetectors for diffuse reflection imaging with wide dynamic range[J]. Science Bulletin, 2020, 65: 1371-1379.

[18] Dai S, Gan X, Li K, et al. Bandgap lowering in mixed alloys of $Cs_3Bi_{2-x}Sb_xBr_9$ perovskite powders[J]. Physical Chemistry Chemical Physics, 2023, 25: 30993-31002.

[19] Elattar A, Kobera L, Kangsabanik J, et al. Structure modulation for bandgap engineered vacancy-ordered $Cs_3Bi_2Br_9$ perovskite structures through copper alloying[J]. Journal of Materials Chemistry C, 2022, 10: 12863-12872.

[20] Tran M N, Cleveland I J, Pustorino G A, et al. Efficient near-infrared emission from lead-fre ytterbium-doped cesium bismuth halide perovskites[J]. Journal of Materials Chemistry

2021, 9: 13026-13035.

[21] Cheng X, Jing L, Yuan Y, et al. Fe^{2+}/Fe^{3+} doped into $MAPbCl_3$ single crystal: Impact on crystal growth and optical and photoelectronic properties[J]. The Journal of Physical Chemistry C, 2019, 123: 1669-1676.

[22] Aragon A G, Wiggins T E, Ma X, et al. Lead-free $Cs_3Bi_2Br_9$ and $Cs_3Bi_{2-x}Sb_xBr_9$ nanocrystals as photocatalysts with enhanced activity for the degradation of rhodamine in aqueous environments[J]. Journal of Photochemistry and Photobiology A: Chemistry, 2023, 436: 114391.

[23] Wang B H, Sun B, Chen L, et al. Photocatalytic nitrogen reduction reaction over two-dimensional $Cs_3Bi_2Br_9$-CdS van der Waals heterostructures by external control strategies[J]. The Journal of Physical Chemistry C, 2021, 125: 13212-13224.

[24] Dai Y, Tüysüz H. Lead-free $Cs_3Bi_2Br_9$ perovskite as photocatalyst for ring-opening reactions of epoxides[J]. ChemSusChem, 2019, 12: 2587-2592.

[25] Bai Z J, Mao Y, Wang B H, et al. Tuning photocatalytic performance of $Cs_3Bi_2Br_9$ perovskite by g-C_3N_4 for C(sp^3)—H bond activation[J]. Nano Research, 2023, 16: 6104-6112.